工业和信息化“十三五”
人才培养规划教材

计算机数学

算法基础 线性代数与图论

Computer Mathematics

邓洁 桂改花 ◎ 主编
康海刚 ◎ 副主编

人 民 邮 电 出 版 社
北 京

图书在版编目（CIP）数据

计算机数学 ：算法基础 线性代数与图论 / 邓洁，桂改花主编. -- 北京 ：人民邮电出版社，2016.8
工业和信息化"十三五"人才培养规划教材
ISBN 978-7-115-42638-3

Ⅰ. ①计… Ⅱ. ①邓… ②桂… Ⅲ. ①电子计算机－数学基础－高等学校－教材 Ⅳ. ①TP301.6

中国版本图书馆CIP数据核字(2016)第162288号

内容提要

本书针对计算机相关专业对数学课程的需求编写而成，共分为 6 章，详细讲述了包括算法基础、向量与矩阵、图形变换的矩阵方法、线性方程组、图与网络分析、树、MATLAB 入门等内容。

本书在内容的选取上遵循"应用导向，必需够用"的原则，以计算机图形变换实现、Google 网站排名算法、网络分析中的最短路算法、最小连接算法、数据挖掘中的决策树算法等为应用背景，重点介绍了工科学科中不可缺少的数学工具——向量、矩阵和线性方程组，充分体现了为计算机相关专业服务的理念。

本书可作为高等院校计算机相关专业的数学教材，也可供工科技术人员参考。

◆ 主　　编　邓　洁　桂改花
副 主 编　康海刚
责任编辑　范博涛
责任印制　焦志炜

◆ 人民邮电出版社出版发行　　北京市丰台区成寿寺路 11 号
邮编　100164　　电子邮件　315@ptpress.com.cn
网址　http://www.ptpress.com.cn
北京虎彩文化传播有限公司印刷

◆ 开本：787×1092　1/16
印张：12.5　　2016 年 8 月第 1 版
字数：309 千字　　2024 年 12 月北京第 16 次印刷

定价：29.80 元

读者服务热线：(010)81055256　印装质量热线：(010)81055316
反盗版热线：(010)81055315

前言

数学课程作为高等教育的一门公共基础课，其基础性、工具性的地位被广泛认可，尤其在训练思维、提供方法、建立模型等方面有着无可替代的作用。

计算机数学作为计算机相关专业的一门专业基础课，不仅为其他课程的学习提供必要的知识和思维训练，也为培育学生的科学素养提供了重要的途径。实践表明，数学思维的训练，尤其是数学建模的训练不仅对学生的日常专业学习有着很大的帮助，还对学生获取专业技能大赛的奖项有着巨大贡献。

目前高等院校计算机相关专业学生的来源广泛，他们的数学基础千差万别。新生入学常常会问，学数学有什么用？专业上用得到吗？这些疑问长期困扰着学生，也导致教师授课辛苦，却没有成就感。

为改变这种困境，我们总结了国内外众多计算机数学教材的编写思路，确定“数学理论知识+专业技术应用”的编写方向，紧贴计算机相关专业对数学知识、思维训练的需要，把数学课程作为学生学习数据结构、程序设计、数据库等专业课程的前导课程。通过我们的努力，学生不仅能掌握数学的基础知识，还能真实地认识到数学的方法和模型对计算机技术的重要性。例如，矩阵和线性方程组在 Google 网站排名算法中的运用，图论模型在网络分析中的运用，以及当前热门的数据挖掘技术中决策树算法的运用。此外，本书在附录中还介绍了工程软件 MATLAB 的基本操作，供需要的读者学习。

本书由广东科学技术职业学院的邓洁、桂改花任主编，康海刚任副主编。

由于编者水平有限，书中难免有错误，敬请广大读者批评指正！

编者

2016 年 5 月

目 录 CONTENTS

第四章 线性方程组 66

第五章 图与网络分析 104

第六章 树 137

附录A MATLAB入门 158

参考文献 191

PART 1 第一章 算法基础

本章介绍算法的含义、算法的基本逻辑结构、递归算法及其实例。
1.1 节介绍算法的含义、算法的特性、算法的表示。
1.2 节介绍算法的三种逻辑结构，能分析简单问题的算法并用图描述。
1.3 节介绍递归算法的思想，了解递归逻辑过程，掌握求最大公约数的递归方法并能编写算法。

电子计算机自发明并于 1946 年 2 月 15 日在美国宾夕法尼亚大学正式投入使用以来，更新换代非常迅速，现代计算机系统的功能越来越强大，应用领域越来越深入、广泛，计算机、手机已成为人们日常活动中必不可少的工具。我们知道，计算机解决任何问题都是靠程序驱动完成的。指挥计算机进行操作的一连串指令序列称为程序。计算机的基本原理是存储程序和程序控制，计算机程序可描述为程序=算法+数据。算法是什么呢？简单说，算法=逻辑+控制。计算机技术发展日新月异，但基本功能与原理并没有发生变化，其最基本的功能是执行二进制数算术运算和逻辑运算。本章将学习有关算法的基础知识。

为计算机发明奠基的数学家

主宰世界的 10 大算法

推荐阅读链接：

1.《为计算机发明奠基的数学家》

2.《主宰世界的 10 大算法》

1.1 算法

1.1.1 什么是算法

算法（Algorism）一词最初出现在 12 世纪，是用于表示十进制算术运算的规则。18 世纪，算法 Algorism 演变为 Algorithm，算法概念有了更广的含义。任何定义明确的计算步骤都可称为算法，或者说算法是合乎逻辑、简捷的一系列步骤。现在算法通常指可以用计算机来解决某一类问题的程序或步骤。

1.1.2 算法的特性

问题不同，解决的思路和采取的方法与步骤就有针对性，所以对应的算法也各不相同。

但各种算法有如下共同之处：首先计算机要有操作对象，通过输入，给予计算机问题所涉及的对象；最后要能得到运行结果，即有输出；在输入与输出之间是具体的方法和步骤，这些方法和步骤必须是确定的、正确的、有限的、有效的、通用的。因而，运行于计算机的各种算法有如下特征。

（1）输入：算法从一个指定集合得到输入值，可以有 0 个、1 个或多个值，由赋值或输入语句实现；

（2）输出：对每个输入值，算法都要从指定的集合中产生输出值，输出值就是问题的解，可以有 1 个或多个输出值，由输出语句实现；

（3）确定性：算法的步骤必须准确定义，不能产生歧义；

（4）正确性：对每一次输入值，算法都应产生正确的输出值；

（5）有限性：对任何输入，算法都应在有限步骤之后产生输出；

（6）有效性：算法每一步必须能够准确地执行，并在有限时间内完成；

（7）通用性：算法不只是用于特定的输入值，应该可以用于满足条件的所有问题。

例 1.1　找出计算机软件专业录取的新生中高考总分的最高分。

分析：这个问题等价于求有限整数序列中最大值的算法，可采取以下步骤。

（1）将序列中第一个整数设为临时最大值（max）；

（2）将序列中下一个整数与临时最大值比较，如果这个数大于临时最大值，临时最大值更新为这个整数；

（3）重复第（2）步，一直比较到序列中最后一个数时停止。此时临时最大值就是序列中的最大整数。

在此算法中，输入是软件专业所有新生的高考成绩，输出是高考最高分，算法过程从序列第一项开始，并把序列第一项设为临时最大值的初始值，接着逐项检查，如果有一项超过最大值，就把最大值更新为这一项的值，检查到序列的最后一项结束。算法每进行一步，要么是比较最大值和这项的大小，要么是更新最大值的值，所以每一步的操作都是确定的，能保证最大值是已检查过的最大整数，结果是正确的。如果序列包含 n 个整数，经过 n-1 次比较就结束，所以算法步骤是有限的、有效的。这个算法可以用于求任何有限整数序列问题的最大元素，所以它是通用的。

1.1.3　算法的表示

算法可以用自然语言、程序框图、N-S 图、伪代码、计算机语言表示。例 1.1 就是用自然语言描述求整数序列最大值的算法。

1. 程序框图

程序框图又叫流程图，是由一些规定的图形、流程线和文字说明来直观描述算法的图形。程序框及其说明如表 1.1 所示。

表 1.1　程序框及其说明

程序框	名称	功能
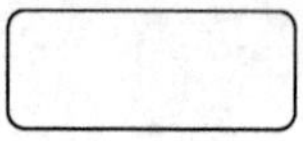	起止框	表示一个算法的起始和结束
	输入、输出框	表示一个算法的输入和输出的信息

续表

程序框	名称	功能
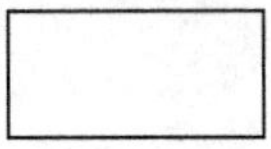	执行框	赋值、计算
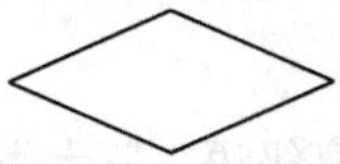	判断框	判断某一条件是否成立，成立时在出口处标明“是”或“Y”；不成立时标明“否”或“N”

例 1.2 画出例 1.1 的算法的流程图（见图 1.1）。

2. N-S 图

流程图由一些特定意义的图形、流程线及简要的文字说明构成，它能清晰、明确地表示程序的运行过程。因为在使用过程中发现流程线不是必需的，人们设计了一种新的流程图，它把整个程序写在一个大框内，这个大框图由若干个小的基本框图构成，这种流程图简称 N-S 图。N-S 图是无线的流程图，又称盒图，在 1973 年由美国两位学者 I.Nassi 和 B.Shneiderman 提出。

例 1.3 例 1.1 算法的 N-S 图（见图 1.2）。

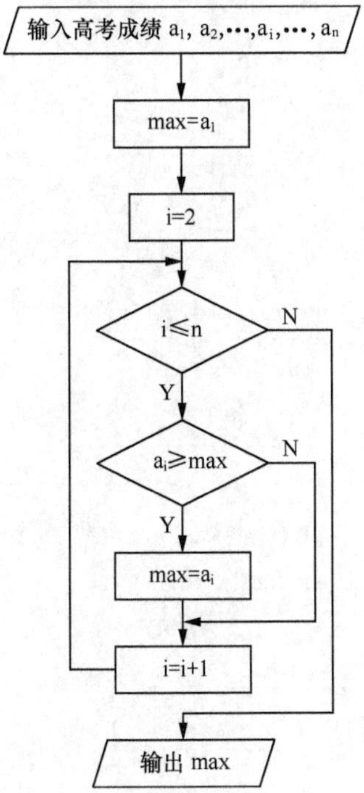

图 1.1

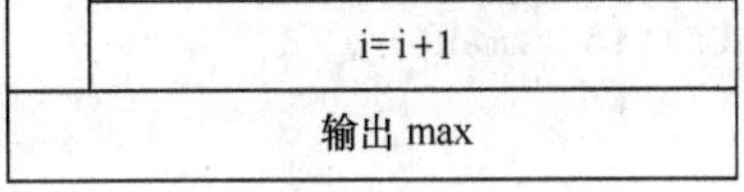

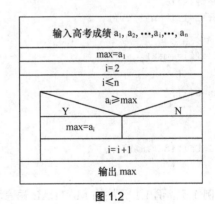

图 1.2

3. 伪代码（Pseudocode）

伪代码是一种介于自然语言与编程语言之间的算法描述语言，便于理解，并不依赖于语言，它用来表示程序执行过程，而不一定能编译运行的代码。使用伪代码的目的是为了使被描述的算法可以容易地以任何一种编程语言实现。

例 1.1 算法的伪代码

```
max(a1, a2, …an, 整数 n)
    max⇐a1
for 2 to n
```

If a_i>max

max⇐a_i

end if

end for

输出 max

4. 计算机语言（Computer Language）

计算机语言的种类非常多，总的来说可以分成机器语言、汇编语言、高级语言三大类。

计算机所能识别的语言只有机器语言，即由 0 和 1 构成的代码。但通常人们编程时，并不采用机器语言，因为它非常难于记忆和识别。汇编语言的实质和机器语言是相同的，都是直接对硬件操作，只不过指令采用了英文缩写的标识符，更容易识别和记忆。高级语言是目前绝大多数编程者的选择，它并不是特指某一种具体的语言，而是包括了很多编程语言，如目前流行的 C、C++、C#、Java、VB、VC、FoxPro、Delphi 等，这些语言的语法、命令格式都各不相同。

例 1.4 例 1.1 算法的 C 语言程序。

```
#include <stdio.h>
int main()
{
int a[100],i,n,max;
scanf("%d",&n);
for(i=0;i<n;i++)
    {
scanf("%d",&a[i]);
    }
max=a[0];
for(i=1;i<=n-1;i++)
    {
if(a[i]>=max)
        {
max=a[i];
        }
    }
printf("%d ",max);
}
```

例 1.5 例 1.1 算法的 MATLAB 语言程序。

```
x=input('x=');
n=length(x);
max=x(1);
for i=1:n
if x(i)>=max
max=x(i);
end
end
fprintf('max=%d\n',max)
```

1.2 算法的逻辑结构

1.2.1 算法的基本逻辑结构

算法控制着各条指令的运行次序，规定语句的逻辑结构。算法包含三种基本逻辑结构：顺序结构、条件结构和循环结构。任何由计算机程序处理的问题都可以表示为基本结构或基本结构的组合。

1. 顺序结构

顺序结构是指按顺序执行完一步后再执行下一步的执行结构。顺序结构在程序框图中的体现是用流程线将程序框自上而下地连接起来，并按顺序执行算法步骤，如图 1.3 所示。

2. 条件结构

条件结构（也称选择结构、分支结构）在程序框图中用判断框来表示，判断框内写条件，两个出口分别对应着条件满足和条件不满足时所执行的不同指令，如图 1.4 所示。

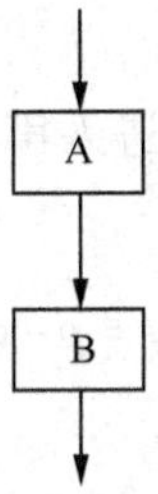

顺序结构

图 1.3

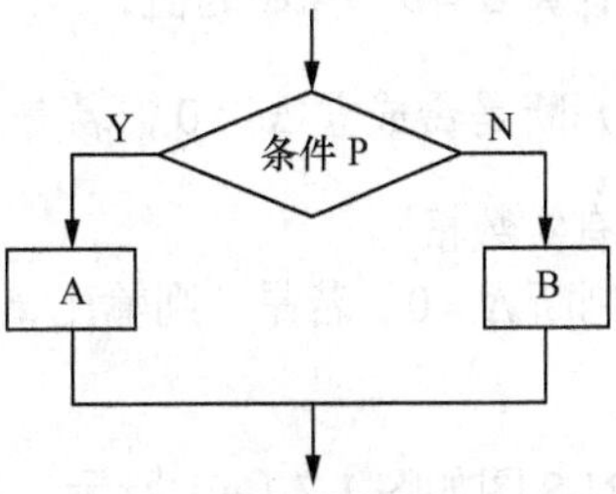

条件结构

图 1.4

3. 循环结构

在一些算法中，会出现从某处开始，按照一定条件，反复执行某一步骤，这就是循环结构。反复执行的步骤称为循环体。循环结构有三个要素：循环变量、循环体和循环终止条件。循环结构必然包含条件结构，循环结构在程序框图中利用判断框来表示，判断框内写条件，两个出口分别对应着条件成立和条件不成立时所执行的不同指令，其中一个要指向循环体，然后再从循环体回到判断框的入口处。循环结构有两种类型：当型和直到型。当型结构指当条件满足时，反复执行循环体，不满足则停止。直到型结构指在执行了一次循环体之后，对控制循环条件进行判断，当条件不满足时执行循环体，满足为止。常按照“确定循环体→初始化变量→设定循环终止条件”的顺序来构造循环结构，如图 1.5 所示。

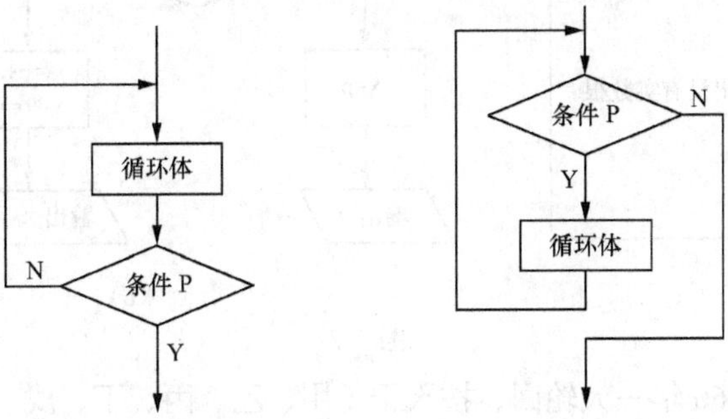

直到型循环结构　　当型循环结构

图 1.5

4. 三种基本逻辑结构的 N-S 图

三种基本逻辑结构的 N-S 图如图 1.6 所示。

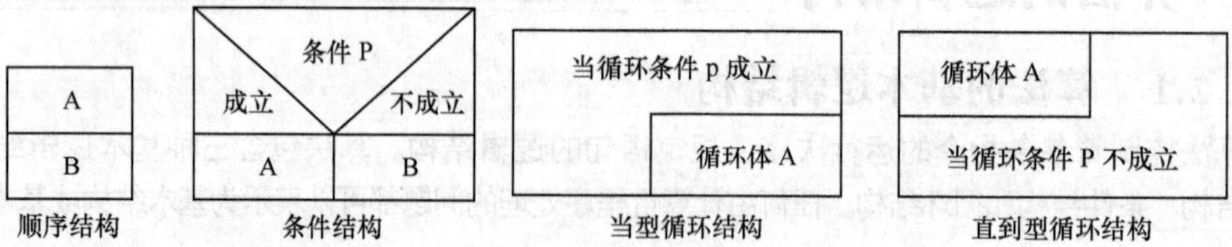

图 1.6

1.2.2 算法举例

例 1.6 设计一个求解一元二次方程 $ax^2+bx+c=0$ 的算法。

算法分析：我们知道，根据判别式 $\Delta=b^2-4ac$ 的符号，一元二次方程 $ax^2+bx+c=0$ 的解有三种情况，所以，在求解方程前要先判断判别式的符号，然后执行不同的计算。

第一步：输入三个系数 a、b、c；

第二步：计算 $\Delta=b^2-4ac$ 的值；

第三步：判断是否成立 $\Delta\geqslant 0$，若是，则计算 $p=-\dfrac{b}{2a}$，$q=\dfrac{\sqrt{\Delta}}{2a}$，进入第四步；若否，输出“方程没有实数根”。

第四步：判断 $\Delta=0$，若是，则输出 $x=p$；若否，计算 $x_1=p+q$，$x_2=p-q$，并输出 x_1、x_2，结束。

例 1.6 的 N-S 图如图 1.7（a）所示，流程图如图 1.7（b）所示。

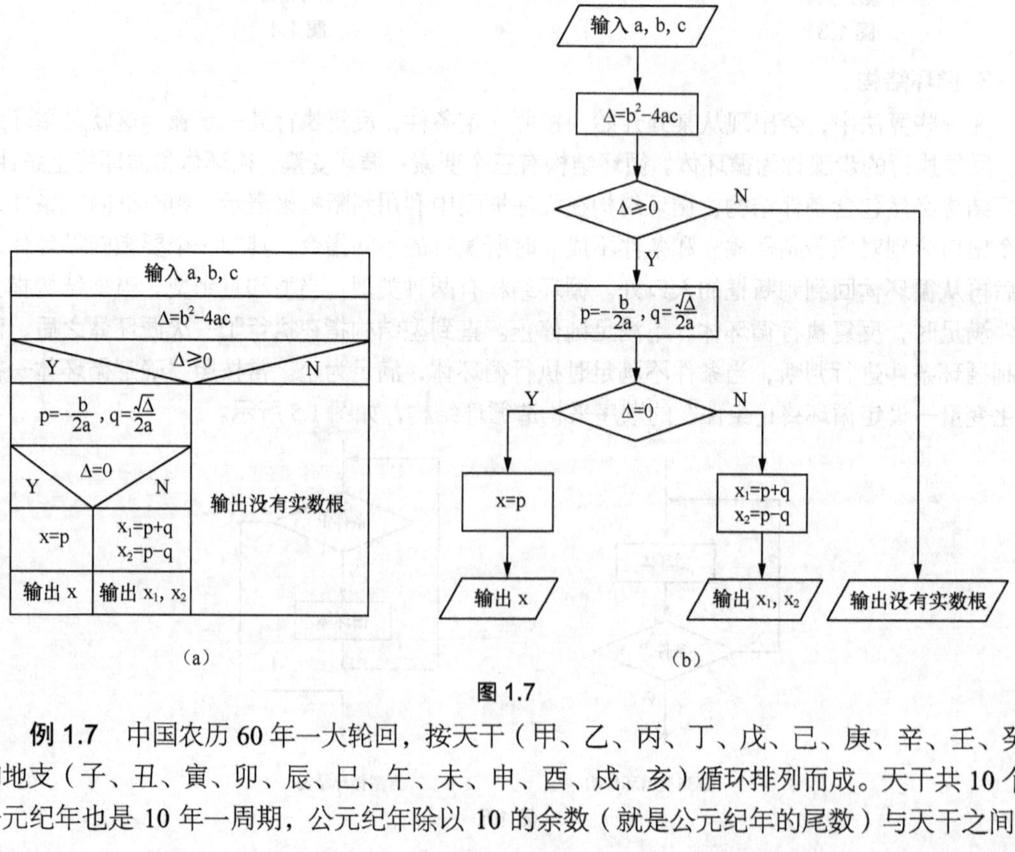

图 1.7

例 1.7 中国农历 60 年一大轮回，按天干（甲、乙、丙、丁、戊、己、庚、辛、壬、癸）和地支（子、丑、寅、卯、辰、巳、午、未、申、酉、戌、亥）循环排列而成。天干共 10 个，公元纪年也是 10 年一周期，公元纪年除以 10 的余数（就是公元纪年的尾数）与天干之间有一种关联，即余数与天干一一对应（见表 1.2）。

表 1.2　余数与天干对应表

余数	4	5	6	7	8	9	0	1	2	3
天干	甲	乙	丙	丁	戊	己	庚	辛	壬	癸

地支共 12 个，地支 12 年一轮回，用公元纪年除以 12，余数与地支也有一一对应关联（如表 1.3 所示）。

表 1.3　余数与地支对应表

余数	4	5	6	7	8	9	10	11	0	1	2	3
地支	子	丑	寅	卯	辰	巳	午	未	申	酉	戌	亥

根据以上对应关系，设计一个算法并输出字符串农历纪年的算法，然后画出 N-S 图。

解：N-S 图如图 1.8（a）所示，流程图如图 1.8（b）所示。

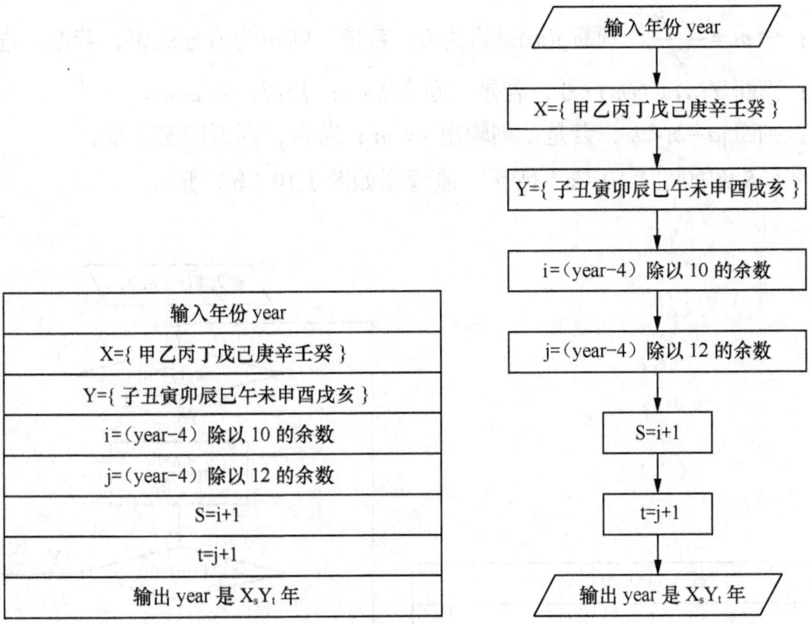

（a）　　　　　　　　　　（b）

图 1.8

例 1.8　设计一个求 10! 的算法，画出 N-S 图。

算法分析：求 10!，要先计算 1×2，然后将 1×2 的结果乘以 3，前 3 个数的乘积再乘以 4，以此方式进行一个累乘循环的计算过程。所以，需要设定一个存放每次乘积的变量 s 和一个循环计数变量 i，将累乘变量的初值设为 1，计数变量在 $1 \leqslant i \leqslant 10$ 范围。

第一步：赋初值 $s=1$，$i=1$。

第二步：判断 $i \leqslant 10$，若是，计数变量 i 增加 1，即 $i=i+1$，累乘变量 s 乘以计数变量，即 $s=s \times i$；若否，输出 s，结束。

例 1.8 的 N-S 图如图 1.9（a）所示，流程图如图 1.9（b）所示。

例 1.9 用“二分法”设计一个求方程 $x^2-2=0$ 的近似根的算法。

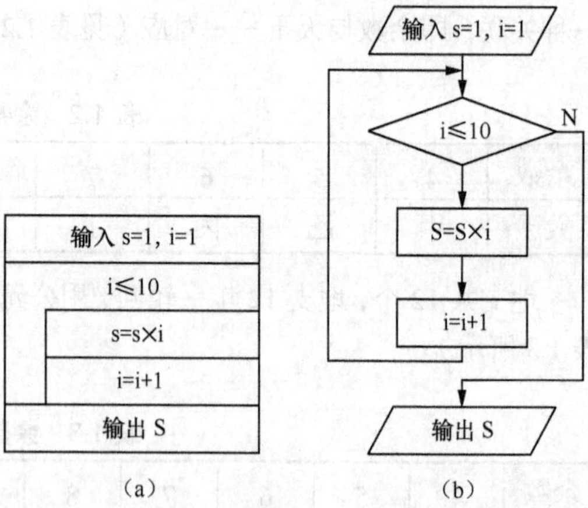

图 1.9

二分法是基于“根的存在定理”，求方程根的近似值的一种算法。二分法思想为：将函数的零点所在区间不断地一分为二，使所得的新区间不断变窄，两个端点逐步逼近零点，达到精度要求为止。

根的存在定理：设函数 $f(x)$在闭区间$[a, b]$上连续，且 $f(a)\times f(b)<0$，则（a，b）内至少有一点 c，使得 $f(c)=0$。c 称为函数 $f(x)$的零点，这个定理可以帮助我们确定方程根的大致范围，或判断方程在某一范围内是否有解。

算法分析：根据“二分法”步骤，需要的已知条件有方程、有且只有一个根的区间、近似根的精度。

第一步：输入 $f(x)=x^2-2$，误差精度 ε，a、b（a、b 为有根区间的端点）。

第二步：令 $m=\dfrac{a+b}{2}$，判断 $f(m)$是否为 0，若是，则 m 为方程的根；若否，进入第三步。

第三步：判断 $f(a)\times f(m)<0$，若是，则令 $b=m$；若否，令 $a=m$。

第四步：判断 $|a-b|<\varepsilon$，若是，则输出 $x=m$；若否，则返回第二步。

例 1.9 的 N-S 图如图 1.10（a）所示，流程图如图 1.10（b）所示。

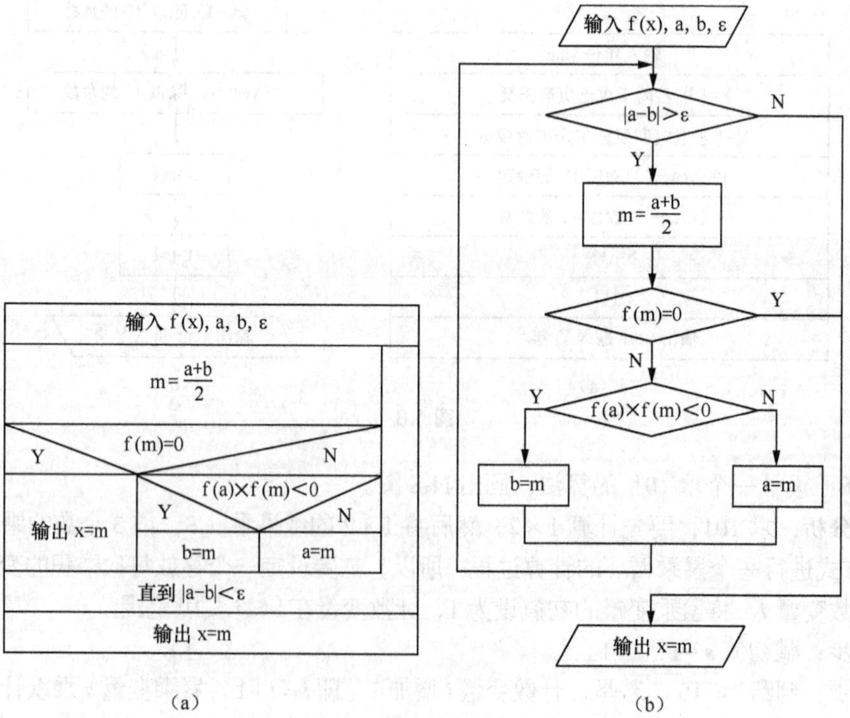

图 1.10

课堂练习 1.2

1. 判断下列说法是否正确。

A 算法的三种基本逻辑结构流程图都只有一个入口、一个出口。（ ）

B 循环结构有选择性和重复性，选择结构具有选择性但不重复。（ ）

2. 填空。

（1）算法的基本逻辑结构有（ ）。

（2）表示算法的图有（ ）。

（3）求 10! 的算法里循环结构的三个要素（ ）。

（4）表达交换 a、b 的值的语句是（ ）。

3. 已知华氏温度和摄氏温度的转换公式是：

$$（华氏温度-32）\times\frac{5}{9}=摄氏温度$$

设计一个将华氏温度转换成摄氏温度的算法，并画出其流程图或 N-S 图。

4. 设计一个算法，求方程 $ax+b=0$ 的根，并画出其流程图或 N-S 图。

5. 设计一个算法，求 $1+2+4+\cdots+2^{49}$，并画出其流程图或 N-S 图。

1.3 递归算法

小游戏：汉诺塔或梵塔问题。

有 3 个基座 A、B、C，开始时 A 基座上有 n 个大小不同的盘子，大盘子在下、小盘子在上叠在一起，问：要把 A 基座上的 n 个盘子移到 C 基座上，每次只能移动一个，并且移动过程中始终保持大盘子在下、小盘子在上，能做到吗？如能做到，要移动几次？

（1）设 n 个大小不同的盘子按规则移动，需要移动 $f(n)$次，请动手做一做，算出以下答案。

$f(1)=$　　　　$f(2)=$　　　　$f(3)=$　　　　$f(4)=$

（2）试猜想 $f(n)=2f(n-1)+1$ 是否成立？ $f(n)=2^n-1$ 是否成立？

证明：$f(n)=2f(n-1)+1 \Rightarrow f(n)+1=2[f(n-1)+1] \Rightarrow \dfrac{f(n)+1}{f(n-1)+1}=2$

所以，$\{f(n)+1\}$ 构成一个等比数列，首项为 $f(1)+1=2$，公比为 2，则

$f(n)+1=2\times 2^{n-1}=2^n$，即 $f(n)=2^n-1$。

（3）解决这个问题能否由计算机实现？过程怎样？——可用递归算法编程实现。

1.3.1 什么是递归

我们知道，用解析法表示函数常有：显函数形式 $y=f(x)$、隐函数形式 $f(x,y)=0$、参数方程形式 $\begin{cases} x=x(t) \\ y=y(t) \end{cases}$（$t$ 为参数）。在学习数列时，通项公式可确定一个数列，递推公式也可确定数列。如斐波那契数列（1，1，2，3，5，8，13，21，…）是用 a_1=1、a_2=1 以及当 n>2 时，$a_n=a_{n-1}+a_{n-2}$ 定义的数列。函数也有递归定义形式，如 $f(n)=2f(n-1)+1$。计算机术语中，实现某些功能的程序段也称为函数。各种计算机高级语言都有函数的嵌套调用和递归调用，什么是递归呢？

1. 递归

自己调用自己，称为递归。自己调用自己的函数，称为递归函数。递归函数包括直接递归和间接递归。直接递归是指函数 F 的代码中直接包含了调用 F 的语句，而间接递归是指函数 F 调用了函数 G，G 又调用了 H，如此进行下去，直到 F 又被调用。

如求 n 的阶乘运算，定义：$n!=(n-1)!\times n$。定义中 $n!$与$(n-1)!$的算法是相同的，本质上它们是同一函数，求 $n!$，先要求$(n-1)!$，所以，阶乘函数体现了自己调用自己。

例 1.10 由初值 $y_0=1.41$ 和递推关系 $y_n=10y_{n-1}-1$（n=1, 2, 3, 4, …）确定的数列（函数），设 $f(n)=y_n$，则 $y_{n-1}=f(n-1)$，本质上函数 $f(n)$与 $f(n-1)$是相同的。所以，这个函数的递归定义可表示为

$$\begin{cases} f(0)=1.41 \\ f(n)=10f(n-1)-1 \end{cases} (n=1,2,3,\cdots)$$

其中，$f(n)=10f(n-1)-1$ 为递归关系，$f(0)=1.41$ 为递归的初始条件。递归定义中这两个条件缺一不可。如果缺少最初的项，即使已知递归关系，也不能求出递归关系中包含的各项的值。类似的，由初值 $x_1=1$ 和递推关系 $x_{n+1}=\frac{1}{2}x_n+\frac{1}{x_n}$（$n$=1,2,3,4,…）确定的函数的递归定义是

$$\begin{cases} f(1)=1 \\ f(n+1)=\frac{1}{2}f(n)+\frac{1}{f(n)} \end{cases} (n=1, 2, 3, 4, \cdots)$$

一般的，递归函数包含**初始条件**和**递归表达式**，可以用如下形式表达。

$$\begin{cases} a_1=A \\ a_{n+1}=f(n,a_n) \end{cases}$$

与递归函数类似的说法，还有：

递归调用：在函数内部发出调用自身的操作。

递归算法：直接或者间接地调用自身的算法。

递归方法：通过函数或过程调用自身将问题转换为本质相同但规模较小的子问题的方法。

2. 递归算法的基本思想与构成

递归方法实际上体现了“以此类推”“用同样的步骤重复”这样的思想，是算法和程序设计中的一种重要技术。如在“$s(n)=s(n-1)+n=1+2+\cdots+n$”这个语句中，我们求 $s(n)$值的时候，必须先调用 $s(n-1)$；而要得到 $s(n-1)$，又必须调用 $s(n-2)$；同样，要求 $s(n-2)$又要调用 $s(n-3)$。依此类推，一直要递推到 $s(2)=s(1)+2$，已知 $s(1)=1$，然后代入求得 $s(2)$，从而得到 $s(3)$，这样一直可以得到 $s(n)$。

从这个递归调用过程可以看到，递归算法需要具备的两个重要条件。

（1）自身调用的语句，如 $s(n)=s(n-1)+n$；

（2）递归终止条件（即已解决的基础问题），如 $s(1)=1$。

3. 递归的逻辑过程

计算机执行递归算法程序时，总是在进行“调用”与“返回”，程序运行过程是先“调用”

后“返回”。

调用过程：

每一次调用自身，参数值逐渐变小，直到调用已知条件，即递归终止条件，调用结束。

如设$f(n)=n!$，求5!，分别调用$f(5)$，$f(4)$，$f(3)$，$f(2)$，$f(1)$，$f(5)=f(4)\times 5$，$f(4)=f(3)\times 4$，$f(3)=f(2)\times 3$，$f(2)=f(1)\times 2$，$f(1)=1$。

返回过程：

从已知条件出发，按“调用”的逆过程，逐步求值返回。从 $f(1)$出发，返回到 $f(2)$，$f(2)$的值返回到 $f(3)$，$f(3)$的值返回到 $f(4)$，$f(4)$的值返回到 $f(5)$，求得结果。计算机高级语言中有返回语句（return）来指示如何返回（在哪里调用了就返回到调用地点）。

计算机执行递归算法程序时如图 1.11 所示。

4. 递归算法的优缺点

递归算法的优点：可以用简单的程序来解决某些复杂的计算问题，使源程序非常简洁。有一些算法本质上只有递归算法。

递归算法的缺点：运算量较大，消耗较多的内存和运行时间，且效率不高。

例 1.11 递归定义的图形——Koch 曲线。

Koch 曲线最初形式是一条线段，由 G_0 表示，如图 1.12 所示。

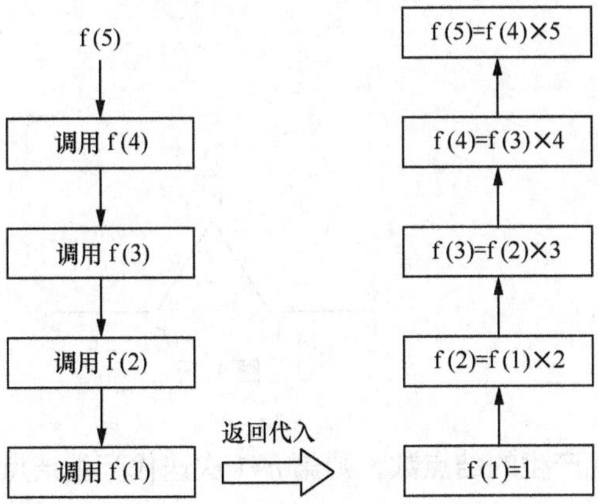

图 1.11

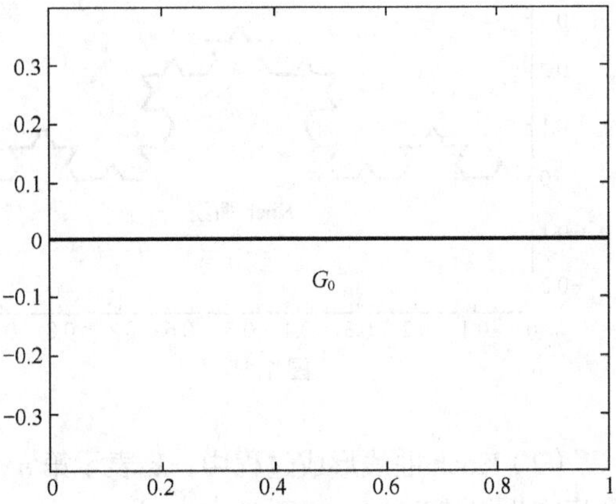

图 1.12

将线段 3 等分，把中间部分用两条等长的线段代替，被代替的线段与两条新增线段组成一个等边三角形，得到 G_1，如图 1.13 所示。

将 G_1 中的每一段线段按上述方法修改，得到 G_2，如图 1.14 所示。

将 G_2 中的每一段线段按上述方法修改，如图 1.15 所示。如此一直不断修改下去，最后得到的图形称为 Koch 曲线。

Koch 曲线是以一条线段为基本图形元素，用相同的规则对每一条线段进行修改，分割成更小的部分而生成的有趣图形。生成 Koch 曲线的递归算法需要考虑：

（1）由 G_0 得到 G_1 产生了 5 个点 P_1、P_2、P_3、P_4、P_5（见图 1.16），其中 P_1、P_5 是最初线段的 2 个端点，P_2、P_3、P_4 是修改图形依次插入的 3 个端点。P_2 位于 P_1 右侧线段的$\frac{1}{3}$处，P_4 位于 P_1 右侧线段的$\frac{2}{3}$处，P_3 由 P_4 绕 P_2 逆时针旋转$\frac{\pi}{3}$得到。所以，由线段两个端点坐标可表

示插入的三个点的坐标。$P_2=P_1+\frac{1}{3}(P_5-P_1)$，$P_4=P_1+\frac{2}{3}(P_5-P_1)$，$P_3=P_2+(P_4-P_2)\times$旋转矩阵。每次图形迭代，只需确定和修改 P_1、P_5 的坐标。

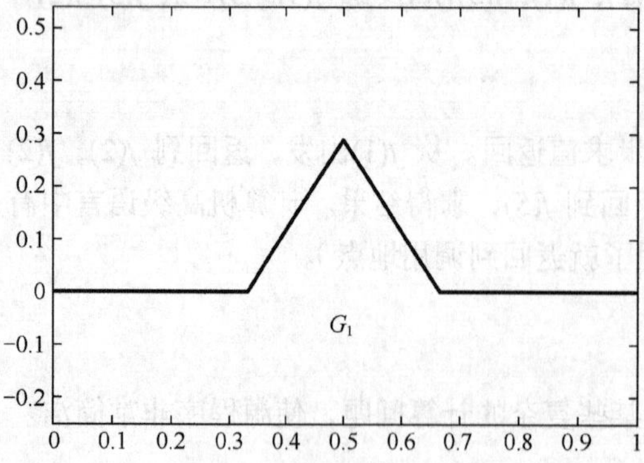

图 1.13

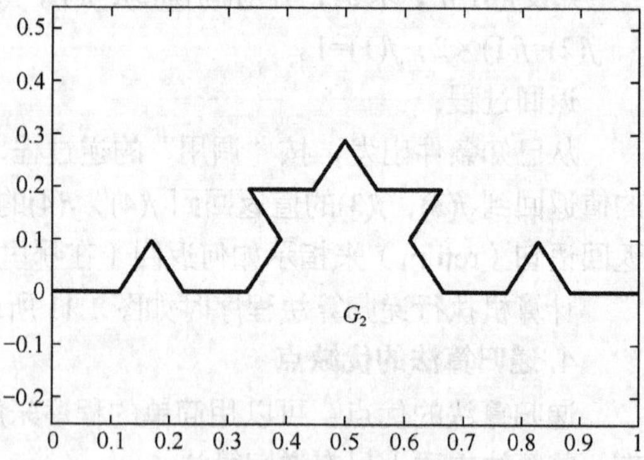

图 1.14

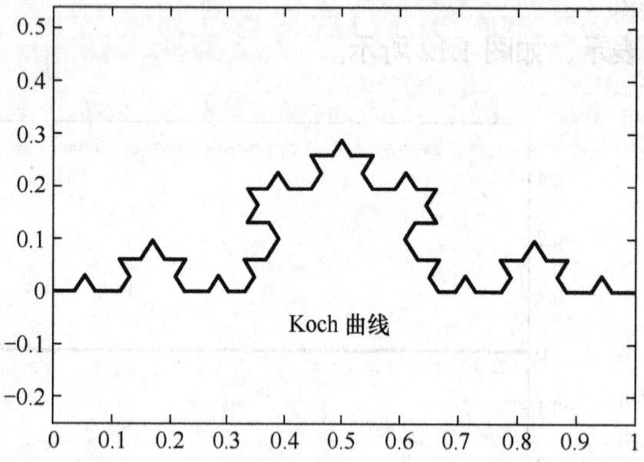

图 1.15

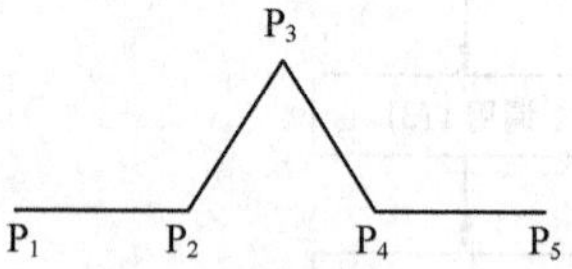

图 1.16

（2）Koch 曲线形成过程中，k_n 表示第 n 次迭代产生的结点数，则第 n+1 次迭代产生结点数目变化规律为：$k_{n+1}=4k_n-3$。

Koch 曲线的递归算法定义为；

初始条件：P_1、P_5 的坐标。

递归表达式：计算下一次结点数 $k_{n+1}=4k_n-3$，计算插入结点坐标：

$$P_2=P_1+\frac{1}{3}(P_5-P_1),\ P_4=P_1+\frac{2}{3}(P_5-P_1),\ P_3=P_2+(P_4-P_2)\times \text{旋转矩阵。}$$

数学中还有许多用相同方法递归生成的图形，如谢尔宾斯基三角形（Sierpinski Triangle）是一种分形，由波兰数学家谢尔宾斯基在 1915 年提出，如图 1.17 所示。

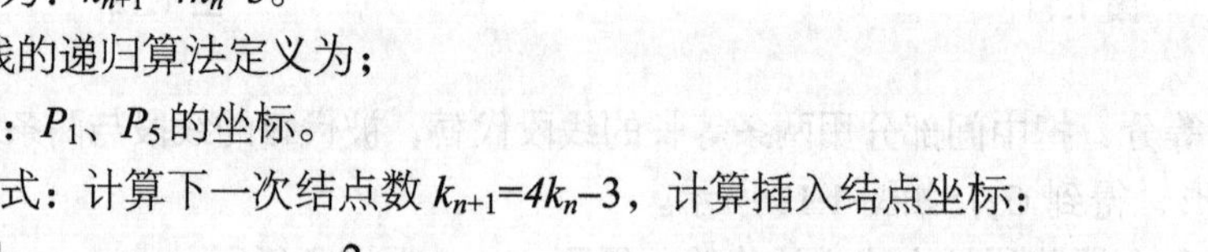

图 1.17

*1.3.2 递归算法C语言程序代码

C语言中，递归函数一般表现形式是：

```
递归函数名 f ( 参数 n... )
{
If(n==初值 )
结果=...;
else
结果=递归表达式;
return 结果;
}
```

例1.12 汉诺塔C语言递归算法代码。

```
//将 A 基座上按从小到大叠在一起的 n 个圆盘移至基座 C 上, B 作辅助基座,
  viod hanoi(int n, char A, Char B, Char C)
{
  if (n= =1)
  move (A, 1, C); //将编号为 1 的圆盘从 A 移到 C
  else
  {
  hanoi (n-1, A, C, B); //将 A 上编号为 1 至 n-1 的圆盘移动 B, 借助 C
  move (A, n, C); //将编号为 n 的圆盘从 A 移到 C
 hanoi (n-1, B, A, C); //将编号为 1 至 n-1 的圆盘从 B 移到 C, 借助 A
  }
}
```

1.3.3 递归算法举例——求最大公约数

1. 带余除法

令 a 为整数，b 为正整数，若存在唯一整数 q，r（$0 \leqslant r < b$），使得 $a=bq+r$，称 a 为被除数，b 为除数，q 为商，r 为余数，r 记作 $a \bmod b$，即 $r = a \bmod b$。

2. 最大公约数

能整除两个整数 a、b 的最大整数，称为这两个整数的**最大公约数**，记作 $\gcd(a,b)$。

3. 最大公约数的求法——辗转相除法

辗转相除法是公元前300年左右由古希腊数学家欧几里得首先提出的，因而又称为欧几里得算法。

（1）算法基础。

定理： 令 $a = bq + r$（a、b、q、r 都是整数），则 $\gcd(a,b) = \gcd(b,r)$。

（2）辗转相除法步骤。

设 a、b 是给定的两个整数，且 $0 \neq b < a$，令 $r_0 = a$，$r_1 = b$，则：

$r_0 = r_1 q_0 + r_2 \quad (0 < r_2 < r_1)$

$r_1 = r_2 q_1 + r_3 \quad (0 < r_3 < r_2)$

$r_2 = r_3 q_2 + r_4 \quad (0 < r_4 < r_3)$

…

$r_k = r_{k+1} q_k$

辗转相除法实质上是把求两个较大整数的最大公约数转化为求两个较小整数的最大公约数。

递归可使用递归算法实现，也可使用非递归算法（循环结构）代替。

4. 辗转相除法算法的 N-S 图与流程图

算法步骤：

第一步：输入两个正整数 a、$b(a>b)$。

第二步：计算 a 除以 b 所得的余数 r。

第三步：赋值 $a=b$，$b=r$。

第四步：判断：若 $r=0$，则 a，b 的最大公约数等于 a；否则转到第二步。

第五步：输出最大公约数 a（见图 1.18）。

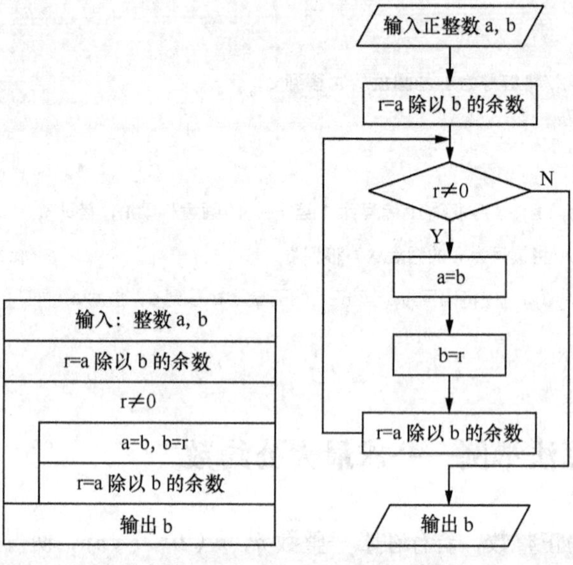

图 1.18

5. 辗转相除法的递归函数 C 语言伪代码

```
gys(int a,int b,int r)
{
r=amodb
If(r==0)
gys=b;
else
a=b,b=r,r=amodb;
return(gys);
}
```

课堂练习 1.3

1. 在正整数上递归定义：

（1）前 n 个奇数之和：$1+3+5+\cdots+(2n-1)$。

（2）指数函数 2^n。

2. 说出求斐波那契数列第 5 项的递归逻辑过程。

3. 设计一个求斐波那契数列（$a_1 = a_2 = 1, a_n = a_{n-1} + a_{n-2} (n > 2)$）前 20 项和的算法，并画出 N-S 图。

*4. 仿造 C 语言递归函数一般形式，写出定义 10！的递归函数的伪代码。

拓展阅读一

图灵简介

阿兰·图灵（Alan Turing，1912—1954）这个名字无论是在计算机领域、数学领域、人工智能领域，还是在哲学、逻辑学等领域，都可谓“掷地有声”。图灵（见图 1.19）是计算机逻辑的奠基者，许多人工智能的重要方法也源自这位伟大的科学家。

1912 年 6 月 23 日，图灵出生于英国伦敦。

1931 年～1934 年，图灵在英国剑桥大学国王学院学习。

1932 年～1935 年，图灵主要研究量子力学、概率论和逻辑学。

1935 年，年仅 23 岁的图灵被选为剑桥大学国王学院院士。

1936 年，图灵主要研究可计算理论，并提出“图灵机”的构想。

图 1.19

1936 年～1938 年，图灵主要在美国普林斯顿大学做博士研究，涉及逻辑学、代数和数论等领域。在计算机基础理论中有著名的“图灵机”和“图灵测试”。这些理论简洁概括了图灵伟大贡献的一部分：他是第一个提出利用某种机器实现逻辑代码的执行，以模拟人类的各种计算和逻辑思维过程的科学家。

图灵的一生充满未解之谜，他就像上天派往下界的神祇，匆匆而来，又匆匆而去，为人间留下了智慧，留下了深邃的思想，后人必须为之思索几十年甚至几百年。

许多文献甚至提出，图灵不仅是“人工智能之父”，也是“计算机之父”。曾担任冯·诺依曼助手的美国学者弗兰克尔这样写道：“许多人都推举冯·诺依曼为‘计算机之父’，然而我确信他本人从来不会促成这个错误。或许，他可以被恰当地称为助产士，但是他曾向我，并且我肯定他也曾向别人坚决强调：如果不考虑巴贝奇、阿达和其他人早先提出的有关概念，计算机的基本概念属于图灵。”

正是冯·诺依曼本人亲手把“计算机之父”的桂冠转戴在图灵头上。直到现在，计算机界仍有个一年一度“图灵奖”，由美国计算机学会颁发给世界上最优秀的电脑科学家，像科学界的诺贝尔奖金那样，图灵奖是电脑领域的最高荣誉。阿兰·图灵以其独特的洞察力提出了大量有价值的理论思想，似乎都成为计算机发展史不断追逐的目标，其正确性不断地被以后的发展所证明。

图灵出生于英国伦敦，孩提时代性格活泼、好动。3 岁那年，他进行了在科学实验方面的首次尝试——把玩具木头人的胳膊掰下来种植到花园里，想让它们长成更多的木头人。8 岁时，图灵尝试着写了一部科学著作，书名为《关于一种显微镜》，这个小孩虽然连单词都拼错了许多，但毕竟写得还像那么回事。在书的开头和结尾，图灵都用同一句话“首先你必须知道光是直的”前后呼应，但中间的内容很短，可谓短得破了科学著作的纪录。

1931年，图灵考入英国剑桥皇家学院。大学毕业后留校任教，不到一年，他就发表了几篇很有分量的数学论文，被选为皇家学院最年轻的研究员，年仅22岁。1937年，伦敦权威的数学杂志又收到图灵的一篇论文——《论可计算数及其在判定问题中的应用》，作为阐明现代电脑原理的开山之作，这篇论文被永远载入了计算机的发展史册。该文原本是为了解决一个基础性的数学问题：是否只要给人以足够的时间演算，数学函数都能够通过有限次机械步骤求得解答？传统数学家当然只会想到用公式推导证明它是否成立，可是图灵独辟蹊径地想出了一台冥冥之中的机器。

图灵想象的机器说起来很简单：该计算机使用一条无限长度的纸带，纸带被划分成许多方格，有的方格被画上斜线，代表“1”；有的没有画任何线条，代表“0”。该计算机有一个读写头部件，可以从带子上读出信息，也可以往空方格里写下信息。该计算机仅有的功能是：把纸带向右移动一格，然后把“1”变成“0”，或者相反把“0”变成“1”。

图灵设计的“理想计算机”被后人称为“图灵机”，它实际上是一种不考虑硬件状态的计算机逻辑结构。图灵还提出可以设计出另一种“万能图灵机”，用来模拟其他任何一台“图林机”工作，从而首创了通用计算机的原始模型。图灵甚至还想到把程序和数据都储存在纸带上，比冯·诺依曼更早提出了“储存程序”的概念。

阿兰·图灵对计算机科学的贡献也并非停留在“纸上谈兵”。在第二次世界大战期间，图灵应征入伍，在战时英国情报中心“布雷契莱庄园”（Bletchiy）从事破译德军密码的工作，与战友们一起制作了第一台密码破译机。在图灵理论指导下，这个“庄园”后来还研制出破译密码的专用电子管计算机“巨人”（Colossus），在盟军诺曼底登陆等战役中立下了丰功伟绩。Colossus 虽然是用马达和金属做的，与现在的数字式计算机根本不是一回事，但它是迈向现代计算机重要的一步。

此后图灵在国家物理学实验室（NPL）工作，并继续为数字式计算机努力，在那里他发明了自动计算机（Automatic Computing Engine，ACE），在这一时期他开始探索计算机与自然的关系。他写了一篇名为《智能机》的文章并于1969年发表，这时便开始有了人工智能的雏形。

图灵相信机器可以模拟人的智力，他也深知让人们接受这一想法的困难，今天仍然有许多人认为人的大脑是不可能用机器模仿的。而图灵认为，这样的机器一定是存在的。图灵经常和其他科学家发生争论，争论的问题就是机器实现人类智能的问题，在今天我们看来这没有什么，但是在当时这可不太容易被人接受。他经常问他的同事，你们能不能找到一个计算机不能回答的问题。当时计算机处理多选问题已经可以了，可是对于文章的处理还不可能，但今天的发展证明了图灵的远见，今天的计算机已经可以读写一些简单的文章了。图灵相信如果模拟人类大脑的思维就可以做出一台可以思考的机器，他于1950年写文章提出了著名的“图灵测试”。该测试是让人类考官通过键盘向一个人和一个机器发问，这个考官不知道他现在问的是人还是机器。如果在经过一定时间的提问以后，这位人类考官不能确定谁是人谁是机器，那这个机器就有智力了。这个测试在我们想来十分简单，可是伟大的思想就源于这种简单的事物之中。现在已经有软件可以通过“图灵测试”的测试，软件这个人类智慧的机器反映应该可以解决一些人类智力的问题。在完成ACE之前，图灵离开了NPL，并在曼彻斯特大学开发曼彻斯特自动计算机（Manchester Automatic Digital Machine，MADAM）。他相信在2000年前一定可以制造出可以模拟人类智力的机器。图灵开始创立算法，并使用MADAM继续他的工作。

图灵对生物也十分感兴趣，他希望了解生物的各个器官为什么是这个样子而不是那个样子，他不相信达尔文的《进化论》，他觉得生物的发展与进化没什么关系。对于生物学，他也用钟爱的数学进行研究，这对他进行计算机的研究有促进作用。图灵把生物的变化也看作一种程序，也就是“图灵机”的基本概念，即按程序进行。这位伟大的计算机先驱于1954年6月7日去世，他终生未娶。

图灵英年早逝。在他42年的人生历程中，体现出的创造力是非凡的，他是天才的数学家和计算机理论专家。他24岁提出“图灵机”理论，31岁参与Colossus的研制，33岁设想仿真系统，35岁提出自动程序设计概念，38岁设计“图灵测验”。这一朵朵灵感的浪花无不体现出他在计算机发展史上的预见性。阿兰·图灵本人，被人们推崇为“人工智能之父”，在计算机业飞速变化的历史中永远占有一席之地。他的惊世才华和盛年夭折，也给他的个人生活涂上了谜一样的传奇色彩。

拓展阅读二

约翰·冯·诺依曼的生平与他对计算机学科的贡献

约翰·冯·诺依曼（John Von Neumann，1903—1957），美籍匈牙利人，1903年12月28日生于匈牙利的布达佩斯。他的父亲是一个银行家，家境富裕，十分注意对孩子的教育。冯·诺依曼（见图1.20）从小聪颖过人，兴趣广泛，读书过目不忘。据说他6岁时就能用古希腊语同父亲闲谈，一生掌握了七种语言，最擅长德语，可以在用德语思考种种设想时，又能以阅读的速度译成英语。他对读过的书籍和论文，能很快一句不差地将内容复述出来，而且若干年之后，仍可如此。1911年到1921年，冯·诺依曼在布达佩斯的卢瑟伦中学读书期间，就崭露头角而深受老师的器重。在费克特老师的个别指导下，他们合作发表了第一篇数学论文，此时冯·诺依曼还不到18岁。1921年到1923年，冯·诺依曼在苏黎世大学学习。他很快又在1926年以优异的成绩获得了布达佩斯大学数学博士学位，此时冯·诺依曼年仅22岁。1927年到1929年，冯·诺依曼相继在柏林大学和汉堡大学担任数学讲师。1930年，他接受了普林斯顿大学客座教授的职位，西渡美国。1931年，他成为美国普林斯顿大学的第一批终身教授，那时，他还不到30岁。1933年，冯·诺依曼转到该校的高级研究所，成为最初的六位教授之一，并在那里工作了一生。冯·诺依曼是普林斯顿大学、宾夕法尼亚大学、哈佛大学、伊斯坦堡大学、马里兰大学、哥伦比亚大学和慕尼黑高等技术学院等校的荣誉博士。他是美国国家科学院、秘鲁国立自然科学院和意大利国立林且学院等院的院士。1951年至1953年，冯·诺依曼任美国数学会主席，1954年任美国原子能委员会委员。

图1.20

1954年夏，冯·诺依曼被发现患有癌症，1957年2月8日，他在华盛顿去世，终年54岁。

早在洛斯·阿拉莫斯，冯·诺依曼就明显看到，即使对一些理论物理的研究，只是为了得到定性的结果，单靠解析研究也已显得不够，必须辅之以数值计算。然而进行手工计算或使用台式计算机所需花费的时间是令人难以容忍的，于是冯·诺依曼劲头十足地开始从事电子计算机和计算方法的研究。

1944至1945年间，冯·诺依曼形成了现今所用的将一组数学过程转变为计算机指令语言的基本方法，当时的电子计算机缺少灵活性、普适性。冯·诺依曼关于机器中的固定的、普适的线路系统，以及“流图”概念、“代码”概念等关键性基础理论与方法方面做出了重大贡献。

计算机工程的发展也应大大归功于冯·诺依曼。计算机的逻辑图式，现代计算机中存储、速度、基本指令的选取以及线路之间相互作用的设计，都深深受到冯·诺依曼思想的影响。他不仅参与了电子管元件的计算机 ENIAC 的研制，并且还在普林斯顿高等研究院亲自督造了一台计算机（见图 1.21）。稍前，冯·诺依曼还和摩尔小组一起，写出了以“关于 EDVAC 的报告草案”为题的总结报告，这篇长达 101 页的报告轰动了数学界。由此导致一向专搞理论研究的普林斯顿高等研究院也批准让冯·诺依曼建造计算机，其依据就是这份报告。

速度超过人工计算千万倍的电子计算机，不仅极大地推动了数值分析的进展，而且在数学分析的基本方面，激发了崭新的方法。其中，由冯·诺依曼等制订的使用随机数处理确定性数学问题的蒙特·卡罗方法的蓬勃发展，就是突出的实例。

19 世纪，有关数学物理原理的精确的数学表述，在现代物理中十分缺乏。基本粒子研究中出现的纷繁、复杂的结构，令人眼花缭乱，要想很快找到数学综合理论的希望还很渺茫。单从综合角度看，且不提在处理某些偏微分方程时所遇到的分析困难，仅仅想获得精确解的希望也不大。所有这些都迫使人们去寻求能借助电子计算机来处理的新的数学模式。冯·诺依曼为此贡献了许多天才的方法——它们大多分载在各种实验报告中，从求解偏微分方程的数值近似解，到长期天气数值须报，以至最终达到控制气候等。

在冯·诺依曼生命的最后几年，他的思想仍很活跃，他综合早年对逻辑研究的成果和关于计算机的工作，把眼界扩展到了一般自动机理论。他以特有的胆识求解最为复杂的问题：怎样使用不可靠元件去设计可靠的自动机，以及建造自己能再生产的自动机。从中，他意识到计算机和人脑机制的某些类似，这方面的研究反映在他的西列曼讲演中。冯·诺依曼逝世后，有人以《计算机和人脑》的名字整理成书，出了单行本。尽管这是未完成的著作，但是他对人脑和计算机系统的精确分析和比较后所得到的一些定量成果，仍不失其重要的学术价值。

图 1.21

PART 2

第二章 向量与矩阵

本章介绍向量、矩阵的基本概念和基本运算。
2.1 节介绍向量的基本概念、基本运算及其几何意义。
2.2 节介绍矩阵的基本概念和运算。
2.3 节介绍线性方程组的矩阵表示。
2.4 节介绍方阵行列式、克莱姆法则、行列式的几何意义。
2.5 节介绍逆矩阵、伴随矩阵法，并利用逆矩阵求解线性方程组。
2.6 节介绍用 MATLAB 计算向量和矩阵。

线性代数是一门应用性很强，而且理论非常抽象的数学学科。计算机图形学、计算机辅助设计、密码学、网络技术、经济学等无不以线性代数为基础。随着计算机软硬件的创新，计算机性能的不断提升，计算机并行处理和大规模计算迅猛发展，使计算机技术和线性代数紧密联系在一起。对于理工类专业，线性代数比其他的大学数学课程具有更大的应用价值。矩阵、向量、线性方程组是线性代数的基础核心，本章将介绍线性代数中的三个数学工具：向量、矩阵、行列式及其应用。

2.1 向量

2.1.1 向量基本概念

物理量有矢量和标量，数学上分别称为向量和数量，如位移、速度、力等为矢量（向量），距离、时间、功等为标量（数量）。这种既有大小又有方向的量称为向量（Vector），只有大小没有方向的量称为数量。

向量可用数组表示，一个向量就是一个数组，数组中包含“数”的数目，称为向量的维数，标量可看成是一维向量。水平书写的向量称为行向量，垂直书写的向量称为列向量。

如[3, 4]为二维行向量，[2, 8, 5, −3]为四维行向量，$\begin{bmatrix}-1\\2\\0\end{bmatrix}$为三维列向量。

2.1.2 向量的几何定义

几何直观上，向量是有大小和方向的有向线段，好似一支箭。有向线段的长度表示向量的大小，箭头的指向表示向量的方向。如图 2.1 所示。

以 A 为起点，B 为终点的有向线段记作 $\overrightarrow{AB}$，向量 $\boldsymbol{AB}$ 的长度（模）记作$|\boldsymbol{AB}|$，长度为 0 的向量叫作**零向量**（Zero Vector），长度为 1 的向量叫作**单位向量**（Unit Vector）。方向相同或相反的向量叫作**平行向量**。为方便起见，书写时也用 $\vec{a}$、$\vec{b}$ 表示向量。印刷用小写粗体字母 $\boldsymbol{a}$、$\boldsymbol{b}$ 表示向量。

在线性代数中，n 维向量 $\boldsymbol{v}=[v_1, v_2, v_3,\cdots, v_n]$的大小用向量两边加双竖线表示，$n$ 维向量大小的计算公式如下。

$$\|\boldsymbol{v}\|=\sqrt{v_1^2+v_2^2+\cdots v_n^2}$$

对二维向量 $\boldsymbol{v}=[v_x, v_y]$，$\|\boldsymbol{v}\|=\sqrt{v_x^2+v_y^2}$ 的几何意义是以向量为斜边的直角三角形，直角边长度分别为 $\boldsymbol{v}_x$，$\boldsymbol{v}_y$ 的绝对值。如图 2.2 所示。

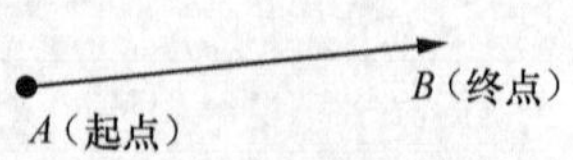

图 2.1

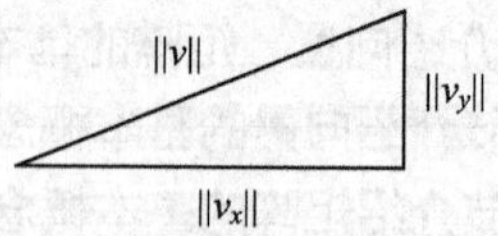

图 2.2

2.1.3 向量基本运算

向量基本运算有：向量标准化、向量的加法、减法、数乘向量、向量投影、向量的数量积、向量的向量积。

- 向量标准化

单位向量经常被称为标准化向量。所以，非零向量标准化就是将该向量长度变为 1，将向量除以它的模即可，公式如下。

$$\alpha_{\text{norm}}=\frac{\alpha}{\|\alpha\|},\ \alpha\neq 0$$

- 向量的加法

两个向量相加，将对应分量相加即可。

$$\begin{bmatrix} a_1 \\ a_2 \\ \vdots \\ a_n \end{bmatrix}+\begin{bmatrix} b_1 \\ b_2 \\ \vdots \\ b_n \end{bmatrix}=\begin{bmatrix} a_1+b_1 \\ a_2+b_2 \\ \vdots \\ a_n+b_n \end{bmatrix}$$

向量加法的几何解释是：

三角形法则：将向量 $\boldsymbol{a}$ 的尾与向量 $\boldsymbol{b}$ 的首连接，以 $\boldsymbol{a}$ 的首为起点、$\boldsymbol{b}$ 的尾为终点的有向线段为 $\boldsymbol{a+b}$（见图 2.3）

平行四边形法则：以向量 $\boldsymbol{a}$、$\boldsymbol{b}$ 为邻边作平行四边形，同一起点的对角线的有向线段就是 $\boldsymbol{a+b}$（见图 2.4）。

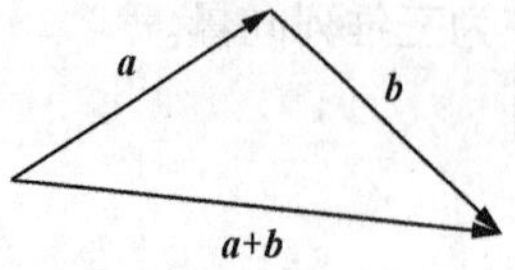

图 2.3

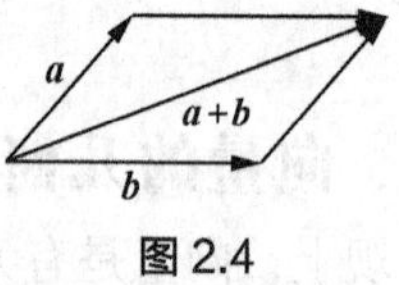

图 2.4

- 向量的减法

两个向量相减，将对应分量相减即可。

$$\begin{bmatrix} a_1 \\ a_2 \\ \vdots \\ a_n \end{bmatrix} - \begin{bmatrix} b_1 \\ b_2 \\ \vdots \\ b_n \end{bmatrix} = \begin{bmatrix} a_1 - b_1 \\ a_2 - b_2 \\ \vdots \\ a_n - b_n \end{bmatrix}$$

向量减法的几何意义也可用三角形法则解释，以向量 $\boldsymbol{a}$、$\boldsymbol{b}$ 为邻边作三角形，从 $\boldsymbol{b}$ 的尾指向 $\boldsymbol{a}$ 的尾的有向线段，就是 $\boldsymbol{a-b}$（见图 2.5）。

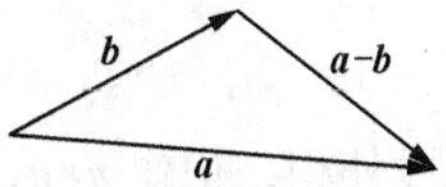

图 2.5

两点间的距离公式定义距离为两点间线段的长度，点 a 与点 b 的距离表示为 $\|\boldsymbol{b-a}\|$。

3 维中的点 $a\,(a_x, a_y, a_z)$，点 $b\,(b_x, b_y, b_z)$，$\boldsymbol{a}$，$\boldsymbol{b}$ 的距离为：

$$\|\boldsymbol{b}-\boldsymbol{a}\| = \sqrt{(b_x - a_x)^2 + (b_y - a_y)^2 + (b_z - a_z)^2}$$

2 维中的点 a，b 距离公式更简单，为：

$$\|\boldsymbol{b}-\boldsymbol{a}\| = \sqrt{(b_x - a_x)^2 + (b_y - a_y)^2}$$

- 数乘以向量

数乘以向量，将向量的每个分量与数相乘即可。

$$k\begin{bmatrix} a_1 \\ a_2 \\ \vdots \\ a_n \end{bmatrix} = \begin{bmatrix} ka_1 \\ ka_2 \\ \vdots \\ ka_n \end{bmatrix}$$

注意

数量不能和向量相加。

数 k 乘以向量 $\boldsymbol{a}$ 的几何意义是将向量 $\boldsymbol{a}$ 的长度缩小或放大了 k 倍，方向与 $\boldsymbol{a}$ 相同（$k>0$）或相反（$k<0$）（见图 2.6）

- 向量投影

设非零向量 $\boldsymbol{a}$、$\boldsymbol{b}$，它们的夹角为 θ，从 $\boldsymbol{b}$ 的终点作 $\boldsymbol{a}$ 的垂线，$\boldsymbol{d}$ 就是 $\boldsymbol{b}$ 在 $\boldsymbol{a}$ 上的投影（见图 2.7），向量 $\boldsymbol{d}$ 的长度为 $\|\boldsymbol{b}\|\cos\theta$，$\boldsymbol{d}$ 与 $\boldsymbol{a}$ 的方向相同。

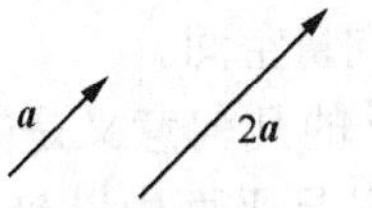

图 2.6

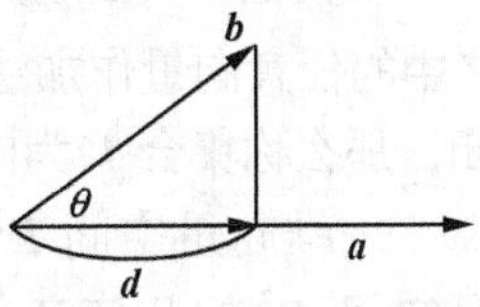

图 2.7

把 $\boldsymbol{a}$ 标准化，$\boldsymbol{a}_{\text{norm}} = \dfrac{\boldsymbol{a}}{\|\boldsymbol{a}\|}$，那么向量 $\boldsymbol{d}$ 的方向与 $\boldsymbol{a}_{\text{norm}}$ 相同，长度是 $\boldsymbol{a}_{\text{norm}}$ 的 $\|d\|$ 倍，所以，$\boldsymbol{d} = \dfrac{\boldsymbol{a}}{\|\boldsymbol{a}\|}\|\boldsymbol{d}\| = \boldsymbol{a}_{\text{norm}}\|\boldsymbol{b}\|\cos\theta$。

- 向量的数量积

向量的数量积也叫作向量的点积或内积，记作 $\boldsymbol{a}\cdot\boldsymbol{b}$ 或$[\boldsymbol{a},\boldsymbol{b}]$，向量点积就是将对应分量相乘再相加。

$$\begin{bmatrix} a_1 \\ a_2 \\ \vdots \\ a_n \end{bmatrix} \cdot \begin{bmatrix} b_1 \\ b_2 \\ \vdots \\ b_n \end{bmatrix} = a_1b_1 + a_2b_2 + \cdots a_nb_n$$

向量点积的几何意义是：$\boldsymbol{a}\cdot\boldsymbol{b}$ 等于 $\boldsymbol{a}$ 的长度与 $\boldsymbol{b}$ 在 $\boldsymbol{a}$ 方向上投影向量的长度$\|\boldsymbol{b}\|\cos\theta$ 的乘积，$\boldsymbol{a}\cdot\boldsymbol{b}=\|\boldsymbol{a}\|\times\|\boldsymbol{b}\|\times\cos\theta$。

- 向量的向量积

向量的向量积也叫作向量的叉积或外积，记作 $\boldsymbol{a}\times\boldsymbol{b}$，向量积仍是一个向量。

若向量 $\boldsymbol{a}$、$\boldsymbol{b}$ 不共线，$\boldsymbol{a}$ 与 $\boldsymbol{b}$ 的夹角为θ，$\boldsymbol{a}\times\boldsymbol{b}$ 是一个向量，其模是$\|\boldsymbol{a}\times\boldsymbol{b}\|=\|\boldsymbol{a}\|\|\boldsymbol{b}\|\sin\theta$，向量 $\boldsymbol{c}=\boldsymbol{a}\times\boldsymbol{b}$ 的方向为垂直于向量 $\boldsymbol{a}$ 和向量 $\boldsymbol{b}$，且 $\boldsymbol{a}$、$\boldsymbol{b}$ 和 $\boldsymbol{a}\times\boldsymbol{b}$ 指向依次如空间直角坐标系的 x 轴、y 轴、z 轴正向那样构成一个右手系（见图 2.8）。

若 $\boldsymbol{a}$、$\boldsymbol{b}$ 共线，则 $\boldsymbol{a}\times\boldsymbol{b}=\boldsymbol{0}$。

向量积的几何意义：

$\|\boldsymbol{a}\times\boldsymbol{b}\|$是以 $\boldsymbol{a}$、$\boldsymbol{b}$ 为邻边的平行四边形的面积，$\|\boldsymbol{a}\times\boldsymbol{b}\|=\|\boldsymbol{a}\|\|\boldsymbol{b}\|\sin\theta$，其中$\theta$为 $\boldsymbol{a}$、$\boldsymbol{b}$ 的夹角。

若向量 $\boldsymbol{a}=\begin{bmatrix} a_1 \\ a_2 \\ a_3 \end{bmatrix}$，$\boldsymbol{b}=\begin{bmatrix} b_1 \\ b_2 \\ b_3 \end{bmatrix}$，定义 $\boldsymbol{a}\times\boldsymbol{b}=\begin{bmatrix} a_1 \\ a_2 \\ a_3 \end{bmatrix}\times\begin{bmatrix} b_1 \\ b_2 \\ b_3 \end{bmatrix}=\begin{bmatrix} a_2b_3-a_3b_2 \\ a_3b_1-a_1b_3 \\ a_1b_2-a_2b_1 \end{bmatrix}$

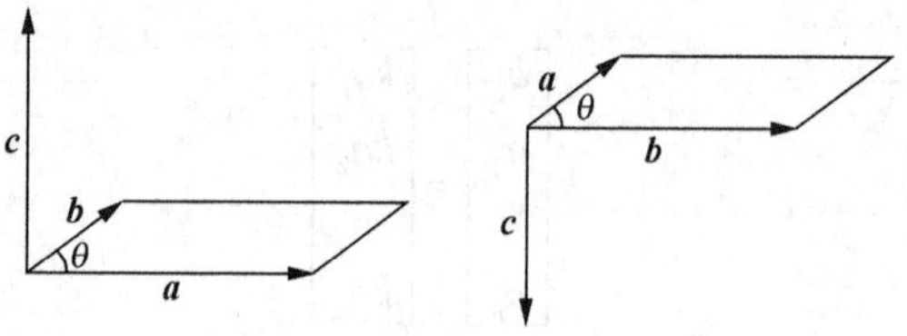

图 2.8

2.1.4 向量空间

空间解析几何中，“空间”通常作为点的集合，称为点空间。因为空间的点 $P(x, y, z)$与三维向量 $\boldsymbol{a}=(x, y, z)^{\mathrm{T}}$ 有一一对应关系，故又把三维向量的全体所组成的集合 $R^3=\left\{\boldsymbol{a}=(x,y,z)^{\mathrm{T}}\,\middle|\,x,y,z\in R\right\}$ 称为三维向量空间。

一般地，n 维向量的全体所组成的集合 $\boldsymbol{V}=\boldsymbol{R}^n=\{x=[x_1,x_2,\cdots,x_n]^{\mathrm{T}}\,|\,x_1,x_2,\cdots,x_n\in\mathbf{R}\}$，并且 $\boldsymbol{V}$ 中的任意向量作加法和数乘运算后得到的新向量仍在 $\boldsymbol{V}$ 中，即 $\boldsymbol{V}$ 对向量加法和数乘运算封闭，那么称集合 $\boldsymbol{V}$ 为向量空间。

一维向量空间 $\boldsymbol{R}^1$ 的几何意义是数轴上以坐标原点为起点的有向线段的全体，二维向量空间 $\boldsymbol{R}^2$ 的几何意义是平面内以坐标原点为起点的有向线段的全体，三维向量空间 $\boldsymbol{R}^3$ 的几何意义是空间中以坐标原点为起点的有向线段的全体。$n>3$ 时，$\boldsymbol{R}^n$ 没有直观的几何意义。

课堂练习 2.1

1. 下列向量等式是否成立。

（1）$\boldsymbol{a}+(\boldsymbol{b}+\boldsymbol{c})=\boldsymbol{b}+(\boldsymbol{a}+\boldsymbol{c})$　　（2）$k(\boldsymbol{a}+\boldsymbol{b})=k\boldsymbol{a}+k\boldsymbol{b}$　　（3）$\|\boldsymbol{a}\|^2=\boldsymbol{a}^2$

（4）$\|\boldsymbol{a}+\boldsymbol{b}\|^2=\|\boldsymbol{a}\|^2+\|\boldsymbol{b}\|^2$　　（5）$\boldsymbol{a}\cdot\boldsymbol{b}=\boldsymbol{b}\cdot\boldsymbol{a}$

2. 判断下列向量是否单位向量，并把非单位向量标准化。

（1）$\boldsymbol{a}=[1, 0, 0]$　　（2）$\boldsymbol{b}=[\sin\theta, -\cos\theta]$　　（3）$\boldsymbol{c}=[-2, 1, 1, 0]$

3. 设有 3 维向量，$\boldsymbol{a}=[2, 3, 1]$，$\boldsymbol{b}=[-1, 0, 4]$，计算：$\|\boldsymbol{a}-2\boldsymbol{b}\|$，$\boldsymbol{a}\cdot\boldsymbol{b}$，$\|\boldsymbol{a}\times\boldsymbol{b}\|$

2.2 矩阵

2.2.1 矩阵概念

在线性代数中，由 $m\times n$ 个数排成 m 行 n 列的矩形数字块，称为 m 行 n 列矩阵，简称 $m\times n$ 矩阵。

$$\begin{bmatrix} a_{11} & a_{12} & \cdots & a_{1n} \\ a_{21} & a_{22} & \cdots & a_{2n} \\ \vdots & \vdots & \vdots & \vdots \\ a_{m1} & a_{m2} & \cdots & a_{mn} \end{bmatrix}$$

常用大写黑体字母 $\boldsymbol{A}$、$\boldsymbol{B}$ 记矩阵，a_{ij} 为矩阵 $\boldsymbol{A}$ 的第 i 行 j 列元素，如 a_{23} 读作 a 二三，是第 2 行第 3 列元素。一个矩阵也可以用它的元素简记，$\boldsymbol{A}=[a_{ij}]$。

◆ 若矩阵的行数与列数相同，则称为**方阵 $\boldsymbol{A}$**，记为 $\boldsymbol{A}_n$。

◆ 若两个矩阵具有相同的行数与相同的列数，称这两个矩阵为**同型矩阵**。

◆ 若 $\boldsymbol{A}=[a_{ij}]$ 和 $\boldsymbol{B}=[b_{ij}]$ 是同型矩阵，且对应的元素相等，即 $\boldsymbol{a}_{ij}=\boldsymbol{b}_{ij}$，则称矩阵 $\boldsymbol{A}$ 和矩阵 $\boldsymbol{B}$ 相等，记作 $\boldsymbol{A}=\boldsymbol{B}$。

对程序员而言，矩阵就是二维数组（二维的“二”来自于矩阵的行、列），向量是一维数组。

2.2.2 几个特殊的矩阵

● 当 m=1 时，$\boldsymbol{A}=[a_{11},a_{12},\cdots,a_{1n}]$，称为**行矩阵（或行向量）**。

● 当 n=1 时，$\boldsymbol{A}=\begin{bmatrix} a_{11} \\ a_{21} \\ \vdots \\ a_{m1} \end{bmatrix}$，称为**列矩阵（或列向量）**。

● 所有元素 $\boldsymbol{a}_{ij}$ 都为 0 的矩阵，称为**零矩阵**，记作 $\boldsymbol{O}_{mn}$ 或 $\boldsymbol{O}$。

方阵的对角线元素是方阵中行号和列号相同的元素 $\boldsymbol{a}_{ii}$，其他位置上的元素称为非对角线元素。

● 主对角线上的元素为 1，其余元素均为零的 n 阶方阵，称为**单位矩阵**，记作 $\boldsymbol{E}_n$、$\boldsymbol{E}$ 或 $\boldsymbol{I}_n$、$\boldsymbol{I}$，如三阶单位阵，$\boldsymbol{E}_3=\begin{bmatrix} 1 & 0 & 0 \\ 0 & 1 & 0 \\ 0 & 0 & 1 \end{bmatrix}$。

● 三角矩阵。

三角矩阵是一种特殊的方阵，因其非零元素的排列呈三角形而得名。三角矩阵分上三角矩阵和下三角矩阵两种。

主对角线下方的各元素均为零的方阵，称为**上三角矩阵**。

$$\begin{bmatrix} a_{11} & a_{12} & \cdots & a_{1n} \\ 0 & a_{22} & \cdots & a_{2n} \\ \vdots & \vdots & \vdots & \vdots \\ 0 & 0 & \cdots & a_{nn} \end{bmatrix}$$

主对角线上方的各元素均为零的方阵，称为**下三角矩阵**。

$$\begin{bmatrix} a_{11} & 0 & \cdots & 0 \\ a_{21} & a_{22} & \cdots & 0 \\ \vdots & \vdots & \vdots & \vdots \\ a_{n1} & a_{n2} & \cdots & a_{nn} \end{bmatrix}$$

主对角线以外的元素全为零的方阵，称为**对角矩阵**。

$$\begin{bmatrix} a_{11} & 0 & \cdots & 0 \\ 0 & a_{22} & \cdots & 0 \\ \vdots & \vdots & \vdots & \vdots \\ 0 & 0 & \cdots & a_{nn} \end{bmatrix}$$

如果一个矩阵中有许多相同元素或零元素，并且这些相同元素在矩阵中的分布有一定规律，那么这样的矩阵可视为特殊矩阵。计算机进行数据压缩存储时，为节约计算机存储空间，多个值相同的元素只分配一个存储空间，对零元素不分配存储空间。三角矩阵是最常用的一种特殊矩阵。三角矩阵中的重复元素可共享一个存储空间，其余的元素正好有：$1+2+3+\cdots+n=\frac{n(n+1)}{2}$个。

因此，三角矩阵可压缩存储到$\frac{n(n+1)}{2}+1$维向量中。

2.2.3 矩阵基本运算

矩阵的基本运算可以认为是矩阵之间一些最基本的关系，包括矩阵的转置、加法、减法、矩阵与数的乘法、矩阵与矩阵的乘法、方阵的行列式和逆矩阵。

- 矩阵的转置

把矩阵 $\boldsymbol{A}$ 的行换成对应的列得到的新矩阵，称为 $\boldsymbol{A}$ 的转置矩阵，记作 $\boldsymbol{A}^{\mathrm{T}}$。

若$\boldsymbol{A}=\begin{bmatrix} a & b \\ c & d \end{bmatrix}$，则$\boldsymbol{A}^{\mathrm{T}}=\begin{bmatrix} a & c \\ b & d \end{bmatrix}$；若$\boldsymbol{A}=\begin{bmatrix} 1 & 2 & 3 \\ 4 & 5 & 6 \\ 7 & 8 & 9 \end{bmatrix}$，则$\boldsymbol{A}^{\mathrm{T}}=\begin{bmatrix} 1 & 4 & 7 \\ 2 & 5 & 8 \\ 3 & 6 & 9 \end{bmatrix}$。

$[x\ \ y\ \ z]^{\mathrm{T}}=\begin{bmatrix} x \\ y \\ z \end{bmatrix}$，$\begin{bmatrix} x \\ y \\ z \end{bmatrix}^{\mathrm{T}}=[x\ \ y\ \ z]$。

转置使行向量变成列向量，使列向量变成行向量。

- 矩阵的加法

设有两个矩阵 $\boldsymbol{A}=[a_{ij}]_{m\times n}$，$\boldsymbol{B}=[b_{ij}]_{m\times n}$，那么矩阵 $\boldsymbol{A}$ 与 $\boldsymbol{B}$ 的和记作 $\boldsymbol{A}+\boldsymbol{B}$，规定：

$$\boldsymbol{A}+\boldsymbol{B}=\begin{bmatrix} a_{11}+b_{11} & a_{12}+b_{12} & \cdots & a_{1n}+b_{1n} \\ a_{21}+b_{21} & a_{22}+b_{22} & \cdots & a_{2n}+b_{2n} \\ \vdots & \vdots & \vdots & \vdots \\ a_{m1}+b_{m1} & a_{m2}+b_{m2} & \cdots & a_{mn}+b_{mn} \end{bmatrix}=(a_{ij}+b_{ij})_{m\times n}$$

● 矩阵的减法

根据矩阵加法定义，矩阵减法运算定义为两个同型矩阵相同位置元素相减。

$$\boldsymbol{A}-\boldsymbol{B}=\begin{bmatrix} a_{11}-b_{11} & a_{12}-b_{12} & \cdots & a_{1n}-b_{1n} \\ a_{21}-b_{21} & a_{22}-b_{22} & \cdots & a_{2n}-b_{2n} \\ \vdots & \vdots & \vdots & \vdots \\ a_{m1}-b_{m1} & a_{m2}-b_{m2} & \cdots & a_{mn}-b_{mn} \end{bmatrix}=(a_{ij}-b_{ij})_{m\times n}$$

注意

只有当两个矩阵同型时才能进行矩阵加减法运算。

● 矩阵与数的乘法

数（标量）k 与矩阵 $\boldsymbol{A}$ 的乘积记作 $k\boldsymbol{A}$ 或 $\boldsymbol{A}k$，规定：

$$k\boldsymbol{A}=\boldsymbol{A}k=\begin{bmatrix} ka_{11} & ka_{12} & \cdots & ka_{1n} \\ ka_{21} & ka_{22} & \cdots & ka_{2n} \\ \vdots & \vdots & \vdots & \vdots \\ ka_{m1} & ka_{m2} & \cdots & ka_{mn} \end{bmatrix}$$

● 矩阵与矩阵的乘法

设矩阵 $\boldsymbol{A}=(a_{ij})_{m\times s}=\begin{bmatrix} a_{11} & a_{12} & \cdots & a_{1s} \\ a_{21} & a_{22} & \cdots & a_{2s} \\ \vdots & \vdots & \vdots & \vdots \\ a_{m1} & a_{m2} & \cdots & a_{ms} \end{bmatrix}$，$\boldsymbol{B}=(b_{ij})_{s\times n}=\begin{bmatrix} b_{11} & b_{12} & \cdots & b_{1n} \\ b_{21} & b_{22} & \cdots & b_{2n} \\ \vdots & \vdots & \vdots & \vdots \\ b_{s1} & b_{s2} & \cdots & b_{sn} \end{bmatrix}$。

矩阵 $\boldsymbol{A}$ 与矩阵 $\boldsymbol{B}$ 的乘积记作 $\boldsymbol{AB}$，读作 $\boldsymbol{A}$ 左乘 $\boldsymbol{B}$，规定：

$$\boldsymbol{AB}=(c_{ij})_{m\times n}=\begin{bmatrix} c_{11} & c_{12} & \cdots & c_{1n} \\ c_{21} & c_{22} & \cdots & c_{2n} \\ \vdots & \vdots & \vdots & \vdots \\ c_{m1} & c_{m2} & \cdots & c_{mn} \end{bmatrix}$$

其中 $c_{ij}=a_{i1}b_{1j}+a_{i2}b_{2j}+\ldots+a_{is}b_{sj}=\sum_{k=1}^{s}a_{ik}b_{kj}(i=1,2,\cdots,m,\ j=1,2,\cdots,n)$。即乘积矩阵 $\boldsymbol{AB}$ 的第 i 行第 j 列元素是矩阵 $\boldsymbol{A}$ 的第 i 行元素与矩阵 $\boldsymbol{B}$ 的第 j 列元素对应相乘之后再相加而得。

$$c_{ij}=[a_{i1},a_{i2},\cdots,a_{is}]\begin{bmatrix} b_{1j} \\ b_{2j} \\ \vdots \\ b_{sj} \end{bmatrix}=a_{i1}b_{1j}+a_{i2}b_{2j}+\cdots a_{is}b_{sj}$$

所以，只有当**左边矩阵的列数等于右边矩阵的行数**时，两个矩阵才能进行乘法运算。在几何应用中，特别关注的是二阶方阵的乘法和三阶方阵的乘法。

$$\boldsymbol{AB}=\begin{bmatrix}a_{11} & a_{12}\\ a_{21} & a_{22}\end{bmatrix}\begin{bmatrix}b_{11} & b_{12}\\ b_{21} & b_{22}\end{bmatrix}=\begin{bmatrix}a_{11}b_{11}+a_{12}b_{21} & a_{11}b_{12}+a_{12}b_{22}\\ a_{21}b_{11}+a_{22}b_{21} & a_{21}b_{12}+a_{22}b_{22}\end{bmatrix}$$

$$\boldsymbol{AB}=\begin{bmatrix}a_{11} & a_{12} & a_{13}\\ a_{21} & a_{22} & a_{23}\\ a_{31} & a_{32} & a_{33}\end{bmatrix}\begin{bmatrix}b_{11} & b_{12} & b_{13}\\ b_{21} & b_{22} & b_{23}\\ b_{31} & b_{32} & b_{33}\end{bmatrix}$$

$$=\begin{bmatrix}a_{11}b_{11}+a_{12}b_{21}+a_{13}b_{31} & a_{11}b_{12}+a_{12}b_{22}+a_{13}b_{32} & a_{11}b_{13}+a_{12}b_{23}+a_{13}b_{33}\\ a_{21}b_{11}+a_{22}b_{21}+a_{23}b_{31} & a_{21}b_{12}+a_{22}b_{22}+a_{23}b_{32} & a_{21}b_{13}+a_{22}b_{23}+a_{23}b_{33}\\ a_{31}b_{11}+a_{32}b_{21}+a_{33}b_{31} & a_{31}b_{12}+a_{32}b_{22}+a_{33}b_{32} & a_{31}b_{13}+a_{32}b_{23}+a_{33}b_{33}\end{bmatrix}$$

例 2.1　二阶方阵的乘法和三阶方阵的乘法。

$$\boldsymbol{AB}=\begin{bmatrix}2 & -1\\ 3 & 2\end{bmatrix}\begin{bmatrix}-3 & 4\\ -1 & 1\end{bmatrix}=\begin{bmatrix}2\times(-3)-1\times(-1) & 2\times4-1\times1\\ 3\times(-3)+2\times(-1) & 3\times4+2\times1\end{bmatrix}=\begin{bmatrix}-5 & 7\\ -11 & 14\end{bmatrix}$$

$$\boldsymbol{AB}=\begin{bmatrix}1 & 2 & 3\\ 0 & -1 & -5\\ 4 & 2 & 1\end{bmatrix}\begin{bmatrix}2 & -2 & 1\\ 3 & 4 & 0\\ -1 & 6 & -7\end{bmatrix}$$

$$=\begin{bmatrix}1\times2+2\times3+3\times(-1) & 1\times(-2)+2\times4+3\times6 & 1\times1+2\times0+3\times(-7)\\ 0\times2+(-1)\times3+(-5)\times(-1) & 0\times(-2)+(-1)\times4+(-5)\times6 & 0\times1+(-1)\times0+(-5)\times(-7)\\ 4\times2+2\times3+1\times(-1) & 4\times(-2)+2\times4+1\times6 & 4\times1+2\times0+1\times(-7)\end{bmatrix}$$

$$=\begin{bmatrix}5 & 24 & -20\\ 2 & -34 & 35\\ 13 & 6 & -3\end{bmatrix}$$

例 2.2　设二阶方阵 $\boldsymbol{A}=\begin{bmatrix}1 & 1\\ -1 & -1\end{bmatrix}$, $\boldsymbol{B}=\begin{bmatrix}1 & -1\\ -1 & 1\end{bmatrix}$，验算下列各式是否成立。

（1）$\boldsymbol{AB}=\boldsymbol{BA}$。

（2）$(\boldsymbol{AB})^{\mathrm{T}}=\boldsymbol{B}^{\mathrm{T}}\boldsymbol{A}^{\mathrm{T}}$。

解：

（1）$\boldsymbol{AB}=\begin{bmatrix}1 & 1\\ -1 & -1\end{bmatrix}\begin{bmatrix}1 & -1\\ -1 & 1\end{bmatrix}=\begin{bmatrix}0 & 0\\ 0 & 0\end{bmatrix}$, $\boldsymbol{BA}=\begin{bmatrix}1 & -1\\ -1 & 1\end{bmatrix}\begin{bmatrix}1 & 1\\ -1 & -1\end{bmatrix}=\begin{bmatrix}2 & 2\\ -2 & -2\end{bmatrix}$。

所以，$\boldsymbol{AB}\neq\boldsymbol{BA}$。

注意

矩阵乘法一般不满足交换律，即 $\boldsymbol{AB}\neq\boldsymbol{BA}$。

（2）$(\boldsymbol{AB})^{\mathrm{T}}=\begin{bmatrix}0 & 0\\ 0 & 0\end{bmatrix}^{\mathrm{T}}=\begin{bmatrix}0 & 0\\ 0 & 0\end{bmatrix}$。

$$\boldsymbol{B}^{\mathrm{T}}\boldsymbol{A}^{\mathrm{T}}=\begin{bmatrix}1 & -1\\ -1 & 1\end{bmatrix}^{\mathrm{T}}\begin{bmatrix}1 & 1\\ -1 & -1\end{bmatrix}^{\mathrm{T}}=\begin{bmatrix}1 & -1\\ -1 & 1\end{bmatrix}\begin{bmatrix}1 & -1\\ 1 & -1\end{bmatrix}=\begin{bmatrix}0 & 0\\ 0 & 0\end{bmatrix}。$$

$(\boldsymbol{AB})^{\mathrm{T}}=\boldsymbol{B}^{\mathrm{T}}\boldsymbol{A}^{\mathrm{T}}$。

从例 2.2（1）中看到，两个非零矩阵相乘，结果可能是零矩阵，所以不能从 $\boldsymbol{AB}=0$，一定有 $\boldsymbol{A}=0$ 或 $\boldsymbol{B}=0$。

此外，与普通数的乘法相比，矩阵乘法一般也不满足消去律，即不能从 $\boldsymbol{AB}=\boldsymbol{AC}$，必然推出 $\boldsymbol{B}=\boldsymbol{C}$。

对于单位阵 $\boldsymbol{E}$，容易证明 $\boldsymbol{E}_m\boldsymbol{A}_{m\times n}=\boldsymbol{A}_{m\times n}$，$\boldsymbol{A}_{m\times n}\boldsymbol{E}_n=\boldsymbol{A}_{m\times n}$，简写为 $\boldsymbol{EA}=\boldsymbol{AE}=\boldsymbol{A}$。可见单位矩阵在矩阵乘法中的作用类似于 1 在数的乘法中的作用。

- 矩阵运算的性质。

矩阵运算满足下列运算律（假设式中的矩阵能够满足矩阵运算条件）。

运算律	说明
$\boldsymbol{A}+\boldsymbol{B}=\boldsymbol{B}+\boldsymbol{A}$	矩阵加法交换律
$(\boldsymbol{A}+\boldsymbol{B})+\boldsymbol{C}=\boldsymbol{A}+(\boldsymbol{B}+\boldsymbol{C})$	矩阵加法结合律
$\boldsymbol{A}+0=\boldsymbol{A}$，$\boldsymbol{A}-\boldsymbol{A}=0$	0 为零矩阵
$1\boldsymbol{A}=\boldsymbol{A}$	
$k(h\boldsymbol{A})=(kh)\boldsymbol{A}$	矩阵数乘结合律
$(k+h)\boldsymbol{A}=k\boldsymbol{A}+h\boldsymbol{A}$ $k(\boldsymbol{A}+\boldsymbol{B})=k\boldsymbol{A}+k\boldsymbol{B}$	矩阵数乘分配律
满足以上 8 条性质的运算称为线性运算	
$(\boldsymbol{AB})\boldsymbol{C}=\boldsymbol{A}(\boldsymbol{BC})$ $k(\boldsymbol{AB})=(k\boldsymbol{A})\boldsymbol{B}=\boldsymbol{A}(k\boldsymbol{B})$	矩阵乘法结合律
$(\boldsymbol{A}+\boldsymbol{B})\boldsymbol{C}=\boldsymbol{AC}+\boldsymbol{BC}$ $\boldsymbol{C}(\boldsymbol{A}+\boldsymbol{B})=\boldsymbol{CA}+\boldsymbol{CB}$	矩阵乘法分配律
$(\boldsymbol{A}^{\mathrm{T}})^{\mathrm{T}}=\boldsymbol{A}$	
$(\boldsymbol{A}+\boldsymbol{B})^{\mathrm{T}}=\boldsymbol{A}^{\mathrm{T}}+\boldsymbol{B}^{\mathrm{T}}$	
$(k\boldsymbol{A})^{\mathrm{T}}=k\boldsymbol{A}^{\mathrm{T}}$	
$(\boldsymbol{AB})^{\mathrm{T}}=\boldsymbol{B}^{\mathrm{T}}\boldsymbol{A}^{\mathrm{T}}$	

课堂练习 2.2

1. 设 $\boldsymbol{A}=\begin{bmatrix}3 & 4\\ 1 & 2\end{bmatrix}$，$\boldsymbol{B}=\begin{bmatrix}1 & 3\\ 2 & 1\end{bmatrix}$，$\boldsymbol{C}=\begin{bmatrix}-2 & 1\\ 3 & 2\end{bmatrix}$，求 $2\boldsymbol{A}+\boldsymbol{BC}$。

2. 判断下列运算是否有意义，并计算。

（1）$\begin{bmatrix}x & y & z\end{bmatrix}\begin{bmatrix}a_{11} & a_{12} & a_{13}\\ a_{21} & a_{22} & a_{23}\\ a_{31} & a_{32} & a_{33}\end{bmatrix}$　　（2）$\begin{bmatrix}a_{11} & a_{12} & a_{13}\\ a_{21} & a_{22} & a_{23}\\ a_{31} & a_{32} & a_{33}\end{bmatrix}\begin{bmatrix}x & y & z\end{bmatrix}$

（3）$\begin{bmatrix}x\\ y\\ z\end{bmatrix}\begin{bmatrix}a_{11} & a_{12} & a_{13}\\ a_{21} & a_{22} & a_{23}\\ a_{31} & a_{32} & a_{33}\end{bmatrix}$　　（4）$\begin{bmatrix}a_{11} & a_{12} & a_{13}\\ a_{21} & a_{22} & a_{23}\\ a_{31} & a_{32} & a_{33}\end{bmatrix}\begin{bmatrix}x\\ y\\ z\end{bmatrix}$

3. 进行下列计算。

（1）$\begin{bmatrix}3 & -1 & 2\end{bmatrix}\begin{bmatrix}-2\\3\\-4\end{bmatrix}$　　（2）$\begin{bmatrix}1\\-5\\2\end{bmatrix}\begin{bmatrix}-3 & 4\end{bmatrix}$

（3）$\begin{bmatrix}-1 & 3 & 2\end{bmatrix}\begin{bmatrix}2 & 1\\0 & -3\\5 & 4\end{bmatrix}\begin{bmatrix}7 & -5\\-4 & 2\end{bmatrix}$

2.3 线性方程组的矩阵表示

中学数学已经接触到二元一次方程组、三元一次方程组的求解问题。在平面解析几何中，直线的方程是二元一次的，变量以一次方形式出现，因此，未知量以一次方形式出现的方程，称作线性方程。今后，二元一次方程组、三元一次方程组都习惯称作二元线性方程组、三元线性方程组。

为讨论方便，我们将二元线性方程组、三元线性方程组规范地写成：

$$\begin{cases}a_{11}x_1+a_{12}x_2=b_1\\a_{21}x_1+a_{22}x_2=b_2\end{cases}\qquad\begin{cases}a_{11}x_1+a_{12}x_2+a_{13}x_3=b_1\\a_{21}x_1+a_{22}x_2+a_{23}x_3=b_2\\a_{31}x_1+a_{32}x_2+a_{33}x_3=b_3\end{cases}$$

其中，$x_i(i=1, 2, 3)$表示未知量，a_{ij}表示未知量的系数，第一个下标 i 表示所在第 i 个方程，第二个下标 j 表示它是未知量 x_j 的系数，常数项 b_i 表示是第 i 个方程的常数项。

利用这一约定，一般的线性方程组的形式如下：

$$\begin{cases}a_{11}x_1+a_{12}x_2+\cdots a_{1n}x_n=b_1\\a_{21}x_1+a_{22}x_2+\cdots a_{2n}x_n=b_2\\\qquad\vdots\\a_{m1}x_1+a_{m2}x_2+\cdots a_{mn}x_n=b_m\end{cases}$$

它含有 n 个未知量，称作 n 元线性方程组，一般它所含的方程个数为 m，m 不一定与 n 相等，a_{ij}称作系数，b_i称作常数项。

显然，如果我们知道了一个线性方程组的全部系数与常数项以及它们的排列状况，或者说，如果知道了矩阵：

$$\begin{bmatrix}a_{11} & a_{12} & \cdots & a_{1n} & b_1\\a_{21} & a_{22} & \cdots & a_{2n} & b_2\\\vdots & \vdots & \vdots & \vdots & \vdots\\a_{m1} & a_{m2} & \cdots & a_{mn} & b_m\end{bmatrix}$$

那么，线性方程组就确定了，这个矩阵称为线性方程组的**增广矩阵**。

例 2.3 已知矩阵 $\boldsymbol{A}=\begin{bmatrix}2 & 3 & -1\\1 & -2 & 4\\-3 & 1 & 2\end{bmatrix}$，列向量 $\boldsymbol{X}=\begin{bmatrix}x\\y\\z\end{bmatrix}$，列向量 $\boldsymbol{b}=\begin{bmatrix}1\\-2\\4\end{bmatrix}$，求 $\boldsymbol{AX}$。

解：$\boldsymbol{AX}=\begin{bmatrix}2 & 3 & -1\\ 1 & -2 & 4\\ -3 & 1 & 2\end{bmatrix}\begin{bmatrix}x\\ y\\ z\end{bmatrix}=\begin{bmatrix}2x+3y-z\\ x-2y+4z\\ -3x+y+2z\end{bmatrix}$

若 $\boldsymbol{AX}=\boldsymbol{b}$，根据矩阵相等的定义，那么 $\begin{cases}2x+3y-z=1\\ x-2y+4z=-2\\ -3x+y+2z=4\end{cases}$。

$\boldsymbol{AX}=\boldsymbol{b}$ 称为三元一次方程组 $\begin{cases}2x+3y-z=1\\ x-2y+4z=-2\\ -3x+y+2z=4\end{cases}$ 的**矩阵方程**，$\boldsymbol{A}$ 称为方程组的系数矩阵，$\boldsymbol{X}$ 称为未知量的列向量，$\boldsymbol{b}$ 称为常数项的列向量。

因此，线性方程组 $\begin{cases}a_{11}x_1+a_{12}x_2+\cdots a_{1n}x_n=b_1\\ a_{21}x_1+a_{22}x_2+\cdots a_{2n}x_n=b_2\\ \vdots\\ a_{m1}x_1+a_{m2}x_2+\cdots a_{mn}x_n=b_m\end{cases}$ 的矩阵方程为 $\boldsymbol{AX}=\boldsymbol{b}$，系数矩阵 $\boldsymbol{A}$，常数项向量 $\boldsymbol{b}$，未知数向量 $\boldsymbol{X}$ 分别如下：

$$\boldsymbol{A}=\begin{bmatrix}a_{11} & a_{12} & \cdots & a_{1n}\\ a_{21} & a_{22} & \cdots & a_{2n}\\ \vdots & \vdots & \vdots & \vdots\\ a_{m1} & a_{m2} & \cdots & a_{mn}\end{bmatrix},\boldsymbol{b}=\begin{bmatrix}b_1\\ b_2\\ \vdots\\ b_m\end{bmatrix},\boldsymbol{X}=\begin{bmatrix}x_1\\ x_2\\ \vdots\\ x_m\end{bmatrix}。$$

常数项全都为零时，$\boldsymbol{AX}=0$ 称为**齐次线性方程组**；常数项不全为零时，$\boldsymbol{AX}=\boldsymbol{b}$ 称为**非齐次线性方程组**。

例 2.4 写出坐标变换方程组 $\begin{cases}x'=ax+cy\\ y'=bx+dy\end{cases}$ 的矩阵形式。

解：如果未知数采用列向量形式，则：

$$\begin{bmatrix}x'\\ y'\end{bmatrix}=\begin{bmatrix}a & c\\ b & d\end{bmatrix}\begin{bmatrix}x\\ y\end{bmatrix}=\begin{bmatrix}ax+cy\\ bx+dy\end{bmatrix}$$

如果未知数采用行向量形式，则：

$$\begin{bmatrix}x' & y'\end{bmatrix}=\begin{bmatrix}x & y\end{bmatrix}\begin{bmatrix}a & b\\ c & d\end{bmatrix}=\begin{bmatrix}ax+cy & bx+dy\end{bmatrix}$$

未知量为列向量时，$\begin{bmatrix}x\\ y\end{bmatrix}$ **右乘**系数矩阵；当未知量为行向量时，$[x\ \ y]$ **左乘**系数矩阵的**转置**。若交换次序，则矩阵乘法不能进行。

> 注意
>
> **矩阵乘法一般不满足交换律，所以矩阵乘法区分左乘、右乘，交换相乘因式的次序，矩阵乘法不一定能进行。**

课堂练习 2.3

1. 写出与增广矩阵 $\overline{\boldsymbol{A}}=\begin{bmatrix}1 & 2 & 3 & -1\\ 2 & 0 & 1 & 5\\ 3 & -2 & 4 & -3\end{bmatrix}$ 对应的线性方程组。

2. 写出方程组$\begin{cases}2x+3y=1\\x-2y=-4\end{cases}$的系数矩阵 $\boldsymbol{A}$、未知量向量 $\boldsymbol{x}$ 和常数项向量 $\boldsymbol{b}$，并写出它的矩阵方程。

3. 写出旋转变换$\begin{cases}x'=x\cos\theta-y\sin\theta\\y'=x\sin\theta+y\cos\theta\end{cases}$的矩阵方程。

2.4 方阵的行列式

中学数学已经接触到二元一次方程组、三元一次方程组的求解问题，我们就从这里开始。

2.4.1 二阶行列式

用消元法解二元线性方程组$\begin{cases}a_{11}x_1+a_{12}x_2=b_1\\a_{21}x_1+a_{22}x_2=b_2\end{cases}$，得到二元线性方程组的解的一般表达式：

$$x_1=\frac{b_1a_{22}-a_{12}b_2}{a_{11}a_{22}-a_{12}a_{21}}，\ x_2=\frac{a_{11}b_2-b_1a_{21}}{a_{11}a_{22}-a_{12}a_{21}}(a_{11}a_{22}-a_{12}a_{21}\neq 0)$$

以后，对于具体的二元线性方程组，只要它的系数 a_{ij} 满足$(a_{11}a_{22}-a_{12}a_{21}\neq 0)$，就可以使用这一表达式计算未知量，不必重复求解过程的推演。
所以，

$$x_1=\frac{b_1a_{22}-a_{12}b_2}{a_{11}a_{22}-a_{12}a_{21}}，\ x_2=\frac{a_{11}b_2-b_1a_{21}}{a_{11}a_{22}-a_{12}a_{21}}$$

可作为二元线性方程组$\begin{cases}a_{11}x_1+a_{12}x_2=b_1\\a_{21}x_1+a_{22}x_2=b_2\end{cases}$的求解公式。

然而，这两个公式比较复杂，不易记忆，因此影响使用。为此，我们引进一个数学工具：二阶行列式$\begin{vmatrix}a&b\\c&d\end{vmatrix}$，它是由四个数排成两行两列，并且用两条竖线限制的符号。$\begin{vmatrix}a&b\\c&d\end{vmatrix}$表示一个数，规定：$\begin{vmatrix}a&b\\c&d\end{vmatrix}=a\times d-b\times c$，称为对角线法则，如图 2.9 所示。

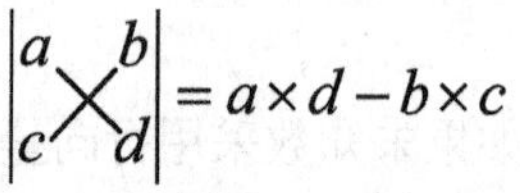

图 2.9

如，$\begin{vmatrix}1&2\\3&4\end{vmatrix}=1\times4-2\times3=-2$。

$$\boldsymbol{D}=\begin{vmatrix}a_{11}&a_{12}\\a_{21}&a_{22}\end{vmatrix}=a_{11}a_{22}-a_{12}a_{21}，\ \boldsymbol{D}_1=\begin{vmatrix}b_1&a_{12}\\b_2&a_{22}\end{vmatrix}=b_1a_{22}-a_{12}b_2，\ \boldsymbol{D}_2=\begin{vmatrix}a_{11}&b_1\\a_{21}&b_2\end{vmatrix}=b_2a_{11}-b_1a_{21}$$

有了二阶行列式，二元线性方程组的解的表达式可以写成：

$$x_1=\frac{\begin{vmatrix}b_1&a_{12}\\b_2&a_{22}\end{vmatrix}}{\begin{vmatrix}a_{11}&a_{12}\\a_{21}&a_{22}\end{vmatrix}},x_2=\frac{\begin{vmatrix}a_{11}&b_1\\a_{21}&b_2\end{vmatrix}}{\begin{vmatrix}a_{11}&a_{12}\\a_{21}&a_{22}\end{vmatrix}}，即\ x_1=\frac{\boldsymbol{D}_1}{\boldsymbol{D}},x_2=\frac{\boldsymbol{D}_2}{\boldsymbol{D}}$$

分母中的行列式由各未知量的系数按照在二元线性方程组里的排列组成（称为系数行列式）；分子中的行列式，是系数行列式中用常数列代替该未知量的系数列而成，这种形式就好记忆了。

例 2.5 解二元线性方程组$\begin{cases}3x_1-2x_2=5\\5x_1-4x_2=9\end{cases}$。

解： $\boldsymbol{D}=\begin{vmatrix}3 & -2\\5 & -4\end{vmatrix}=3\times(-4)-(-2)\times5=-2$

$$\boldsymbol{D}_1=\begin{vmatrix}5 & -2\\9 & -4\end{vmatrix}=5\times(-4)-(-2)\times9=-2$$

$$\boldsymbol{D}_2=\begin{vmatrix}3 & 5\\5 & 9\end{vmatrix}=3\times9-5\times5=2$$

所以，$x_1=\dfrac{\boldsymbol{D}_1}{\boldsymbol{D}}=1, x_2=\dfrac{\boldsymbol{D}_2}{\boldsymbol{D}}=-1$。

2.4.2 三阶行列式

现在我们看三元线性方程组 $\begin{cases}a_{11}x_1+a_{12}x_2+a_{13}x_3=b_1 & (1)\\a_{21}x_1+a_{22}x_2+a_{23}x_3=b_2 & (2)\\a_{31}x_1+a_{32}x_2+a_{33}x_3=b_3 & (3)\end{cases}$

用消元法，式（1）乘以适当系数先消去式（2）和式（3）中的 x_3，得到一个二元线性方程组，再从得到的二元线性方程组中消去 x_2，得到 x_1 解的表达式如下：

$$\begin{aligned}&(a_{11}a_{22}a_{33}+a_{21}a_{32}a_{13}+a_{31}a_{12}a_{23}-a_{31}a_{22}a_{13}-a_{21}a_{12}a_{33}-a_{11}a_{32}a_{23})x_1\\&=b_1a_{22}a_{33}+b_2a_{32}a_{13}+b_3a_{12}a_{23}-b_3a_{22}a_{13}-b_2a_{12}a_{33}-b_1a_{32}a_{23}\end{aligned}$$

记 $D=(a_{11}a_{22}a_{33}+a_{21}a_{32}a_{13}+a_{31}a_{12}a_{23}-a_{31}a_{22}a_{13}-a_{21}a_{12}a_{33}-a_{11}a_{32}a_{23})\neq0$

则：

$$x_1=\frac{b_1a_{22}a_{33}+b_2a_{32}a_{13}+b_3a_{12}a_{23}-b_3a_{22}a_{13}-b_2a_{12}a_{33}-b_1a_{32}a_{23}}{\boldsymbol{D}}$$

同理，得：

$$x_2=\frac{a_{11}b_2a_{33}+b_{21}a_3a_{13}+a_{31}b_1a_{23}-a_{31}b_2a_{13}-a_{21}b_1a_{33}-a_{11}b_3a_{23}}{\boldsymbol{D}}$$

$$x_3=\frac{a_{11}a_{22}b_3+b_{21}a_{32}b_1+a_{31}a_{12}b_2-a_{31}a_{22}b_1-a_{21}a_{12}b_3-a_{11}a_{32}b_2}{\boldsymbol{D}}$$

三个未知量求解的结果可作为三元线性方程组的解的公式，但非常复杂。为了便于理解记忆，我们引进工具——三阶行列式 $\begin{vmatrix}a_{11} & a_{12} & a_{13}\\a_{21} & a_{22} & a_{23}\\a_{31} & a_{32} & a_{33}\end{vmatrix}$，它是由 9 个数排列成 3 行 3 列，并且用两条竖线限制的符号，并且定义：

$$\begin{vmatrix}a_{11} & a_{12} & a_{13}\\a_{21} & a_{22} & a_{23}\\a_{31} & a_{32} & a_{33}\end{vmatrix}$$

$$=a_{11}a_{22}a_{33}+a_{21}a_{32}a_{13}+a_{31}a_{12}a_{23}-a_{31}a_{22}a_{13}-a_{21}a_{12}a_{33}-a_{11}a_{32}a_{23}$$

计算三阶行列式的对角线法则如图 2.10 所示。

三阶行列式是取自不同行不同列的 3 个元素的乘积的代数和，实线上的乘积取正，虚线上的乘积取负。

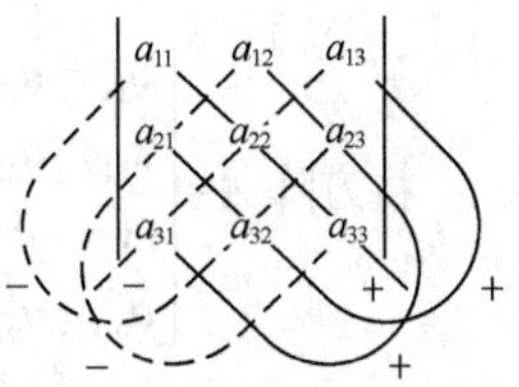

图 2.10

如：$\begin{vmatrix} 2 & -1 & 3 \\ -2 & 1 & -5 \\ 4 & 0 & 6 \end{vmatrix}$

$$=2\times1\times6+3\times(-2)\times0+(-1)\times(-5)\times4-3\times1\times4-(-1)\times(-2)\times6-2\times0\times(-5)$$
$$=8$$

类似地定义：

$$\boldsymbol{D}_1=\begin{vmatrix} b_1 & a_{12} & a_{13} \\ b_2 & a_{22} & a_{23} \\ b_3 & a_{32} & a_{33} \end{vmatrix}，\boldsymbol{D}_2=\begin{vmatrix} a_{11} & b_1 & a_{13} \\ a_{21} & b_2 & a_{23} \\ a_{31} & b_3 & a_{33} \end{vmatrix}，\boldsymbol{D}_3=\begin{vmatrix} a_{11} & a_{12} & b_1 \\ a_{21} & a_{22} & b_2 \\ a_{31} & a_{32} & b_3 \end{vmatrix}$$

当 $D\neq0$ 时，三元线性方程组有唯一解如下：

$$x_1=\frac{\boldsymbol{D}_1}{\boldsymbol{D}}，x_2=\frac{\boldsymbol{D}_2}{\boldsymbol{D}}，x_3=\frac{\boldsymbol{D}_3}{\boldsymbol{D}}$$

例 2.6 解三元线性方程组 $\begin{cases} 2x_1-3x_2+x_3=-1 \\ x_1+2x_2-x_3=4 \\ -2x_1-x_2+x_3=-3 \end{cases}$。

解：因为

$$\boldsymbol{D}=\begin{vmatrix} 2 & -3 & 1 \\ 1 & 2 & -1 \\ -2 & -1 & 1 \end{vmatrix}=4-1-6+4+3-2=2\neq0$$

$$\boldsymbol{D}_1=\begin{vmatrix} -1 & -3 & 1 \\ 4 & 2 & -1 \\ -3 & -1 & 1 \end{vmatrix}=4，\boldsymbol{D}_2=\begin{vmatrix} 2 & -1 & 1 \\ 1 & 4 & -1 \\ -2 & -3 & 1 \end{vmatrix}=6，\boldsymbol{D}_3=\begin{vmatrix} 2 & -3 & -1 \\ 1 & 2 & 4 \\ -2 & -1 & -3 \end{vmatrix}=8$$

所以

$$x_1=\frac{\boldsymbol{D}_1}{\boldsymbol{D}}=\frac{4}{2}=2，x_2=\frac{\boldsymbol{D}_2}{\boldsymbol{D}}=\frac{6}{2}=3，x_3=\frac{\boldsymbol{D}_3}{\boldsymbol{D}}=\frac{8}{2}=4$$

2.4.3 *n* 阶行列式

讨论 $n\times n$ 线性方程组

$$\begin{cases} a_{11}x_1+a_{12}x_2+\cdots a_{1n}x_n=b_1 \\ a_{21}x_1+a_{22}x_2+\cdots a_{2n}x_n=b_2 \\ \vdots \\ a_{n1}x_1+a_{n2}x_2+\cdots a_{nn}x_n=b_n \end{cases}$$

解的公式，也需要引进 n 阶行列式这一工具。

将方阵 $\boldsymbol{A}=\begin{bmatrix} a_{11} & a_{12} & \cdots & a_{1n} \\ a_{21} & a_{22} & \cdots & a_{2n} \\ \vdots & \vdots & \vdots & \vdots \\ a_{n1} & a_{n2} & \cdots & a_{nn} \end{bmatrix}$ 的括弧去掉，代之以两竖直线，写成 $\begin{vmatrix} a_{11} & a_{12} & \cdots & a_{1n} \\ a_{21} & a_{22} & \cdots & a_{2n} \\ \vdots & \vdots & \vdots & \vdots \\ a_{n1} & a_{n2} & \cdots & a_{nn} \end{vmatrix}$，

就是一个 n 阶行列式，称为**方阵 $\boldsymbol{A}$ 的行列式**，记作 detA 或 $|\boldsymbol{A}|$。

$$\det \boldsymbol{A}=\begin{vmatrix} a_{11} & a_{12} & \cdots & a_{1n} \\ a_{21} & a_{22} & \cdots & a_{2n} \\ \vdots & \vdots & \vdots & \vdots \\ a_{n1} & a_{n2} & \cdots & a_{nn} \end{vmatrix} \text{或} |\boldsymbol{A}|=\begin{vmatrix} a_{11} & a_{12} & \cdots & a_{1n} \\ a_{21} & a_{22} & \cdots & a_{2n} \\ \vdots & \vdots & \vdots & \vdots \\ a_{n1} & a_{n2} & \cdots & a_{nn} \end{vmatrix}$$

我们先对三阶行列式的定义式做一些变化和分析，从中来理解 n 阶行列式。三阶行列式可以转换为二阶行列式计算。

$$\begin{aligned} &\begin{vmatrix} a_{11} & a_{12} & a_{13} \\ a_{21} & a_{22} & a_{23} \\ a_{31} & a_{32} & a_{33} \end{vmatrix} \\ &= a_{11}a_{22}a_{33}+a_{21}a_{32}a_{13}+a_{31}a_{12}a_{23}-a_{31}a_{22}a_{13}-a_{21}a_{12}a_{33}-a_{11}a_{32}a_{23} \\ &= a_{11}(a_{22}a_{33}-a_{23}a_{32})-a_{12}(a_{21}a_{33}-a_{23}a_{31})+a_{13}(a_{21}a_{32}-a_{22}a_{31}) \\ &= a_{11}\begin{vmatrix} a_{22} & a_{23} \\ a_{32} & a_{33} \end{vmatrix}-a_{12}\begin{vmatrix} a_{21} & a_{23} \\ a_{31} & a_{33} \end{vmatrix}+a_{13}\begin{vmatrix} a_{21} & a_{22} \\ a_{31} & a_{32} \end{vmatrix} \end{aligned}$$

上式可作三阶行列式按第一行元素展开，其中三个二阶行列式分别是原来三阶行列式中，划去元素 a_{1j} 所在的第 1 行与第 j 列，剩余的元素保留其在三阶行列式中相对的位置，排列成的二阶行列式，称为元素 a_{1j} 的**余子式**，记作 M_{1j}，于是，我们知道：

$$\boldsymbol{M}_{11}=\begin{vmatrix} a_{22} & a_{23} \\ a_{32} & a_{33} \end{vmatrix}，\ \boldsymbol{M}_{12}=\begin{vmatrix} a_{21} & a_{23} \\ a_{12} & a_{33} \end{vmatrix}，\ \boldsymbol{M}_{13}=\begin{vmatrix} a_{21} & a_{22} \\ a_{31} & a_{32} \end{vmatrix}$$

再规定 a_{ij} 的**代数余子式**为 $(-1)^{i+j}\boldsymbol{M}_{ij}$，记作 $\boldsymbol{A}_{ij}$，即 $\boldsymbol{A}_{ij}=(-1)^{i+j}\boldsymbol{M}_{ij}$。

于是，

$$\begin{vmatrix} a_{11} & a_{12} & a_{13} \\ a_{21} & a_{22} & a_{23} \\ a_{31} & a_{32} & a_{33} \end{vmatrix}=a_{11}\begin{vmatrix} a_{22} & a_{23} \\ a_{32} & a_{33} \end{vmatrix}-a_{12}\begin{vmatrix} a_{21} & a_{23} \\ a_{12} & a_{33} \end{vmatrix}+a_{13}\begin{vmatrix} a_{21} & a_{22} \\ a_{31} & a_{32} \end{vmatrix}$$

可写成

$$\begin{vmatrix} a_{11} & a_{12} & a_{13} \\ a_{21} & a_{22} & a_{23} \\ a_{31} & a_{32} & a_{33} \end{vmatrix}=a_{11}\boldsymbol{A}_{11}+a_{12}\boldsymbol{A}_{12}+a_{13}\boldsymbol{A}_{13}$$

上式称作三阶行列式按第一行的展开式，即三阶行列式等于第一行各元素与它们的代数余子式的乘积之和。

不难理解，三阶行列式还可以写成第二行、第三行的展开式。

$$\begin{vmatrix} a_{11} & a_{12} & a_{13} \\ a_{21} & a_{22} & a_{23} \\ a_{31} & a_{32} & a_{33} \end{vmatrix}=a_{21}\boldsymbol{A}_{21}+a_{22}\boldsymbol{A}_{22}+a_{23}\boldsymbol{A}_{23}=a_{31}\boldsymbol{A}_{31}+a_{32}\boldsymbol{A}_{32}+a_{33}\boldsymbol{A}_{33}$$

亦可以写成第 1 列、第 2 列、第 3 列的展开式。

$$\begin{aligned} \begin{vmatrix} a_{11} & a_{12} & a_{13} \\ a_{21} & a_{22} & a_{23} \\ a_{31} & a_{32} & a_{33} \end{vmatrix} &= a_{11}\boldsymbol{A}_{11}+a_{21}\boldsymbol{A}_{21}+a_{31}\boldsymbol{A}_{31}=a_{12}\boldsymbol{A}_{12}+a_{22}\boldsymbol{A}_{22}+a_{32}\boldsymbol{A}_{32} \\ &= a_{13}\boldsymbol{A}_{13}+a_{23}\boldsymbol{A}_{23}+a_{33}\boldsymbol{A}_{33} \end{aligned}$$

在这里，我们用了更简单的二阶行列式来定义三阶行列式。将这一作法推广，假设我们已经有了 n–1 阶行列式的定义，类似地可以给出 n 阶行列式的定义式。

$$\boldsymbol{D}=\begin{vmatrix} a_{11} & a_{12} & \cdots & a_{1n} \\ a_{21} & a_{22} & \cdots & a_{2n} \\ \vdots & \vdots & \vdots & \vdots \\ a_{n1} & a_{n2} & \cdots & a_{nn} \end{vmatrix}=a_{i1}\boldsymbol{A}_{i1}+a_{i2}\boldsymbol{A}_{i2}+\cdots a_{in}\boldsymbol{A}_{in}\,(i=1,2,\cdots,n)$$

$\boldsymbol{A}_{ij}$ 为 $\boldsymbol{D}$ 的元素 a_{ij} 的代数余子式，是 n–1 阶行列式，即 **n 阶行列式等于它的任一行各元素与它们对应的代数余子式的乘积之和。**

定义式就是将行列式按第 i 行展开，通过**降阶**计算行列式，行列式亦可以按第 j 列展开。

$$\boldsymbol{D}=\begin{vmatrix} a_{11} & a_{12} & \cdots & a_{1n} \\ a_{21} & a_{22} & \cdots & a_{2n} \\ \vdots & \vdots & \vdots & \vdots \\ a_{n1} & a_{n2} & \cdots & a_{nn} \end{vmatrix}=a_{1j}\boldsymbol{A}_{1j}+a_{2j}\boldsymbol{A}_{2j}+\cdots a_{nj}\boldsymbol{A}_{nj}\ (j=1,2,\cdots,n)$$

而且，在 $i\neq j$ 时，第 i 行元素与第 j 行的代数余子式乘积之和为零。

例如：

$a_{21}\boldsymbol{A}_{11}+a_{22}\boldsymbol{A}_{12}+a_{23}\boldsymbol{A}_{13}=0$（第 2 行元素与第 1 行元素的代数余子式乘积之和）。

$a_{11}\boldsymbol{A}_{13}+a_{21}\boldsymbol{A}_{23}+a_{31}\boldsymbol{A}_{33}=0$（第 1 列元素与第 3 列元素的代数余子式乘积之和）。

例 2.7　按定义式计算行列式。

$$\boldsymbol{D}=\begin{vmatrix} 5 & 0 & 4 & 2 \\ 1 & -1 & 2 & 1 \\ 4 & 1 & 2 & 0 \\ 0 & 3 & -3 & 0 \end{vmatrix}$$

解：将行列式按第一行元素展开。

$$\boldsymbol{D}=\begin{vmatrix} 5 & 0 & 4 & 2 \\ 1 & -1 & 2 & 1 \\ 4 & 1 & 2 & 0 \\ 0 & 3 & -3 & 0 \end{vmatrix}=5\times(-1)^{1+1}\begin{vmatrix} -1 & 2 & 1 \\ 1 & 2 & 0 \\ 3 & -3 & 0 \end{vmatrix}+4\times(-1)^{1+3}\begin{vmatrix} 1 & -1 & 1 \\ 4 & 1 & 0 \\ 0 & 3 & 0 \end{vmatrix}+2\times$$

$$(-1)^{1+4}\begin{vmatrix} 1 & -1 & 2 \\ 4 & 1 & 2 \\ 0 & 3 & -3 \end{vmatrix}=-3$$

按照第一行进行展开时，有一个三阶行列式乘以 0，故没有出现。也可以按第四列进行展开，计算是否更简单？

例 2.8　证明下三角行列式。

$$\begin{vmatrix} a_{11} & 0 & \cdots & 0 \\ a_{21} & a_{22} & \cdots & 0 \\ \vdots & \vdots & \vdots & \vdots \\ a_{n1} & a_{n2} & \cdots & a_{nn} \end{vmatrix}=a_{11}a_{22}\cdots a_{nn}$$

证明：

$$\begin{vmatrix} a_{11} & 0 & \cdots & 0 \\ a_{21} & a_{22} & \cdots & 0 \\ \vdots & \vdots & \vdots & \vdots \\ a_{n1} & a_{n2} & \cdots & a_{nn} \end{vmatrix} = a_{11}\begin{vmatrix} a_{22} & 0 & \cdots & 0 \\ a_{32} & a_{33} & \cdots & 0 \\ \vdots & \vdots & \vdots & \vdots \\ a_{n2} & a_{n3} & \cdots & a_{nn} \end{vmatrix} = a_{11}a_{22}\begin{vmatrix} a_{33} & 0 & \cdots & 0 \\ a_{43} & a_{44} & \cdots & 0 \\ \vdots & \vdots & \vdots & \vdots \\ a_{n4} & a_{n4} & \cdots & a_{nn} \end{vmatrix}$$

$$= a_{11}a_{22}\cdots a_{nn}$$

利用定义式，每一步骤都按第一行展开，行列式降一阶，从而达到降阶的目的，最终计算出下三角行列式的值等于对角线上元素的乘积。

同理，可计算上三角行列式的值。

$$\begin{vmatrix} a_{11} & a_{12} & \cdots & a_{1n} \\ 0 & a_{22} & \cdots & a_{2n} \\ \vdots & \vdots & \vdots & \vdots \\ 0 & 0 & \cdots & a_{nn} \end{vmatrix} = a_{11}a_{22}\cdots a_{nn}$$

对角行列式的值为：

$$\begin{vmatrix} a_{11} & 0 & \cdots & 0 \\ 0 & a_{22} & \cdots & 0 \\ \vdots & \vdots & \vdots & \vdots \\ 0 & 0 & \cdots & a_{nn} \end{vmatrix} = a_{11}a_{22}\cdots a_{nn}$$

2.4.4 克莱姆（Cramer）法则

若 n 元线性方程组

$$\begin{cases} a_{11}x_1 + a_{12}x_2 + \cdots a_{1n}x_n = b_1 \\ a_{21}x_1 + a_{22}x_2 + \cdots a_{2n}x_n = b_2 \\ \cdots \\ a_{n1}x_1 + a_{n2}x_2 + \cdots a_{nn}x_n = b_n \end{cases}$$

的系数行列式不等于 0，即：

$$\boldsymbol{D} = \begin{vmatrix} a_{11} & a_{12} & \cdots & a_{1n} \\ a_{21} & a_{22} & \cdots & a_{2n} \\ \vdots & \vdots & \vdots & \vdots \\ a_{n1} & a_{n2} & \cdots & a_{nn} \end{vmatrix} \neq 0$$

则方程组有唯一解，且

$$x_1 = \frac{\boldsymbol{D}_1}{\boldsymbol{D}}, x_2 = \frac{\boldsymbol{D}_2}{\boldsymbol{D}}, \ldots, x_n = \frac{\boldsymbol{D}_n}{\boldsymbol{D}}$$

其中 $\boldsymbol{D}_j\,(j = 1,2,3,\cdots,n)$ 是将系数行列式中第 j 列用常数项 $b_1, b_2, \cdots, b_n$ 代替后得到的 n 阶行列式。

$$\boldsymbol{D}_j = \begin{vmatrix} a_{11} & \cdots & a_{1,j-1} & b_1 & a_{1,j+1} & \cdots & a_{1n} \\ a_{21} & \cdots & a_{2,j-1} & b_2 & a_{2,j+1} & \cdots & a_{2n} \\ \vdots & \cdots & \vdots & \vdots & \vdots & \cdots & \vdots \\ a_{n1} & \cdots & a_{n,j-1} & b_n & a_{n,j+1} & \cdots & a_{nn} \end{vmatrix}$$

当方程组右边的常数 b_j 不全为零时，方程组称为**非齐次线性方程组**；当 $b_1=b_2=\cdots b_n=0$ 时，方程组称为**齐次线性方程组**。

例 2.9 利用克莱姆法则解线性方程组$\begin{cases}2x_1-x_2+3x_3=1\\4x_1+2x_2+5x_3=4\\x_1+x_3=3\end{cases}$。

解：方程组的系数行列式

$$\boldsymbol{D}=\begin{vmatrix}2&-1&3\\4&2&5\\1&0&1\end{vmatrix}=-3\neq 0$$

所以方程组有唯一解。

$$\boldsymbol{D}_1=\begin{vmatrix}1&-1&3\\4&2&5\\3&0&1\end{vmatrix}=-27,\boldsymbol{D}_2=\begin{vmatrix}2&1&3\\4&4&5\\1&3&1\end{vmatrix}=3,\ \boldsymbol{D}_3=\begin{vmatrix}2&-1&1\\4&2&4\\1&0&3\end{vmatrix}=18$$

根据克莱姆法则，方程组的解如下：

$$x_1=\frac{\boldsymbol{D}_1}{\boldsymbol{D}}=\frac{-27}{-3}=9,x_2=\frac{\boldsymbol{D}_2}{\boldsymbol{D}}=\frac{3}{-3}=-1,x_3=\frac{\boldsymbol{D}_3}{\boldsymbol{D}}=\frac{18}{-3}=-6$$

2.4.5 行列式运算律

设 $\boldsymbol{A}$，$\boldsymbol{B}$ 都是 $\boldsymbol{n}$ 阶方阵，不难验证，方阵的行列式满足下列运算律。

- $\det(\boldsymbol{A}^{\mathrm{T}})=\det\boldsymbol{A}$
- $\det(\mathrm{k}\boldsymbol{A})=k^n\det\boldsymbol{A}$
- $\det(\mathrm{AB})=\det\mathrm{A}\det\mathrm{B}$

例 2.10 设 $\boldsymbol{A}=\begin{bmatrix}2&3\\-1&1\end{bmatrix}$，$\boldsymbol{B}=\begin{bmatrix}4&-1\\2&0\end{bmatrix}$。验证：

（1）$\det(\boldsymbol{A}^{\mathrm{T}})=\det\boldsymbol{A}$ （2）$\det(3\boldsymbol{A})=3^2\det\boldsymbol{A}$ （3）$\det(\boldsymbol{AB})=\det\boldsymbol{A}\det\boldsymbol{B}$

解：

（1）$\det\boldsymbol{A}=\begin{vmatrix}2&3\\-1&1\end{vmatrix}=2\times1-(-1)\times3=5$

$$\boldsymbol{A}^{\mathrm{T}}=\begin{bmatrix}2&-1\\3&1\end{bmatrix},\ \det\boldsymbol{A}^{\mathrm{T}}=\begin{vmatrix}2&-1\\3&1\end{vmatrix}=2\times1-(-1)\times3=5$$

所以，$\det(\boldsymbol{A}^{\mathrm{T}})=\det\boldsymbol{A}$

（2）$3\boldsymbol{A}=3\times\begin{bmatrix}2&3\\-1&1\end{bmatrix}=\begin{bmatrix}6&9\\-3&3\end{bmatrix}$，$\det(3\boldsymbol{A})=\begin{vmatrix}6&9\\-3&3\end{vmatrix}=6\times3-(-3)\times9=45$

$3^2\det\boldsymbol{A}=9\times5=45$，所以，$\det(3\boldsymbol{A})=3^2\det\boldsymbol{A}$

（3）$\boldsymbol{AB}=\begin{bmatrix}2&3\\-1&1\end{bmatrix}\begin{bmatrix}4&-1\\2&0\end{bmatrix}=\begin{bmatrix}14&-2\\-2&1\end{bmatrix}$，$\det(\boldsymbol{AB})=14\times1-(-2)\times(-2)=10$

$\det\boldsymbol{A}\det\boldsymbol{B}=5\times2=10$，所以 $\det(\boldsymbol{AB})=\det\boldsymbol{A}\det\boldsymbol{B}$。

2.4.6 二阶行列式的几何意义

二阶行列式$\begin{vmatrix}a_1&a_2\\b_1&b_2\end{vmatrix}=a_1b_2-a_2b_1$的几何意义是以向量 $\boldsymbol{a}=[a_1,\ a_2]$，$\boldsymbol{b}=[b_1,\ b_2]$为邻边的平

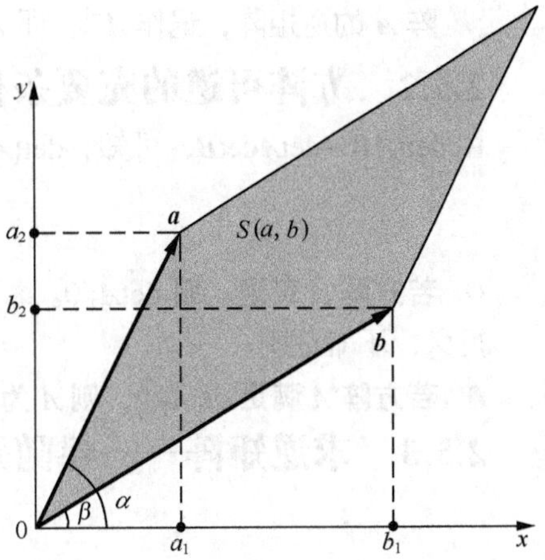

图 2.11

行四边形**带符号**的面积，如图 2.11 所示。

平行四边形的面积为 $S_{平行四边形}=\|\boldsymbol{a}\|\|\boldsymbol{b}\|\sin(a, b)$ 其中，$\|\boldsymbol{a}\|=\sqrt{a_1^2+a_2^2}, \|\boldsymbol{b}\|=\sqrt{b_1^2+b_2^2}$，$(a,b)$ 为向量 $\boldsymbol{a}$，$\boldsymbol{b}$ 的夹角。

$$\begin{aligned}\sin(a,b) &= \sin(\alpha-\beta)=\sin\alpha\cos\beta-\cos\alpha\sin\beta \\ &= \frac{a_2}{\|a\|}\frac{b_1}{\|b\|}-\frac{a_1}{\|a\|}\frac{b_2}{\|b\|} \\ &= \frac{a_2b_1-a_1b_2}{\|a\|\|b\|}\end{aligned}$$

$$S_{平行四边形}=a_2b_1-a_1b_2$$

整理得：

$$=\begin{vmatrix}b_1 & b_2\\ a_1 & a_2\end{vmatrix}=-\begin{vmatrix}a_1 & a_2\\ b_1 & b_2\end{vmatrix}$$

行列式的值有正有负或者为零，如果行列式值为负时，表明平行四边形相对于原来位置发生了“翻转”，翻转后面积为负；如果行列式的值为零，则进行了投影变换。

课堂练习 2.4

1. 若 $\boldsymbol{D}=\begin{vmatrix}4 & 3 & 1\\ 0 & 5 & 7\\ 1 & -2 & 3\end{vmatrix}$，求 $\boldsymbol{A}_{13}$，$\boldsymbol{A}_{21}$。

2. 计算 $\begin{vmatrix}1 & -1 & -2\\ 0 & 3 & -1\\ -2 & 2 & -4\end{vmatrix}$。

3. 设 $\boldsymbol{A}=\begin{bmatrix}3 & -2\\ 5 & -4\end{bmatrix}$，$\boldsymbol{B}=\begin{bmatrix}3 & 4\\ 1 & 2\end{bmatrix}$，求 $\det(\boldsymbol{A}+\boldsymbol{B})$，$\det(\boldsymbol{AB})$。

4. 设矩阵 $\boldsymbol{A}=\begin{bmatrix}1 & 2\\ 3 & 4\end{bmatrix}$，且 $\det(\boldsymbol{AB})=4$，求 $\det(2\boldsymbol{B})$。

5. 利用克莱姆法则解线性方程组 $\begin{cases}3x_1+x_2-5x_3=0\\ 2x_1-x_2+3x_3=3\\ 4x_1-x_2+x_3=3\end{cases}$。

6. 求以向量 $\boldsymbol{a}$=[1, 2]，$\boldsymbol{b}$=[3, −9]为邻边的平行四边形的面积。

2.5 逆矩阵

2.5.1 逆矩阵定义

我们知道，线性方程组的矩阵形式为 $\boldsymbol{AX}=\boldsymbol{b}$，如何求解它？能否仿照解数的方程 $ax=b$ $(a\neq 0)$，显然 $x=\dfrac{b}{a}$ 或写成 $x=a^{-1}b$，矩阵方程 $\boldsymbol{AX}=\boldsymbol{b}$ 的解也写成 $\boldsymbol{X}=\dfrac{\boldsymbol{b}}{\boldsymbol{A}}$ 或 $\boldsymbol{X}=\boldsymbol{A}^{-1}\boldsymbol{b}$ 呢？数的除法是乘法的逆运算，矩阵乘法有没有逆运算？

事实上，当矩阵 $\boldsymbol{A}$ 为一个 n 阶方阵，且满足某些条件时，矩阵就可以进行逆运算。

- 对于一个 n 阶方阵 $\boldsymbol{A}$，若存在另一个 n 阶方阵 $\boldsymbol{B}$，使得 $\boldsymbol{AB}=\boldsymbol{BA}=\boldsymbol{E}$，则称矩阵 $\boldsymbol{B}$ 为矩

阵 A 的逆矩阵，记作 A^{-1}，即 $AA^{-1}=A^{-1}A=E$，此时称方阵 A 为**可逆方阵**。

2.5.2 方阵可逆的充要条件

由 $\det(AB)=\det A\det B$，可知，$\det(A^{-1}A)=\det E=1$，即 $\det(A^{-1})\det A=1$，得：

$$\det A^{-1}=\frac{1}{\det A}$$

- **若方阵 A 可逆，则 $\det A\neq0$。**

反之，不难证明。

- **若方阵 A 满足 $\det A\neq0$，则 A 为可逆方阵。**

2.5.3 求逆矩阵——伴随矩阵法

$$令\ A^*=\begin{bmatrix} A_{11} & A_{21} & \cdots & A_{n1} \\ A_{12} & A_{22} & \cdots & A_{n2} \\ \vdots & \vdots & \vdots & \vdots \\ A_{1n} & A_{2n} & \cdots & A_{nn} \end{bmatrix}$$

其中 A_{ij} 为 $\det A$ 中元素 a_{ij} 的代数余子式，A^* 称作 A 的**伴随矩阵**。

由行列式展开公式：

$$a_{i1}A_{j1}+a_{i2}A_{j2}+a_{i3}A_{j3}+\cdots a_{in}A_{jn}=\begin{cases}\det A(i=j)\\ 0\qquad (i\neq j)\end{cases}$$

可得，$AA^*=A^*A=\begin{bmatrix} \det A & 0 & \cdots & 0 \\ 0 & \det A & \cdots & 0 \\ \vdots & \vdots & \vdots & \vdots \\ 0 & 0 & \cdots & \det A \end{bmatrix}=(\det A)E$

所以，$A^{-1}=\dfrac{1}{\det A}A^*$　　　（*）

（*）式给出了求逆矩阵的公式，套用这个公式求逆矩阵的方法称为**伴随矩阵法**。

由于伴随矩阵由方阵的行列式中元素的代数余子式组成，对高阶行列式，求其代数余子式的运算量很大，因而伴随矩阵法一般只用于求二阶方阵和三阶方阵的逆矩阵。

例 2.11　求矩阵 $A=\begin{bmatrix} 1 & 2 & 3 \\ 0 & 2 & 2 \\ 0 & 0 & 1 \end{bmatrix}$ 的逆矩阵。

解：因为矩阵 A 为上三角方阵，$\det A=1\times2\times1=2$，所以 A 可逆，利用伴随矩阵法。

$$A_{11}=(-1)^{1+1}\begin{vmatrix} 2 & 2 \\ 0 & 1 \end{vmatrix}=2,\ A_{12}=(-1)^{1+2}\begin{vmatrix} 0 & 2 \\ 0 & 1 \end{vmatrix}=0,\ A_{13}=(-1)^{1+3}\begin{vmatrix} 0 & 2 \\ 0 & 0 \end{vmatrix}=0,$$

$$A_{21}=(-1)^{2+1}\begin{vmatrix} 2 & 3 \\ 0 & 1 \end{vmatrix}=-2,\ A_{22}=(-1)^{2+2}\begin{vmatrix} 1 & 3 \\ 0 & 1 \end{vmatrix}=1,\ A_{23}=(-1)^{2+3}\begin{vmatrix} 1 & 2 \\ 0 & 0 \end{vmatrix}=0,$$

$$A_{31}=(-1)^{3+1}\begin{vmatrix} 2 & 3 \\ 2 & 2 \end{vmatrix}=-2,\ A_{32}=(-1)^{3+2}\begin{vmatrix} 1 & 3 \\ 0 & 2 \end{vmatrix}=-2,\ A_{33}=(-1)^{3+3}\begin{vmatrix} 1 & 2 \\ 0 & 2 \end{vmatrix}=2,$$

$$A^{-1}=\frac{1}{\det A}A^*=\frac{1}{\det A}\begin{bmatrix} A_{11} & A_{21} & \cdots & A_{n1} \\ A_{12} & A_{22} & \cdots & A_{n2} \\ \vdots & \vdots & & \vdots \\ A_{1n} & A_{2n} & \cdots & A_{nn} \end{bmatrix}=\frac{1}{2}\begin{bmatrix} 2 & -2 & -2 \\ 0 & 1 & -2 \\ 0 & 0 & 2 \end{bmatrix}=\begin{bmatrix} 1 & -1 & -1 \\ 0 & \frac{1}{2} & -1 \\ 0 & 0 & 1 \end{bmatrix}$$

有了逆矩阵的概念，就可以解 **AX=B**，**XA=B**，**AXB=C** 等形式的矩阵方程，这是逆矩阵的一个重要应用。

例 2.12 解矩阵方程。

（1）$\begin{bmatrix}2&5\\1&3\end{bmatrix}\boldsymbol{X}=\begin{bmatrix}1&1\\-1&0\end{bmatrix}$。

（2）$\boldsymbol{X}\begin{bmatrix}1&2&3\\0&2&2\\0&0&1\end{bmatrix}=\begin{bmatrix}2&0&-2\\0&1&3\end{bmatrix}$。

解：

（1）设 $\boldsymbol{A}=\begin{bmatrix}2&5\\1&3\end{bmatrix},\boldsymbol{B}=\begin{bmatrix}1&1\\-1&0\end{bmatrix}$，则 **AX=B**，在方程两边左乘 $\boldsymbol{A}^{-1}$，得 $\boldsymbol{X}=\boldsymbol{A}^{-1}\boldsymbol{B}$，我们可以利用伴随矩阵的方法求出 $\boldsymbol{A}^{-1}$，再代入得：

$$\boldsymbol{X}=\boldsymbol{A}^{-1}\boldsymbol{B}=\begin{bmatrix}3&-5\\-1&2\end{bmatrix}\begin{bmatrix}1&1\\-1&0\end{bmatrix}=\begin{bmatrix}8&3\\-3&-1\end{bmatrix}$$

（2）此题与上题不同，令 $\boldsymbol{A}=\begin{bmatrix}1&2&3\\0&2&2\\0&0&1\end{bmatrix}$，$\boldsymbol{B}=\begin{bmatrix}2&0&-2\\0&1&3\end{bmatrix}$。

则 **XA=B**，需要在方程两边**右**乘 $\boldsymbol{A}^{-1}$，即 $\boldsymbol{X}=\boldsymbol{B}\boldsymbol{A}^{-1}$，由例 2.11 得到 $\boldsymbol{A}^{-1}=\begin{bmatrix}1&-1&-1\\0&\frac{1}{2}&-1\\0&0&1\end{bmatrix}$。

所以，$\boldsymbol{X}=\boldsymbol{B}\boldsymbol{A}^{-1}=\begin{bmatrix}2&0&-2\\0&1&3\end{bmatrix}\begin{bmatrix}1&-1&-1\\0&\frac{1}{2}&-1\\0&0&1\end{bmatrix}=\begin{bmatrix}2&-2&-4\\0&\frac{1}{2}&2\end{bmatrix}$。

例 2.13 设矩阵 $\boldsymbol{A}=\begin{bmatrix}1&0&1\\0&2&6\\1&6&1\end{bmatrix}$，满足 $\boldsymbol{AX}+\boldsymbol{E}=\boldsymbol{A}^2+\boldsymbol{X}$，求矩阵 **X**。

解：把 $\boldsymbol{AX}+\boldsymbol{E}=\boldsymbol{A}^2+\boldsymbol{X}$ 变形为 $(\boldsymbol{A}-\boldsymbol{E})\boldsymbol{X}=\boldsymbol{A}^2-\boldsymbol{E}$

因为 **AE=EA=A**，由矩阵乘法分配律得 $(\boldsymbol{A}+\boldsymbol{E})(\boldsymbol{A}-\boldsymbol{E})=\boldsymbol{A}^2-\boldsymbol{E}$。

$$\boldsymbol{A}-\boldsymbol{E}=\begin{bmatrix}1&0&1\\0&2&6\\1&6&1\end{bmatrix}-\begin{bmatrix}1&0&0\\0&1&0\\0&0&1\end{bmatrix}=\begin{bmatrix}0&0&1\\0&1&6\\1&6&0\end{bmatrix}\qquad \det(\boldsymbol{A}-\boldsymbol{E})=\begin{vmatrix}0&0&1\\0&1&6\\1&6&0\end{vmatrix}=-1\neq 0$$

所以，矩阵 **A–E** 可逆，由 $(\boldsymbol{A}-\boldsymbol{E})\boldsymbol{X}=\boldsymbol{A}^2-\boldsymbol{E}=(\boldsymbol{A}-\boldsymbol{E})(\boldsymbol{A}+\boldsymbol{E})$

两边左乘 $(\boldsymbol{A}-\boldsymbol{E})^{-1}$，得：

$$\boldsymbol{X}=\boldsymbol{A}+\boldsymbol{E}=\begin{bmatrix}1&0&1\\0&2&6\\1&6&1\end{bmatrix}+\begin{bmatrix}1&0&0\\0&1&0\\0&0&1\end{bmatrix}=\begin{bmatrix}2&0&1\\0&3&6\\1&6&2\end{bmatrix}$$

- 由 n 个方程组成的 n 元线性方程组：

$$\begin{cases} a_{11}x_1+a_{12}x_2+\cdots a_{1n}x_n=b_1 \\ a_{21}x_1+a_{22}x_2+\cdots a_{2n}x_n=b_2 \\ \vdots \\ a_{n1}x_1+a_{n2}x_2+\cdots a_{nn}x_n=b_n \end{cases}$$

其矩阵形式为 $\boldsymbol{AX}=\boldsymbol{b}$，若其系数行列式 $\det\boldsymbol{A}\neq0$，则方程组存在唯一的解：$\boldsymbol{X}=\boldsymbol{A}^{-1}\boldsymbol{b}$。

例 2.14 利用逆矩阵解方程组 $\begin{cases} x_1+x_2-x_3=0 \\ 2x_1+3x_2-3x_3=3 \\ -3x_2+x_3=-3 \end{cases}$。

解：设方程组的系数矩阵 $\boldsymbol{A}=\begin{bmatrix} 1 & 1 & -1 \\ 2 & 3 & -3 \\ 0 & -3 & 1 \end{bmatrix}$，$\boldsymbol{b}=\begin{bmatrix} 0 \\ 3 \\ -3 \end{bmatrix}$。

$\det\boldsymbol{A}=-2\neq0$，

所以，$\boldsymbol{X}=\boldsymbol{A}^{-1}\boldsymbol{b}=\begin{bmatrix} 3 & -1 & 0 \\ 1 & -\frac{1}{2} & -\frac{1}{2} \\ 3 & -\frac{3}{2} & -\frac{1}{2} \end{bmatrix}\begin{bmatrix} 0 \\ 3 \\ 3 \end{bmatrix}=\begin{bmatrix} -3 \\ -3 \\ -6 \end{bmatrix}$。

例 2.15 加密解密是信息传输安全的重要手段，其中的一种简单的密码法是基于可逆矩阵的方法。先在 26 个字母与数字之间建立一一对应：

$$\begin{matrix} A & B & C & D & \cdots & X & Y & Z \\ \updownarrow & \updownarrow & \updownarrow & \updownarrow & \updownarrow & \updownarrow & \updownarrow & \updownarrow \\ 1 & 2 & 3 & 4 & \cdots & 24 & 25 & 26 \end{matrix}$$

若要发出信息 matrix，使用上述代码，与 matrix 的字母对应的数字依次是：13，1，20，18，9，24，写成两个列向量 $\begin{bmatrix} 13 \\ 1 \\ 20 \end{bmatrix}$，$\begin{bmatrix} 18 \\ 9 \\ 24 \end{bmatrix}$，然后任选一可逆矩阵 $\boldsymbol{A}=\begin{bmatrix} 1 & 2 & 3 \\ 1 & 1 & 2 \\ 0 & 1 & 2 \end{bmatrix}$。

于是可将要传输的信息向量乘以 $\boldsymbol{A}$ 变成“密码”后发出：

$$\begin{bmatrix} 1 & 2 & 3 \\ 1 & 1 & 2 \\ 0 & 1 & 2 \end{bmatrix}\begin{bmatrix} 13 \\ 1 \\ 20 \end{bmatrix}=\begin{bmatrix} 75 \\ 54 \\ 41 \end{bmatrix},\begin{bmatrix} 1 & 2 & 3 \\ 1 & 1 & 2 \\ 0 & 1 & 2 \end{bmatrix}\begin{bmatrix} 18 \\ 9 \\ 24 \end{bmatrix}=\begin{bmatrix} 108 \\ 75 \\ 57 \end{bmatrix}$$

在收到信息 75，54，41，108，75，57 后，可用逆矩阵 $\boldsymbol{A}^{-1}$ 解密，从密码中恢复明码：

$$\boldsymbol{A}^{-1}=\begin{bmatrix} 0 & 1 & -1 \\ 0 & -2 & -1 \\ -1 & 1 & 1 \end{bmatrix} \qquad \boldsymbol{A}^{-1}\begin{bmatrix} 75 \\ 54 \\ 41 \end{bmatrix}=\begin{bmatrix} 13 \\ 1 \\ 20 \end{bmatrix},\boldsymbol{A}^{-1}\begin{bmatrix} 108 \\ 75 \\ 57 \end{bmatrix}=\begin{bmatrix} 18 \\ 9 \\ 24 \end{bmatrix}$$

从而得到信息 matrix。

2.5.4 逆矩阵性质

- $(\boldsymbol{A}^{-1})^{-1}=\boldsymbol{A}$，$(\boldsymbol{A}^{*})^{-1}=\frac{1}{|\boldsymbol{A}|}\boldsymbol{A}$。

- $(kA)^{-1}=\frac{1}{k}A^{-1}$。
- $(AB)^{-1}=B^{-1}A^{-1}$。
- $(A^{\mathrm{T}})^{-1}=(A^{-1})^{\mathrm{T}}$。
- $|A^{-1}|=\frac{1}{|A|}$，$|A^*|=|A|^{n-1}$。

例 2.16 设 A 为三阶方阵，且 $|A|=\frac{1}{2}$，求 $|(3A)^{-1}-2A^*|$。

解： $(3A)^{-1}-2A^*=\frac{1}{3}A^{-1}-2|A|A^{-1}=-\frac{2}{3}A^{-1}$

所以，$|(3A)^{-1}-2A^*|=\left|-\frac{2}{3}A^{-1}\right|=\left(-\frac{2}{3}\right)^3\frac{1}{|A|}=-\frac{8}{27}\times 2=-\frac{16}{27}$。

课堂练习 2.5

1. 设 A，B，C 为 n 阶方阵，且 $ABC=E$，则必有（ ）。

A. $ACB=E$　　B. $CBA=E$　　C. $BAC=E$　　D. $BCA=E$

2. 设 A 是上（下）三角矩阵，则 A 可逆的充要条件是主对角线上元素（ ）。

A. 全为非负　　B. 不全为 0　　C. 全不为零　　D. 没有限制

3. 设对角矩阵 $A=\begin{bmatrix}2&0&0\\0&4&0\\0&0&1\end{bmatrix}$，求 A^{-1}。

4. 求解矩阵方程 $\begin{bmatrix}2&3\\1&2\end{bmatrix}X\begin{bmatrix}3&4\\-1&2\end{bmatrix}=\begin{bmatrix}2&-1\\1&3\end{bmatrix}$。

5. 利用逆矩阵求解线性方程组 $\begin{cases}x_1+x_2+2x_3=1\\2x_1-x_2+2x_3=-4\\4x_1+x_2+4x_3=-2\end{cases}$。

2.6 用 MATLAB 计算向量和矩阵

2.6.1 MATLAB 中向量、矩阵的生成

对于数学中的向量、矩阵，MATLAB 视为一维数组、二维数组。

在 MATLAB 中输入一维数组有三种方法：

（1）从键盘直接输入数组的每个元素，元素之间用逗号或空格隔开，所有元素用方括号括起；

（2）用冒号表达式生成；

（3）用线性等分命令 linspace 生成。

在 MATLAB 中输入二维数组的方法有两种：

（1）直接输入。依照行的次序，逐一从键盘输入每个元素，同一行元素之间用逗号或空格隔开，行与行之间用分号隔开，所有元素放在方括号中；

（2）特殊矩阵，如零矩阵、单位矩阵可以用命令生成。

详细介绍请阅读附录 A 的 A.4.1 节相关内容。

2.6.2 MATLAB 中数组运算和矩阵运算

在 MATLAB 中，数组运算与矩阵运算的运算规则是不同的，根据运算符的不同来区别按照数组运算规则进行，还是按照矩阵运算规则进行。本章所讲述的向量运算、矩阵运算，在 MATLAB 中通过简单的指令就能实现。

详细介绍请阅读附录 A 的 A.4.3 节相关内容。

拓展阅读一

克莱姆法则

克莱姆法则，又译作克拉默法则（Cramer's Rule），是线性代数中一个关于求解线性方程组的定理。它适用于变量和方程数目相等的线性方程组，是瑞士数学家克莱姆（Cramer Gabriel，1704—1752）于 1750 年在他的《线性代数分析导言》中发表的。

图 2.12

克莱姆（见图 2.12）1704 年 7 月 31 日生于日内瓦，早年在日内瓦读书，1724 年起在日内瓦加尔文学院任教，1734 年成为几何学教授，1750 年任哲学教授。他自 1727 年进行了为期两年的旅行访学，在巴塞尔与约翰·伯努利、欧拉等人一起学习、交流，结为挚友，后又到英国、荷兰、法国等地拜见了许多数学名家。回国后在与他们的长期通信中，克莱姆为数学宝库留下大量有价值的文献。他一生未婚，专心治学，平易近人且德高望重，先后当选为伦敦皇家学会、柏林研究院和法国、意大利等学会的成员。克莱姆的主要著作是《代数曲线的分析引论》（1750），首先定义了正则、非正则、超越曲线和无理曲线等概念，第一次正式引入坐标系的纵轴（Y 轴），然后讨论曲线变换，并依据曲线方程的阶数将曲线进行分类。为了确定经过 5 个点的一般二次曲线的系数，他应用了著名的“克莱姆法则”，即由线性方程组的系数确定方程组解的表达式。该法则于 1729 年由英国数学家马克劳林发现，1748 年发表，但克莱姆的优越符号使之流传。

拓展阅读二

关孝和

关孝和（约 1642—1708 年），字子豹，日本数学家，代表作《发微算法》。他出身武士家庭，曾随高原吉种学过数学，之后在江户任贵族家府家臣，掌管财赋，1706 年退职。他是日本古典数学（和算）的奠基人，也是关氏学派的创始人，在日本被尊称为算圣。

图 2.13

关孝和（见图 2.13）是内山永明的次子，后过继给关家作养子。他为人颖敏，尤好筹术，研究工作涉及范围极广，并且取得了先进的数学成果，为和算的形成奠定了独立的基础和体系。

关孝和改进了朱世杰《算学启蒙》中的天元术算法，开创了和算独有的笔算代数，并建立了行列式概念及其初步理论，完善了中国传入的数字方程的近似解法。他发现了方程正负根存在的条件，并研究了勾股定理、椭圆面积公式、阿基米德螺线、圆周率，并开创“圆理”

（径、弧、矢间关系的无穷级数表达式）学说、幻方理论、连分数理论等。同时他还写过数种天文历法方面的著作，有《授时历经立成》四卷、《授时历经立成立法》、《授时发明》、《四余算法》、《星曜算法》等。

关孝和作为一个数学家，同时是一位数学教育家。他一生中亲自授过课的弟子有荒木村英及建部贤弘、建部贤明两兄弟，村英的弟子中有松永良弼，贤弘的弟子中有中根元圭，元圭的弟子中山路主住等最为著名。关孝和根据学生的情况分成五个等级分别集中指导，每一级都规定有相应的具体数学内容和具体教材。初级的教以珠算，进而筹算，高级的从演段术到点窜术。随着每一级学生学业的完成而分别授以相应的“免许证”，有“见题免许”“隐题免许”“伏题免许”“别传免许”和“印可免许”五个等级。后来这种方式不断发展，成为关流严格的教育制度——五段免许制。只有得到五个等级的免许之后，才可以被称为“关流第几传”，最后得到“印可”的只限于几名高徒。

关孝和一生无子，收其兄永贞的儿子新七为养子，新七继承关家的家业在甲府任职。但由于他品行不端又得罪官府，很快就被没收家禄。新七断绝关家功名而衣食无着，后寄食于孝和的高徒建部贤弘家中，直到去世。

PART 3 第三章 图形变换的矩阵方法

本章介绍向量、矩阵工具在计算机图形变换中的应用。

3.1 节介绍图形变换基本术语及图形的矩阵表示。

3.2 节介绍坐标系矩阵及图形变换与矩阵乘法的关系。

3.3 节介绍图形变换的基本形式。

3.4 节介绍二维图形变换的数学表示。

3.5 节介绍齐次坐标与齐次坐标矩阵。

3.6 节介绍图形的组合变换及其数学表示。

3.7 节介绍图形逆变换的矩阵。

*3.8 节介绍三维图形变换矩阵。

3.9 节介绍平面图形变换举例。

第二章我们介绍了线性代数中的三个基本数学工具：向量、矩阵、行列式。对其中各种符号和运算规则，比如矩阵乘法、行列式按某行或某列展开法则，你或许还是模糊不清，甚至会认为花这么多时间学习这些完全和生活实际对应不上的东西，并没有多大意义。

然而，当你越深入软件编程的开发，你将越清楚地看到在图形编程、机器学习领域，向量和矩阵无处不在。计算机和手机使用的许多美图软件，都有图片美容、特效、场景、修饰等功能，这类软件由于用户体验好，被爱美的、时尚的人士广泛使用；还有在娱乐领域，如 PC 游戏、手机游戏、动画片、3D 电影，这些赏心悦目的画面如何在计算机中实现呢？这些应用就是计算机图形学所研究的领域，图形变换是其中一个基础内容，采用向量、矩阵和齐次坐标的形式可十分方便地描述图形变换。

理解矩阵（一）

推荐阅读

1. 孟岩《理解矩阵（一）》
2. 博客园《程序观点下的线性代数》

程序观点下的线性代数

3.1 图形变换概述

3.1.1 图形图像变换

图形通常由点、线、面、体等几何元素和灰度、色彩、线型、线宽等非几何属性组成。因此，图形通常用形状参数（即数学表达式）和属性参数表示。图形分为二维（2D）图形和三维（3D）图形，使某一图形运动得到的动态图形称为动画。

图像是图片、图画、照片、影像的总称。计算机图像又称为数字图像，数字图像的基本单元叫作像素，每个像素具有灰度或颜色信息。如分辨率为 1 024 × 768，就是水平方向 1 024 像素、垂直方向 768 像素显示图像画面。由二维图像运动产生的动态图像称为视频。

计算机图形学是研究在计算机内表示、生成、处理和输出图形，并应用计算机技术合成具有真实感的数字图像、动画和视频的一门学科。

图形变换一般是指对图形的几何属性进行平移、缩放、旋转、翻折、错切、投影等操作后产生新图形的过程。

有两种不同的图形变换方法：一种是图形不动，坐标系变动，变换前和变换后的图形是针对不同坐标系而言的，变换后该图形在新坐标系里具有新的坐标值，称之为坐标系变换；另一种是坐标系不动，图形改变，变换前和变换后的坐标值是针对同一坐标系而言的，称之为几何变换。这两种变换在某种意义上是等价的，将图形变换一个量等价于将坐标系变换一个**相反**的量。实际应用中，后一种图形变换更有意义。

图形变换实质上是点的坐标值变化，知道某一点的坐标，怎样描述变换后这一点的坐标值，这项技术的名称是“**坐标变换**”。如果图形上每一个点都进行同一变换，即可得到该图形的变换。对于线框图形的变换，通常是变换每个顶点的坐标，连接新的顶点序列即可产生变换后的图形；对于曲线、曲面等图形变换，一般通过对其参数方程做变换来实现对整个图形的变换。

3.1.2 图形的矩阵表示

计算机产生图形的过程大致可分为三步，如图 3.1 所示。

计算机中图形是用图形的顶点坐标矩阵表示的，如图 3.2 所示。

图 3.1

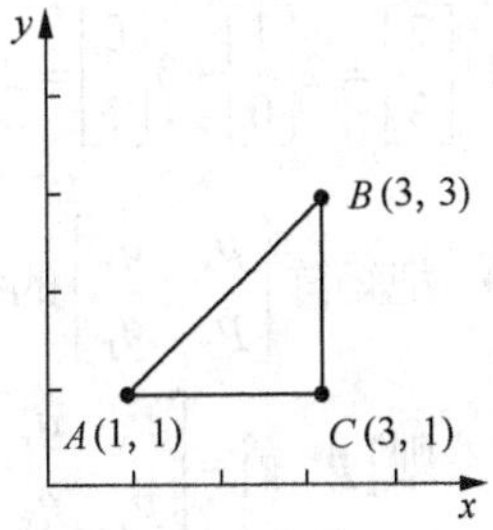

图 3.2

图 3.2 所示的ΔABC用矩阵表示为$\begin{bmatrix}1 & 1\\3 & 3\\3 & 1\end{bmatrix}$。

若用 n 维向量$[x_1, x_2, x_3, \cdots, x_n]$表示 n 维空间一个点的坐标，那么 n 维空间 m 个点的坐标是

m 个 n 维向量的集合，即一个 $m\times n$ 矩阵

$$\begin{bmatrix} x_{11} & x_{12} & \cdots & x_{1n} \\ x_{21} & x_{22} & \cdots & x_{2n} \\ \vdots & \vdots & \vdots & \vdots \\ x_{m1} & x_{m2} & \cdots & x_{mn} \end{bmatrix}$$

3.2 坐标系矩阵

3.2.1 坐标系矩阵

- 假设 $\boldsymbol{e}_1$、$\boldsymbol{e}_2$ 是平面上两个不共线的向量，称为一组**基**，根据平面向量的基本定理，对于这个平面内的任意向量 $\boldsymbol{a}$，都可以用这组基线性表示，即 $\boldsymbol{a}=k_1\boldsymbol{e}_1+k_2\boldsymbol{e}_2$。

二阶单位矩阵 $\begin{bmatrix} 1 & 0 \\ 0 & 1 \end{bmatrix}$ 的**列**向量是平面直角坐标系中 x 轴和 y 轴上的单位基向量。

三阶单位矩阵 $\begin{bmatrix} 1 & 0 & 0 \\ 0 & 1 & 0 \\ 0 & 0 & 1 \end{bmatrix}$ 的**列**向量就是三维直角坐标系中 x 轴、y 轴、z 轴上的单位基向量。

所以，任意的二维向量和三维向量都能用单位基向量线性表示。

$$\begin{bmatrix} x \\ y \end{bmatrix} = x\begin{bmatrix} 1 \\ 0 \end{bmatrix} + y\begin{bmatrix} 0 \\ 1 \end{bmatrix},\ \begin{bmatrix} x \\ y \\ z \end{bmatrix} = x\begin{bmatrix} 1 \\ 0 \\ 0 \end{bmatrix} + y\begin{bmatrix} 0 \\ 1 \\ 0 \end{bmatrix} + z\begin{bmatrix} 0 \\ 0 \\ 1 \end{bmatrix}$$

记二阶单位矩阵的列向量 $\boldsymbol{i}=\begin{bmatrix} 1 \\ 0 \end{bmatrix}$，$\boldsymbol{j}=\begin{bmatrix} 0 \\ 1 \end{bmatrix}$，二维向量 $\boldsymbol{a}=\begin{bmatrix} x \\ y \end{bmatrix}$，那么 $\boldsymbol{a}=x\boldsymbol{i}+y\boldsymbol{j}$，称向量 $\boldsymbol{a}$ 为基向量 $\boldsymbol{i}$、$\boldsymbol{j}$ 的**线性组合**，x、y 为向量 $\boldsymbol{a}$ 在这组基下的坐标。

记三阶单位矩阵的列向量 $\boldsymbol{i}=\begin{bmatrix} 1 \\ 0 \\ 0 \end{bmatrix}$，$\boldsymbol{j}=\begin{bmatrix} 0 \\ 1 \\ 0 \end{bmatrix}$，$\boldsymbol{k}=\begin{bmatrix} 0 \\ 0 \\ 1 \end{bmatrix}$，三维向量 $\boldsymbol{b}=\begin{bmatrix} x \\ y \\ z \end{bmatrix}$，那么 $\boldsymbol{b}=x\boldsymbol{i}+y\boldsymbol{j}+z\boldsymbol{k}$，称向量 $\boldsymbol{b}$ 为基向量 $\boldsymbol{i}$、$\boldsymbol{j}$、$\boldsymbol{k}$ 的线性组合，x、y、z 为向量 $\boldsymbol{b}$ 在这组基下的坐标。

如 $\begin{bmatrix} 2 \\ 3 \end{bmatrix} = 2\begin{bmatrix} 1 \\ 0 \end{bmatrix} + 3\begin{bmatrix} 0 \\ 1 \end{bmatrix} = 2\boldsymbol{i}+3\boldsymbol{j}$，$\begin{bmatrix} 3 \\ -4 \\ 5 \end{bmatrix} = 3\begin{bmatrix} 1 \\ 0 \\ 0 \end{bmatrix} - 4\begin{bmatrix} 0 \\ 1 \\ 0 \end{bmatrix} + 5\begin{bmatrix} 0 \\ 0 \\ 1 \end{bmatrix} = 3\boldsymbol{i}-4\boldsymbol{j}+5\boldsymbol{k}$。

- 把矩阵 $\begin{bmatrix} p_x & q_x \\ p_y & q_y \end{bmatrix}$ 的每一列向量解释为平面坐标系的基向量，记：$\boldsymbol{p}=\begin{bmatrix} p_x \\ p_y \end{bmatrix}$，$\boldsymbol{q}=\begin{bmatrix} q_x \\ q_y \end{bmatrix}$，

  则 $[\boldsymbol{p}\ \ \boldsymbol{q}]=\begin{bmatrix} p_x & q_x \\ p_y & q_y \end{bmatrix}$，用一个列向量 $\begin{bmatrix} x \\ y \end{bmatrix}$ 右乘基向量矩阵：

$$\begin{bmatrix} p_x & q_x \\ p_y & q_y \end{bmatrix}\begin{bmatrix} x \\ y \end{bmatrix} = [\boldsymbol{p}\ \ \boldsymbol{q}]\begin{bmatrix} x \\ y \end{bmatrix} = x\boldsymbol{p}+y\boldsymbol{q}$$

一般地，任意向量 $\boldsymbol{v}=\begin{bmatrix} x \\ y \end{bmatrix}$ 可表示为这组基向量 $\boldsymbol{p}$、$\boldsymbol{q}$ 的线性组合，$\boldsymbol{v}=x\boldsymbol{p}+y\boldsymbol{q}$，$x$、$y$ 为向量 $\boldsymbol{v}$ 对这组基的坐标。

- 若三阶方阵$\begin{bmatrix} p_x & q_x & r_x \\ p_y & q_y & r_y \\ p_z & q_z & r_z \end{bmatrix}$的列向量可作三维坐标系的基向量，记：

$$[\boldsymbol{p},\boldsymbol{q},\boldsymbol{r}]=\begin{bmatrix} p_x & q_x & r_x \\ p_y & q_y & r_y \\ p_z & q_z & r_z \end{bmatrix}$$

空间任一向量 $\boldsymbol{v}=\begin{bmatrix} x \\ y \\ z \end{bmatrix}$，

$$\begin{bmatrix} p_x & q_x & r_x \\ p_y & q_y & r_y \\ p_z & q_z & r_z \end{bmatrix}\begin{bmatrix} x \\ y \\ z \end{bmatrix}=[\boldsymbol{p},\boldsymbol{q},\boldsymbol{r}]\begin{bmatrix} x \\ y \\ z \end{bmatrix}=x\boldsymbol{p}+y\boldsymbol{q}+z\boldsymbol{r}$$

x、y、z 为向量 $\boldsymbol{v}$ 对这组基 $\boldsymbol{p}$、$\boldsymbol{q}$、$\boldsymbol{r}$ 的坐标。

3.2.2 图形变换与矩阵乘法

人是三维空间里的对象，可以在三维空间里运动，移动位置就是对象的运动。所以，所谓“空间”是容纳运动的一个对象集合，即构成“空间”的要素为对象、对象的运动。凡定义了线性运算的集合，可称为**线性空间**。线性空间中的任何一个对象，在选取了空间的基（选定一组基相当于在线性空间选定一个坐标系）和坐标后，都可以被表示为向量的形式。空间对象的运动称为变换，变换规定了对应空间的运动。在数学上是如何表示空间对象和空间变换呢？

如在 3.2.1 节中所述，任意向量 $\boldsymbol{v}=\begin{bmatrix} x \\ y \end{bmatrix}$ 可表示为所确定的一组基向量 $\boldsymbol{p}$、$\boldsymbol{q}$ 的线性组合，$\boldsymbol{v}=x\boldsymbol{p}+y\boldsymbol{q}$，$x$、$y$ 为向量 $\boldsymbol{v}$ 对这组基的坐标。若确定了三维空间的一组基 $\boldsymbol{p}$、$\boldsymbol{q}$、$\boldsymbol{r}$，任意三维向量 $\boldsymbol{v}=\begin{bmatrix} x \\ y \\ z \end{bmatrix}$，$\boldsymbol{v}$ 就可表示为这组基的线性组合 $x\boldsymbol{p}+y\boldsymbol{q}+z\boldsymbol{r}$，$x$、$y$、$z$ 为向量 $\boldsymbol{v}$ 对这组基 $\boldsymbol{p}$、$\boldsymbol{q}$、$\boldsymbol{r}$ 的坐标。二维向量表示 **2D** 空间的点，三维向量表示了 **3D** 空间的点，n 维空间的对象可用 n 维向量表示。

从运算 $\begin{bmatrix} p_x & q_x \\ p_y & q_y \end{bmatrix}\begin{bmatrix} x \\ y \end{bmatrix}=[\boldsymbol{p}\quad \boldsymbol{q}]\begin{bmatrix} x \\ y \end{bmatrix}=x\boldsymbol{p}+y\boldsymbol{q}$ 看到，列向量**右乘**坐标系的基向量矩阵，就变成一个新的向量，向量的起点和终点坐标同时也变化了，即向量乘以坐标系矩阵就相当于进行了一次坐标变换。若有 $P\boldsymbol{a}=\boldsymbol{b}$，我们就说 P 将向量 $\boldsymbol{a}$ 变换到向量 $\boldsymbol{b}$。从这个角度看，“变换”和“乘法”是等价的，进行坐标变换等价于执行相应的矩阵乘法运算，图形变换可以通过对表示图形的坐标矩阵进行乘法运算来实现。

$$\begin{bmatrix} \text{变换} \\ \text{矩阵} \end{bmatrix}\times\begin{bmatrix} \text{原来的} \\ \text{图形顶点} \\ \text{坐标矩阵} \end{bmatrix}=\begin{bmatrix} \text{变换后的} \\ \text{图形顶点} \\ \text{坐标矩阵} \end{bmatrix}$$

可见，向量和矩阵的运算是计算机图形处理技术的数学基础。

3.3 图形基本变换

3.3.1 平移变换

平移变换是指图形在坐标系的位置发生变化，而大小和形状不变。平移变换通过将平移量加到一个点的坐标上来生成一个新的坐标位置。点（x，y）沿平移向量（a，b）（即沿 x 轴方向平移 a，沿 y 轴方向平移 b）至点(x',y')，平移前后点的坐标关系为$\begin{cases}x'=x+a\\y'=y+b\end{cases}$，如图 3-3 所示，点 $A(1, 1)$沿向量$\overrightarrow{AB}=(2, 2)$移至点 $B(3, 3)$，沿向量$\overrightarrow{AC}=(2, 0)$移至点 $C(3, 1)$。

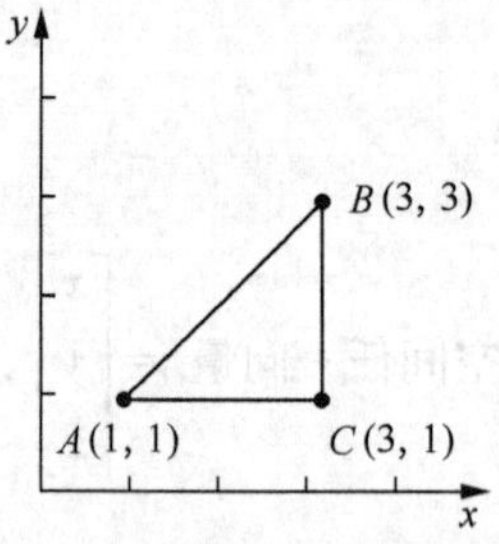

图 3.3

3.3.2 以坐标原点为基准点的缩放变换

缩放变换也称为比例变换，只改变图形的大小，不改变形状称为均匀比例变换；图形的大小和形状都发生改变，称为非均匀比例变换。通过缩放系数 S_x 和 S_y 与点的坐标（x，y）相乘而得，缩放前后坐标关系为$\begin{cases}x'=S_x x\\y'=S_y y\end{cases}$。

$S_x=S_y>1$时，点的位置变了，图形均匀放大到 S_x 倍，如图 3.4 所示，ΔABC 变为 $\Delta A'B'C'$。

$S_x=S_y<1$时，点的位置改变，图形均匀缩小到 S_x 倍，如图 3.5 所示，ΔABC 变为 $\Delta A'B'C'$。

$S_x\neq S_y$时，图形沿两轴方向非均匀变化，产生畸形。

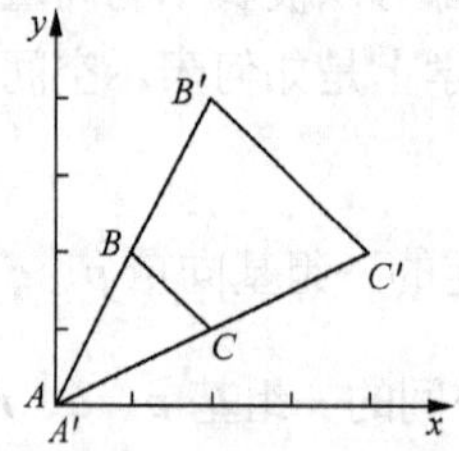

图 3.4

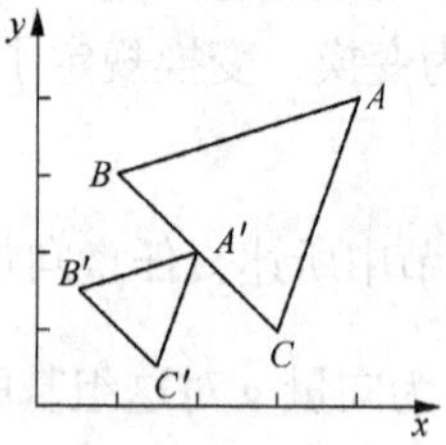

图 3.5

3.3.3 绕坐标原点的旋转变换

旋转指图形绕**坐标原点**逆时针旋转一个角度 θ，r 是点（x，y）到原点的距离，φ是点的原始角度，利用三角公式：

$$x'=r\cos(\varphi+\theta)=r\cos\varphi\cos\theta-r\sin\varphi\sin\theta$$
$$y'=r\sin(\varphi+\theta)=r\cos\varphi\sin\theta+r\sin\varphi\cos\theta$$

由于，$x=r\cos\varphi, y=r\sin\varphi$，所以，旋转前后坐标关系为（见图 3.6，图 3.7）；

$$\begin{cases}x'=x\cos\theta-y\sin\theta\\y'=x\sin\theta+y\cos\theta\end{cases}$$

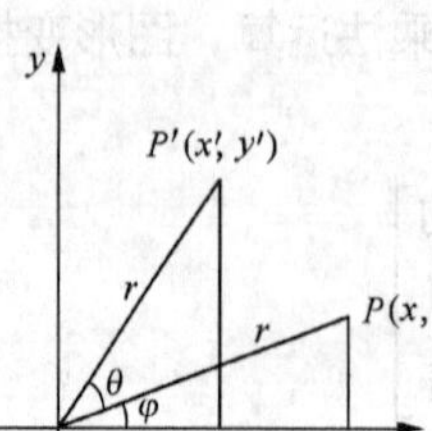

图 3.6

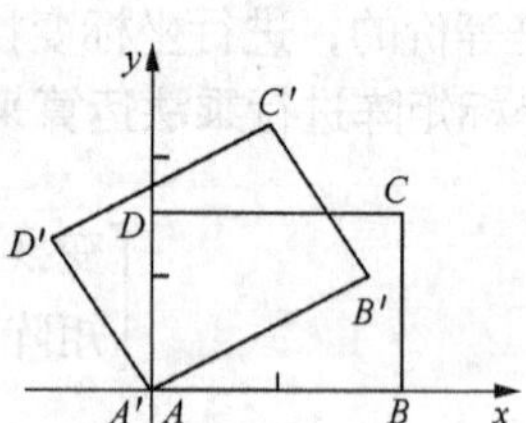

图 3.7

3.3.4 翻折变换

翻折变换又称对称变换、镜像变换、反射变换。我们熟悉的关于 x 轴对称、关于 y 轴对称、关于直线 $y=x$ 对称、关于直线 $y=-x$ 对称，就是把图形沿坐标轴或直线翻折，从而产生镜像的效果。对称前后坐标关系如下。

（1）关于 x 轴对称：$\begin{cases} x'=x \\ y'=-y \end{cases}$（横坐标不变，纵坐标取反）（见图 3.8）。

（2）关于 y 轴对称：$\begin{cases} x'=-x \\ y'=y \end{cases}$（纵坐标不变，横坐标取反）（见图 3.9）。

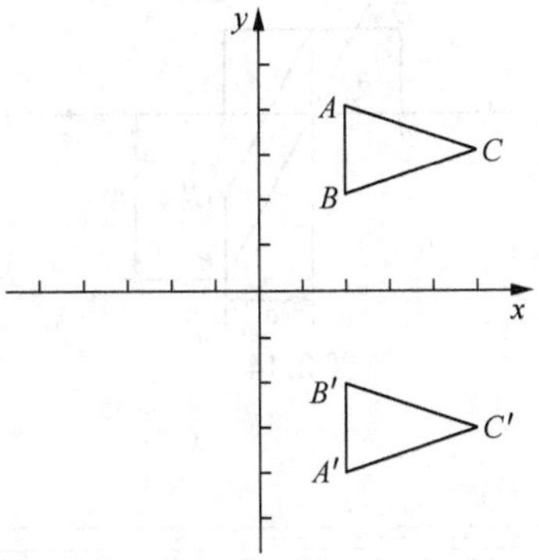

图 3.8

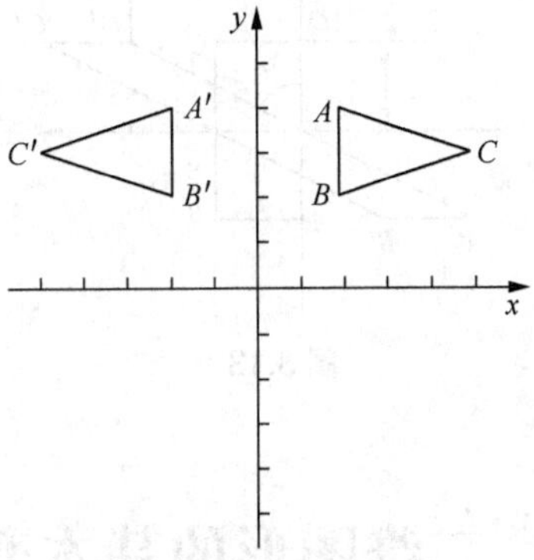

图 3.9

（3）关于原点对称：$\begin{cases} x'=-x \\ y'=-y \end{cases}$（横坐标、纵坐标取反）（见图 3.10）。

（4）关于直线 $y=x$ 对称：$\begin{cases} x'=y \\ y'=x \end{cases}$（横坐标与纵坐标互换）（见图 3.11）。

（5）关于直线 $y=-x$ 对称：$\begin{cases} x'=-y \\ y'=-x \end{cases}$（横坐标、纵坐标互换再取反）（见图 3.12）。

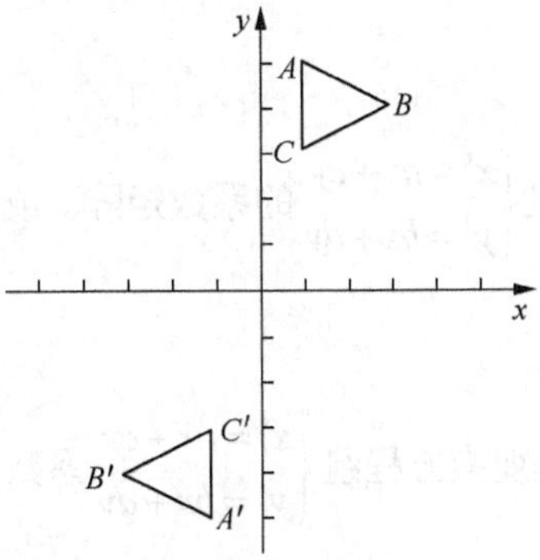

图 3.10

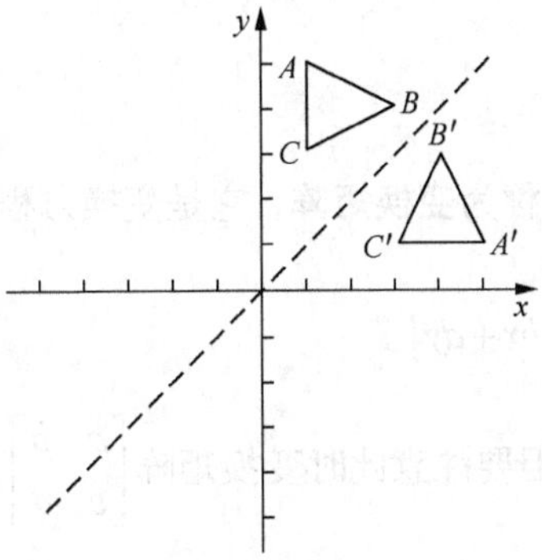

图 3.11

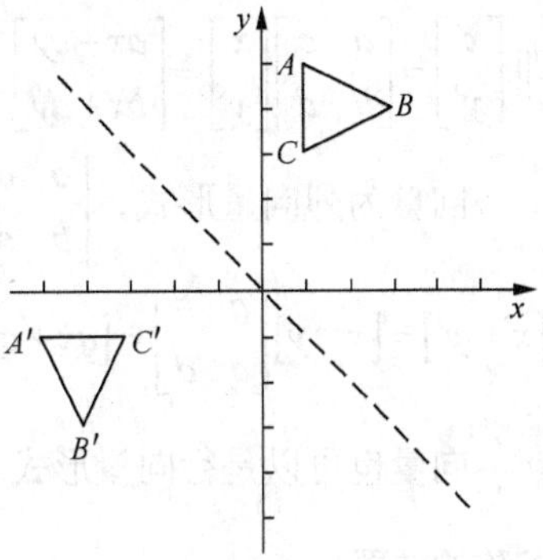

图 3.12

3.3.5 错切变换

错切变换是图形沿某坐标方向产生不等量的移动而引起图形变形的一种变换。经过错切的对象好像是拉动互相滑动的组件而成，常用的错切变换是移动 x 坐标值的错切和移动 y 坐标值的错切。

沿 x 方向错切：y 乘以一个因子 c 加到 x 上，$\begin{cases}x'=x+cy\\y'=y\end{cases}$（见图 3.13，沿 x 轴方向拉动图形）。

沿 y 方向错切：x 乘以一个因子 b 加到 y 上，$\begin{cases}x'=x\\y'=bx+y\end{cases}$（见图 3.14，沿 y 轴方向拉动图形）。

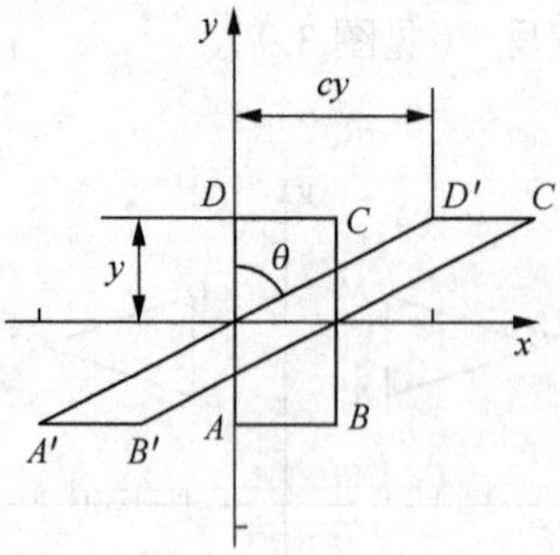

图 3.13

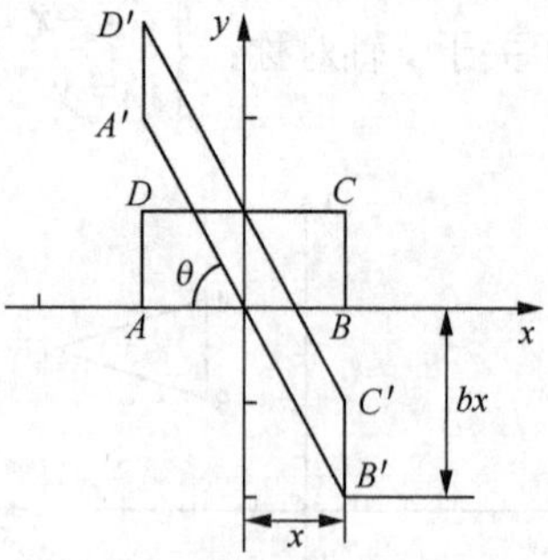

图 3.14

3.4 二维图形的基本变换矩阵

从 3.2.2 节分析可知“变换”与“乘法”是等价的，利用向量、矩阵做图形变换的工具，通过向量乘以变换矩阵来实现坐标变换，接下来，关键问题就是构造图形变换矩阵了。

3.4.1 二维图形变换矩阵

设二维平面的点 $P(x,y)$，变换后点 $P'(x',y')$ 的坐标与点 P 的坐标关系：

$$\begin{cases}x'=ax+cy\\y'=bx+dy\end{cases}$$

即 $\begin{bmatrix}x'\\y'\end{bmatrix}=\begin{bmatrix}a&c\\b&d\end{bmatrix}\begin{bmatrix}x\\y\end{bmatrix}=\begin{bmatrix}ax+cy\\bx+dy\end{bmatrix}$。

向量为列向量形式，$\begin{bmatrix}a&c\\b&d\end{bmatrix}$ 称为**变换矩阵**，它是变换方程组 $\begin{cases}x'=ax+cy\\y'=bx+dy\end{cases}$ 的系数矩阵。或

$\begin{bmatrix}x'&y'\end{bmatrix}=\begin{bmatrix}x&y\end{bmatrix}\begin{bmatrix}a&b\\c&d\end{bmatrix}=\begin{bmatrix}ax+cy,bx+dy\end{bmatrix}$。

向量也可以是行向量形式，但要注意此时变换矩阵 $\begin{bmatrix}a&b\\c&d\end{bmatrix}$ 是变换方程组 $\begin{cases}x'=ax+cy\\y'=bx+dy\end{cases}$ 系数矩阵的转置。

3.4.2 基本图形变换矩阵

数学上，通过 a、b、c、d 取不同的数值，实现不同的二维基本变换。$\begin{bmatrix}a&c\\b&d\end{bmatrix}$ 可表示二维图形的缩放变换、旋转变换、翻折变换、错切变换，如表 3.1 所示。

表 3.1 二维图形的变换

图形变换	变换矩阵	变换方程的矩阵形式
缩放变换	$\begin{bmatrix} a & 0 \\ 0 & d \end{bmatrix}$	$\begin{bmatrix} x' \\ y' \end{bmatrix} = \begin{bmatrix} a & 0 \\ 0 & d \end{bmatrix} \begin{bmatrix} x \\ y \end{bmatrix}$
旋转变换	$\begin{bmatrix} \cos\theta & -\sin\theta \\ \sin\theta & \cos\theta \end{bmatrix}$	$\begin{bmatrix} x' \\ y' \end{bmatrix} = \begin{bmatrix} \cos\theta & -\sin\theta \\ \sin\theta & \cos\theta \end{bmatrix} \begin{bmatrix} x \\ y \end{bmatrix}$
翻折变换	关于 x 轴对称：$\begin{bmatrix} 1 & 0 \\ 0 & -1 \end{bmatrix}$	$\begin{bmatrix} x' \\ y' \end{bmatrix} = \begin{bmatrix} 1 & 0 \\ 0 & -1 \end{bmatrix} \begin{bmatrix} x \\ y \end{bmatrix}$
	关于 y 轴对称：$\begin{bmatrix} -1 & 0 \\ 0 & 1 \end{bmatrix}$	$\begin{bmatrix} x' \\ y' \end{bmatrix} = \begin{bmatrix} -1 & 0 \\ 0 & 1 \end{bmatrix} \begin{bmatrix} x \\ y \end{bmatrix}$
	关于原点对称：$\begin{bmatrix} -1 & 0 \\ 0 & -1 \end{bmatrix}$	$\begin{bmatrix} x' \\ y' \end{bmatrix} = \begin{bmatrix} -1 & 0 \\ 0 & -1 \end{bmatrix} \begin{bmatrix} x \\ y \end{bmatrix}$
	关于直线 $y=x$ 对称：$\begin{bmatrix} 0 & 1 \\ 1 & 0 \end{bmatrix}$	$\begin{bmatrix} x' \\ y' \end{bmatrix} = \begin{bmatrix} 0 & 1 \\ 1 & 0 \end{bmatrix} \begin{bmatrix} x \\ y \end{bmatrix}$
	关于直线 $y=-x$ 对称：$\begin{bmatrix} 0 & -1 \\ -1 & 0 \end{bmatrix}$	$\begin{bmatrix} x' \\ y' \end{bmatrix} = \begin{bmatrix} 0 & -1 \\ -1 & 0 \end{bmatrix} \begin{bmatrix} x \\ y \end{bmatrix}$
错切变换	沿 x 方向错切：$\begin{bmatrix} 1 & c \\ 0 & 1 \end{bmatrix}$	$\begin{bmatrix} x' \\ y' \end{bmatrix} = \begin{bmatrix} 1 & c \\ 0 & 1 \end{bmatrix} \begin{bmatrix} x \\ y \end{bmatrix}$
	沿 y 方向错切：$\begin{bmatrix} 1 & 0 \\ b & 1 \end{bmatrix}$	$\begin{bmatrix} x' \\ y' \end{bmatrix} = \begin{bmatrix} 1 & 0 \\ b & 1 \end{bmatrix} \begin{bmatrix} x \\ y \end{bmatrix}$

课堂练习 3.4

1. 点的坐标为行向量和列向量的不同形式时，变换矩阵相同吗？与方程组中系数矩阵有什么关系？表 3.1 中，若点的坐标为行向量形式，写出各种变换的矩阵方程。

2. 用矩阵方法计算下列图形变换。

（1）将点（2，1）的横坐标伸长到原来的 3 倍，如图 3.15 所示。

（2）将点（2，1）逆时针旋转 90°，如图 3.16 所示。

（3）将点（2，1）关于 x 轴对称，如图 3.17 所示。

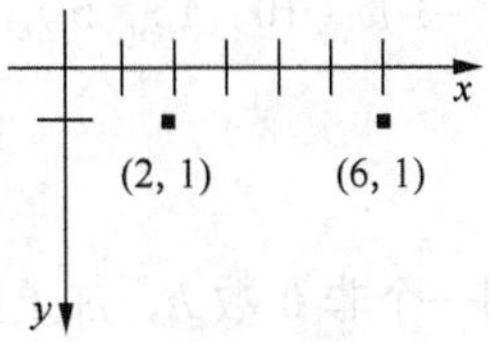

图 3.15

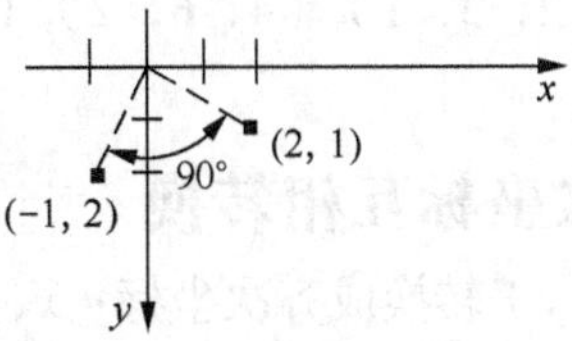

图 3.16

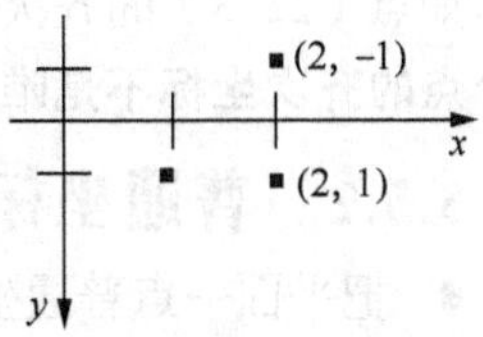

图 3.17

3.5 齐次坐标与齐次变换矩阵

在变换矩阵 $\boldsymbol{T}=\begin{bmatrix} a & c \\ b & d \end{bmatrix}$ 的条件下，我们讨论了 2D 图形的缩放、旋转、对称和错切变换。

为何没有平移变换呢？原因是变换矩阵$\begin{bmatrix} a & c \\ b & d \end{bmatrix}$不具备对图形进行平移的功能。那么我们对$\begin{bmatrix} a & c \\ b & d \end{bmatrix}$加以改进，增加一列，令$\boldsymbol{T}=\begin{bmatrix} a & c & l \\ b & d & m \end{bmatrix}$可表示平移变换，若进行$\begin{bmatrix} a & c & l \\ b & d & m \end{bmatrix}\begin{bmatrix} x \\ y \end{bmatrix}$，根据矩阵乘法规则是不能相乘的，解决的办法是给$\begin{bmatrix} x \\ y \end{bmatrix}$加个尾巴，变成$\begin{bmatrix} x \\ y \\ \alpha \end{bmatrix}$。

$$\begin{bmatrix} a & c & l \\ b & d & m \end{bmatrix}\begin{bmatrix} x \\ y \\ \alpha \end{bmatrix}=\begin{bmatrix} ax+cy+\alpha l \\ bx+dy+\alpha m \end{bmatrix}$$

因为平移变换中，图形上任一点变换前后的坐标满足$\begin{cases} x'=x+l \\ y'=y+m \end{cases}$。

为得到$\begin{cases} ax+cy+\alpha l=x+l \\ bx+dy+\alpha m=y+m \end{cases}$，令 $a=d=1$，$b=c=0$，$\alpha=1$。则有：

$$\begin{bmatrix} 1 & 0 & l \\ 0 & 1 & m \end{bmatrix}\begin{bmatrix} x \\ y \\ 1 \end{bmatrix}=\begin{bmatrix} x+l \\ y+m \end{bmatrix}$$

把向量$\begin{bmatrix} x \\ y \end{bmatrix}$改写成$\begin{bmatrix} x \\ y \\ 1 \end{bmatrix}$，$\begin{bmatrix} 1 & 0 & l \\ 0 & 1 & m \end{bmatrix}\begin{bmatrix} x \\ y \\ 1 \end{bmatrix}=\begin{bmatrix} x+l \\ y+m \end{bmatrix}$就可以表示平移量为$[l,m]$的平移变换了，$\begin{bmatrix} x \\ y \\ 1 \end{bmatrix}$称为$\begin{bmatrix} x \\ y \end{bmatrix}$的**齐次坐标**。

3.5.1 齐次坐标

所谓**齐次坐标**就是用 $n+1$ 维向量表示一个 n 维向量。设 n 维空间点对应一个 n 维向量（$x_1, x_2, \cdots, x_n$），则对于 $h \neq 0$，称（$hx_1, hx_2, \cdots, hx_n, h$）为这个 n 维向量的齐次坐标表示，h 称为齐次项，h 取 1 时，（$x_1, x_2, \cdots, x_n, 1$）称为标准化齐次坐标。

2D 直角坐标（x，y）的点的齐次坐标为（hx，hy，h），3D 空间点（x，y，z）的齐次坐标为（hx，hy，hz，h），h 为非零常数，h 取不同的数，就得到不同的齐次坐标。

如点（2，3）的齐次坐标为（2，3，1），（4，6，2），（−2，−3，−1），（10，15，5），…，**一个点的齐次坐标不是唯一的。**

3.5.2 普通坐标与齐次坐标互相转换

- 把平面一点普通坐标（x，y）转换成齐次坐标：x、y 乘以同一个非 0 数 h，加上第 3 个分量 h，即（hx，hy，h）。
- 把一个齐次坐标转换成普通坐标：把前两个坐标除以第三个坐标，再去掉第三个分量。例如：$(x,y,w) \Leftrightarrow \left(\dfrac{x}{w}, \dfrac{y}{w}\right)$

例 3.1 将下列齐次坐标转换成普通坐标，如表 3.2 所示。

表 3.2　齐次坐标转换成普通坐标

齐次坐标	普通坐标
(1, 2, 3)	$\left(\frac{1}{3}, \frac{2}{3}\right)$
(2, 4, 6)	$\left(\frac{2}{6}, \frac{4}{6}\right)=\left(\frac{1}{3}, \frac{2}{3}\right)$
(3, 6, 9)	$\left(\frac{3}{9}, \frac{6}{9}\right)=\left(\frac{1}{3}, \frac{2}{3}\right)$
$(a, 2a, 3a)$	$\left(\frac{a}{3a}, \frac{2a}{3a}\right)=\left(\frac{1}{3}, \frac{2}{3}\right)$

点(1, 2, 3)、(2, 4, 6)、(3, 6, 9)、$(a, 2a, 3a)$对应 2D 直角坐标系中的同一点$\left(\frac{1}{3}, \frac{2}{3}\right)$，因此这些点是“齐次”的，齐次坐标描述缩放不变性。

例 3.2　观察下列各式。

（1）$\begin{bmatrix}2 & 3 & 1\end{bmatrix}\begin{bmatrix}1 & 0\\0 & 1\\1 & 1\end{bmatrix}=\begin{bmatrix}3 & 4\end{bmatrix}$。

（2）$\begin{bmatrix}3 & 6 & 1\end{bmatrix}\begin{bmatrix}1 & 0\\0 & 1\\0 & -2\end{bmatrix}=\begin{bmatrix}3 & 4\end{bmatrix}$。

（3）$\begin{bmatrix}4 & 2 & 1\end{bmatrix}\begin{bmatrix}1 & 0\\0 & 1\\-1 & 2\end{bmatrix}=\begin{bmatrix}3 & 4\end{bmatrix}$。

（4）$\begin{bmatrix}0 & 8 & 1\end{bmatrix}\begin{bmatrix}1 & 0\\0 & 1\\3 & -4\end{bmatrix}=\begin{bmatrix}3 & 4\end{bmatrix}$。

以上各式表明：通过$\begin{bmatrix}x & y & 1\end{bmatrix}\begin{bmatrix}1 & 0\\0 & 1\\a & b\end{bmatrix}=\begin{bmatrix}x+a & y+b\end{bmatrix}$运算，不同坐标系$\begin{bmatrix}1 & 0\\0 & 1\\a & b\end{bmatrix}$中的点$\begin{bmatrix}x & y & 1\end{bmatrix}$对应的是同一个点。它反映了这样一个事实：平面中同一个点在不同坐标系下的不同表示其实是等价的。

> **注意**　例 3.2 各式中，采用了行向量与矩阵乘法。向量也可采用列向量形式，进行矩阵乘法时就要将列向量放在矩阵的右边，所乘的矩阵为原矩阵的转置。

即$\begin{bmatrix}2 & 3 & 1\end{bmatrix}\begin{bmatrix}1 & 0\\0 & 1\\1 & 1\end{bmatrix}=\begin{bmatrix}3 & 4\end{bmatrix}$，采用列向量形式为$\begin{bmatrix}1 & 0 & 1\\0 & 1 & 1\end{bmatrix}\begin{bmatrix}2\\3\\1\end{bmatrix}=\begin{bmatrix}3\\4\end{bmatrix}$。

3.5.3 二维图形变换的齐次矩阵

对平面任一点进行平移量为（l, m）的平移变换：

$$\begin{bmatrix} 1 & 0 & l \\ 0 & 1 & m \end{bmatrix}\begin{bmatrix} x \\ y \\ 1 \end{bmatrix}=\begin{bmatrix} x+l \\ y+m \end{bmatrix}$$

输入点$\begin{bmatrix} x \\ y \\ 1 \end{bmatrix}$是三维向量，输出点$\begin{bmatrix} x+l \\ y+m \end{bmatrix}$是二维向量，它们的坐标形式不一致。为此，将平移变换矩阵增加一行，扩充为 3 阶方阵：

$$\begin{bmatrix} 1 & 0 & l \\ 0 & 1 & m \\ 0 & 0 & 1 \end{bmatrix}\begin{bmatrix} x \\ y \\ 1 \end{bmatrix}=\begin{bmatrix} x+l \\ y+m \\ 1 \end{bmatrix}$$

输出点的坐标就是三维向量，这样输入坐标与输出坐标形式就相同了。

采用齐次坐标描述点，就能使得平移、缩放、对称、旋转和错切变换矩阵统一成 $\boldsymbol{T}_{3\times3}$。

形如$\begin{bmatrix} a & c & l \\ b & d & m \\ p & q & s \end{bmatrix}$的矩阵称为 2D 直角坐标系中的齐次变换矩阵。其中左上角的二阶方阵 $A=\begin{bmatrix} a & c \\ b & d \end{bmatrix}$在变换功能上对图形进行放缩、旋转、对称、错切，左下角矩阵 $B=\begin{bmatrix} p & q \end{bmatrix}$对图形进行投影，右上角矩阵 $C=\begin{bmatrix} l & m \end{bmatrix}$对图形进行平移，右下角的 $D=\begin{bmatrix} s \end{bmatrix}$的作用是对**图形整体**进行伸缩变换。

3.5.4 基本图形变换的齐次矩阵

根据 3.4.2 节中的表 3.1，二维图形变换的齐次变换矩阵可修改成表 3.3 中的形式。

表 3.3 二维图形变换的齐次变换矩阵

图形变换	齐次变换矩阵	图形变换	齐次变换矩阵
平移变换 平移量为（l, m）	$\begin{bmatrix} 1 & 0 & l \\ 0 & 1 & m \\ 0 & 0 & 1 \end{bmatrix}$	关于 x 轴的对称变换	$\begin{bmatrix} 1 & 0 & 0 \\ 0 & -1 & 0 \\ 0 & 0 & 1 \end{bmatrix}$
放缩变换 比例系数为 a, d	$\begin{bmatrix} a & 0 & 0 \\ 0 & d & 0 \\ 0 & 0 & 1 \end{bmatrix}$	关于 y 轴的对称变换	$\begin{bmatrix} -1 & 0 & 0 \\ 0 & 1 & 0 \\ 0 & 0 & 1 \end{bmatrix}$
旋转变换 绕原点逆时针旋转θ	$\begin{bmatrix} \cos\theta & -\sin\theta & 0 \\ \sin\theta & \cos\theta & 0 \\ 0 & 0 & 1 \end{bmatrix}$	关于原点轴的对称变换	$\begin{bmatrix} -1 & 0 & 0 \\ 0 & -1 & 0 \\ 0 & 0 & 1 \end{bmatrix}$
比例系数为 s 的整体伸缩变换	$\begin{bmatrix} 1 & 0 & 0 \\ 0 & 1 & 0 \\ 0 & 0 & \frac{1}{s} \end{bmatrix}$	关于直线 $y=x$ 的对称变换	$\begin{bmatrix} 0 & 1 & 0 \\ 1 & 0 & 0 \\ 0 & 0 & 1 \end{bmatrix}$

续表

图形变换	齐次变换矩阵	图形变换	齐次变换矩阵
沿 x 方向错切，错切系数为 c	$\begin{bmatrix}1 & c & 0\\0 & 1 & 0\\0 & 0 & 1\end{bmatrix}$	关于直线 $y=-x$ 的对称变换	$\begin{bmatrix}0 & -1 & 0\\-1 & 0 & 0\\0 & 0 & 1\end{bmatrix}$
沿 y 方向错切，错切系数为 b	$\begin{bmatrix}1 & 0 & 0\\b & 1 & 0\\0 & 0 & 1\end{bmatrix}$		

例 3.3 给定点（3，4），求经平移量（2，−1）平移之后点的坐标。

解：点（3，4）的齐次坐标为（3，4，1），平移量为（2，−1）的平移矩阵为$\begin{bmatrix}1 & 0 & 2\\0 & 1 & -1\\0 & 0 & 1\end{bmatrix}$

$$\begin{bmatrix}1 & 0 & 2\\0 & 1 & -1\\0 & 0 & 1\end{bmatrix}\begin{bmatrix}3\\4\\1\end{bmatrix}=\begin{bmatrix}5\\3\\1\end{bmatrix}$$

（5，3，1）化为普通坐标（5，3），所以，点（3，4）经平移量（2，−1）平移之后的坐标为（5，3）。

可见，对平面点的平移变换相当于这个点的齐次坐标（列向量形式）**左乘**一个相应的平移齐次矩阵。

> **注意**
>
> **（1）书写点的坐标一般用行向量形式，可节省纸面。**
>
> **（2）利用矩阵乘法实现图形对象的变换，与表 3.1 和表 3.3 中的变换矩阵相乘时要求点的坐标为列向量形式，且变换矩阵放在左边，点的坐标放在右边相乘。点的坐标也可以采用行向量形式，那么表示点坐标的行向量要放在左边乘以变换矩阵的转置。这两种结果只是形式上的不同，互为转置关系。**

例 3.4 写出将点（2，3）逆时针旋转 $\frac{\pi}{4}$ 对应点的坐标和齐次坐标，并与旋转齐次矩阵乘法的结果比较。

解：点的坐标采用行向量，点（2，3）旋转后对应点坐标如下：

$$[2,3]\begin{bmatrix}\cos\frac{\pi}{4} & \sin\frac{\pi}{4}\\-\sin\frac{\pi}{4} & \cos\frac{\pi}{4}\end{bmatrix}=\left(2\cos\frac{\pi}{4}-3\sin\frac{\pi}{4},\ 2\sin\frac{\pi}{4}+3\cos\frac{\pi}{4}\right)=\left(-\frac{\sqrt{2}}{2},\frac{5\sqrt{2}}{2}\right)$$

齐次坐标为$\left(-\frac{\sqrt{2}}{2},\frac{5\sqrt{2}}{2},1\right)$。

进行旋转齐次矩阵乘法：

$$[2,3,1]\begin{bmatrix}\cos\frac{\pi}{4} & \sin\frac{\pi}{4} & 0\\ -\sin\frac{\pi}{4} & \cos\frac{\pi}{4} & 0\\ 0 & 0 & 1\end{bmatrix}=\left(2\cos\frac{\pi}{4}-3\sin\frac{\pi}{4},2\sin\frac{\pi}{4}+3\cos\frac{\pi}{4},1\right)=\left(-\frac{\sqrt{2}}{2},\frac{5\sqrt{2}}{2},1\right)$$

如果点的坐标采用列向量，点$\begin{bmatrix}2\\3\end{bmatrix}$逆时针旋转$\frac{\pi}{4}$：

$$\begin{bmatrix}\cos\frac{\pi}{4} & -\sin\frac{\pi}{4}\\ \sin\frac{\pi}{4} & \cos\frac{\pi}{4}\end{bmatrix}\begin{bmatrix}2\\3\end{bmatrix}=\begin{bmatrix}-\frac{\sqrt{2}}{2}\\ \frac{5\sqrt{2}}{2}\end{bmatrix}$$

乘以旋转齐次矩阵如下：

$$\begin{bmatrix}\cos\frac{\pi}{4} & -\sin\frac{\pi}{4} & 0\\ \sin\frac{\pi}{4} & \cos\frac{\pi}{4} & 0\\ 0 & 0 & 1\end{bmatrix}\begin{bmatrix}2\\3\\1\end{bmatrix}=\begin{bmatrix}2\cos\frac{\pi}{4}-3\sin\frac{\pi}{4}\\ 2\sin\frac{\pi}{4}+3\cos\frac{\pi}{4}\\ 1\end{bmatrix}=\begin{bmatrix}-\frac{\sqrt{2}}{2}\\ \frac{5\sqrt{2}}{2}\\ 1\end{bmatrix}$$

课堂练习 3.5

1. 写出点（5，–2）的三个齐次坐标。

2. 把齐次坐标（2，4，2）、(–3，–6，–3)、(4，8，4)、(3，2，1)、(–4，2，2)、(1.5，3，1.5）…转换成普通坐标，是同一个点的齐次坐标吗？

3. 计算点（–2，4）逆时针旋转$\frac{\pi}{2}$，再沿两轴均匀放大 3 倍的坐标值。

3.6 组合变换

一个变换由单一矩阵描述和表示，组合变换是一个接一个的变换序列，所以多个变换的组合应由表示每个变换的矩阵依次相乘（级联）描述。组合变换的**顺序**非常重要，矩阵乘法的顺序也很重要，要与变换顺序对应。如果变换 *A* 是旋转，变换 *B* 是缩放，变换 *C* 是平移，那么 *ABC* 表示组合变换，其功效是先旋转，然后缩放，再平移。而组合变换 *BCA* 表示先缩放，然后平移，再旋转。通常情况下，*ABC* 与 *BCA* 的变换效果不同。

已经证明：任何二维组合变换均可分解为多个基本变换的乘积。

由于动画场景中许多位置用相同的顺序变换，比如在一个场景中有房屋和房屋前的苹果树，它们变换到另一个场景中相对位置关系没有变化，那么房屋与苹果树在同一次的变换中的变换次序是相同的，以房屋为对象和以苹果树为对象所乘的多个变换矩阵是相同的。因此先将所有变换矩阵相乘形成一个复合矩阵是一个高效率的方法。

例 3.5 完成以下 2 题。

（1）将点（3，3）按平移量（–2，4）平移后，再逆时针旋转$\frac{\pi}{3}$，写出对应点的坐标和齐次坐标。

（2）将点（3，3）逆时针旋转$\frac{\pi}{3}$后，再按平移量（–2，4）平移，写出对应点的坐标和齐次坐标。

解：点（3，3）的齐次坐标为（3，3，1）。

（1）按平移量平移（–2，4），再逆时针旋转$\frac{\pi}{3}$的组合变换矩阵如下：

$$\boldsymbol{T}=\begin{bmatrix}1&0&0\\0&1&0\\-2&4&1\end{bmatrix}\begin{bmatrix}\cos\frac{\pi}{3}&\sin\frac{\pi}{3}&0\\-\sin\frac{\pi}{3}&\cos\frac{\pi}{3}&0\\0&0&1\end{bmatrix}$$

点（3，3）经过组合变换后对应点的齐次坐标如下：

$$(3,3,1)\times\boldsymbol{T}=(3,3,1)\begin{bmatrix}1&0&0\\0&1&0\\-2&4&1\end{bmatrix}\begin{bmatrix}\cos\frac{\pi}{3}&\sin\frac{\pi}{3}&0\\-\sin\frac{\pi}{3}&\cos\frac{\pi}{3}&0\\0&0&1\end{bmatrix}=\left(\frac{1-7\sqrt{3}}{2},\frac{7+\sqrt{3}}{2},1\right)$$

转换成普通坐标为$\left(\frac{1-7\sqrt{3}}{2},\frac{7+\sqrt{3}}{2}\right)$。

（2）逆时针旋转$\frac{\pi}{3}$，再平移（–2，4）的变换矩阵如下：

$$\boldsymbol{p}=\begin{bmatrix}\cos\frac{\pi}{3}&\sin\frac{\pi}{3}&0\\-\sin\frac{\pi}{3}&\cos\frac{\pi}{3}&0\\0&0&1\end{bmatrix}\begin{bmatrix}1&0&0\\0&1&0\\-2&4&1\end{bmatrix}$$

点（3，3）经过组合变换后对应点的齐次坐标如下：

$$(3,3,1)\times\boldsymbol{p}=(3,3,1)\begin{bmatrix}\cos\frac{\pi}{3}&\sin\frac{\pi}{3}&0\\-\sin\frac{\pi}{3}&\cos\frac{\pi}{3}&0\\0&0&1\end{bmatrix}\begin{bmatrix}1&0&0\\0&1&0\\-2&4&1\end{bmatrix}=\left(\frac{-1-3\sqrt{3}}{2},\frac{11+3\sqrt{3}}{2},1\right)$$

转换成普通坐标为$\left(\frac{-1-3\sqrt{3}}{2},\frac{11+3\sqrt{3}}{2}\right)$。

所以，先平移再旋转与先旋转再平移的效果不相同。

注意

例 3.5 运算采用的是行向量齐次坐标左乘表 3.3 中齐次变换矩阵的转置，结果仍为行向量形式。

例 3.6 已知Δ*ABC* 各顶点坐标是 *A*(1, 2)、*B*(5, 2)、*C*(3, 5)，关于直线 *y*=4 对称变换后的

点为 A'、B'、C'，利用齐次坐标变换矩阵计算 A'、B'、C'的坐标值。

解：点的坐标采用行向量形式，ΔABC 各顶点的齐次坐标矩阵为$\begin{bmatrix}1&2&1\\5&2&1\\3&5&1\end{bmatrix}$。

这个图形变换问题分解为 3 个基本变换。

（1）平移变换，将直线 $y=4$ 向下平移至 x 轴，齐次坐标变换矩阵为

$$\boldsymbol{T}_1=\begin{bmatrix}1&0&0\\0&1&0\\0&-4&1\end{bmatrix}$$

（2）关于 x 轴作对称变换，齐次坐标变换矩阵为

$$\boldsymbol{T}_2=\begin{bmatrix}1&0&0\\0&-1&0\\0&0&1\end{bmatrix}$$

（3）平移变换，将直线向上移回原处，齐次坐标变换矩阵为

$$\boldsymbol{T}_3=\begin{bmatrix}1&0&0\\0&1&0\\0&4&1\end{bmatrix}$$

这 3 个变换的组合变换为

$$\boldsymbol{T}=\boldsymbol{T}_1\boldsymbol{T}_2\boldsymbol{T}_3=\begin{bmatrix}1&0&0\\0&1&0\\0&-4&1\end{bmatrix}\begin{bmatrix}1&0&0\\0&-1&0\\0&0&1\end{bmatrix}\begin{bmatrix}1&0&0\\0&1&0\\0&4&1\end{bmatrix}=\begin{bmatrix}1&0&0\\0&-1&0\\0&8&1\end{bmatrix}$$

所以，ΔABC 变换后对应点 A'、B'、C'的齐次坐标为

$$\begin{bmatrix}A'\\B'\\C'\end{bmatrix}=\begin{bmatrix}1&2&1\\5&2&1\\3&5&1\end{bmatrix}T=\begin{bmatrix}1&2&1\\5&2&1\\3&5&1\end{bmatrix}\begin{bmatrix}1&0&0\\0&-1&0\\0&8&1\end{bmatrix}=\begin{bmatrix}1&6&1\\5&6&1\\3&3&1\end{bmatrix}$$

即 ΔABC 各顶点坐标变换后对应点 A'、B'、C'的坐标为（1，6）、（5，6）、（3，3）。

例 3.7　求绕坐标原点以外的任意一点 $P(x_0,y_0)$ 逆时针旋转θ角的旋转变换矩阵。

解：绕坐标原点以外的任意一点 $P(x_0,y_0)$ 逆时针旋转θ角的旋转变换可分解如下。

（1）平移变换，使旋转中心平移到坐标原点。

$$\boldsymbol{T}_1=\begin{bmatrix}1&0&-x_0\\0&1&-y_0\\0&0&1\end{bmatrix}$$

（2）旋转变换，绕坐标原点逆时针旋转θ。

$$\boldsymbol{T}_2=\begin{bmatrix}\cos\theta&-\sin\theta&0\\\sin\theta&\cos\theta&0\\0&0&1\end{bmatrix}$$

（3）平移变换，将旋转中心 P 移回原处。

$$T_3=\begin{bmatrix}1&0&x_0\\0&1&y_0\\0&0&1\end{bmatrix}$$

所以，它们的组合变换矩阵为

$$T=T_3T_2T_1\begin{bmatrix}1&0&x_0\\0&1&y_0\\0&0&1\end{bmatrix}\begin{bmatrix}\cos\theta&-\sin\theta&0\\\sin\theta&\cos\theta&0\\0&0&1\end{bmatrix}\begin{bmatrix}1&0&-x_0\\0&1&-y_0\\0&0&1\end{bmatrix}$$

$$=\begin{bmatrix}\cos\theta&-\sin\theta&x_0(1-\cos\theta)+y_0\sin\theta\\\sin\theta&\cos\theta&-x_0\sin\theta+y_0(1-\cos\theta)\\0&0&1\end{bmatrix}$$

课堂练习 3.6

1. 写出两个连续二维平移（两个连续二维旋转、两个连续二维缩放）变换的矩阵。
2. 写出图形关于平面内任意一点 $P(x_0,y_0)$ 进行缩放的变换矩阵。

3.7 逆变换

矩阵的“逆”在几何上非常有用，可以计算变换的“反向”或“相反”变换。如果存在一个变换能“撤销”原变换，那么原变换是可逆的，即向量 $\boldsymbol{a}$ 用矩阵 $\boldsymbol{M}$ 来进行变换，接着用 $\boldsymbol{M}$ 的逆 $\boldsymbol{M}^{-1}$ 变换，结果得到原向量 $\boldsymbol{a}$。

$$(\boldsymbol{aM})\boldsymbol{M}^{-1}=\boldsymbol{a}(\boldsymbol{MM}^{-1})=\boldsymbol{aE}=\boldsymbol{a}$$

求逆变换等价于求原变换矩阵的逆。图形的平移、缩放、旋转、对称、错切等基本变换都是可逆变换。

- 逆平移变换是通过对平移距离取负值而得到逆矩阵，因此平移变换 $\boldsymbol{T}=\begin{bmatrix}1&0&l\\0&1&m\\0&0&1\end{bmatrix}$ 的逆变换矩阵为 $\boldsymbol{T}^{-1}=\begin{bmatrix}1&0&-l\\0&1&-m\\0&0&1\end{bmatrix}$。
- 逆缩放变换是将缩放系数用其倒数代替得到缩放变换的逆矩阵，因此，缩放变换 $\boldsymbol{S}=\begin{bmatrix}a&0&0\\0&d&0\\0&0&1\end{bmatrix}$ 的逆变换矩阵为 $\boldsymbol{S}^{-1}=\begin{bmatrix}\frac{1}{a}&0&0\\0&\frac{1}{d}&0\\0&0&1\end{bmatrix}$。
- 逆旋转变换是通过用旋转角度的负值代替旋转角度来实现，因此旋转变换 $\boldsymbol{R}=\begin{bmatrix}\cos\theta&-\sin\theta&0\\\sin\theta&\cos\theta&0\\0&0&1\end{bmatrix}$ 的逆变换矩阵为 $\boldsymbol{R}^{-1}=\begin{bmatrix}\cos\theta&\sin\theta&0\\-\sin\theta&\cos\theta&0\\0&0&1\end{bmatrix}$。

课堂练习 3.7

1. 绕原点逆时针旋转 $\frac{2\pi}{3}$ 的变换矩阵是什么？若要撤销这一变换，变换矩阵是什么？
2. 写出对称变换、错切变换的逆变换矩阵。

*3.8 三维图形变换

三维图形变换是在二维图形变换基础上考虑了 z 轴在三维空间中的扩展。因此，其基本变换与二维变换有着类似的扩展。仿照二维图形变换，用四维齐次坐标[$x\ y\ z$ 1]表示三维空间的点[$x\ y\ z$]，三维图形齐次变换矩阵如表 3.4 所示。

表 3.4　三维图形齐次变换矩阵

图形变换	齐次变换矩阵	图形变换	齐次变换矩阵
平移变换 平移量为（l，m，p）	$\begin{bmatrix}1&0&0&l\\0&1&0&m\\0&0&1&p\\0&0&0&1\end{bmatrix}$	关于 x 轴的对称变换（x 坐标不变，y、z 坐标取反）	$\begin{bmatrix}1&0&0&0\\0&-1&0&0\\0&0&-1&0\\0&0&0&1\end{bmatrix}$
放缩变换 比例系数为 S_x、S_y、S_z	$\begin{bmatrix}S_x&0&0&0\\0&S_y&0&0\\0&0&S_z&0\\0&0&0&1\end{bmatrix}$	关于 z 轴的对称变换（z 坐标不变，x、y 坐标取反）	$\begin{bmatrix}-1&0&0&0\\0&-1&0&0\\0&0&1&0\\0&0&0&1\end{bmatrix}$
绕 x 轴逆时针旋转 θ	$\begin{bmatrix}1&0&0&0\\0&\cos\theta&-\sin\theta&0\\0&\sin\theta&\cos\theta&0\\0&0&0&1\end{bmatrix}$	关于原点的对称变换（x、y、z 坐标均取反）	$\begin{bmatrix}-1&0&0&0\\0&-1&0&0\\0&0&-1&0\\0&0&0&1\end{bmatrix}$
绕 y 轴逆时针旋转 θ	$\begin{bmatrix}\cos\theta&0&\sin\theta&0\\0&1&0&0\\-\sin\theta&0&\cos\theta&0\\0&0&0&1\end{bmatrix}$	关于 xoy 平面的对称（x、y 坐标不变，z 坐标取反）	$\begin{bmatrix}1&0&0&0\\0&1&0&0\\0&0&-1&0\\0&0&0&1\end{bmatrix}$
绕 z 轴逆时针旋转 θ	$\begin{bmatrix}\cos\theta&-\sin\theta&0&0\\\sin\theta&\cos\theta&0&0\\0&0&1&0\\0&0&0&1\end{bmatrix}$	关于 xoz 平面的对称（x、z 坐标不变，y 坐标取反）	$\begin{bmatrix}1&0&0&0\\0&-1&0&0\\0&0&-1&0\\0&0&0&1\end{bmatrix}$

类似于二维变换，将各基本变换矩阵按变换次序相乘即可得到三维组合变换。

课堂练习 3.8

1. 构造矩阵，使物体的长、宽、高增加两倍。
2. 构造绕 z 轴旋转 150° 的矩阵。

3.9 平面图形变换举例

点由坐标表示，要让一个点变动，只要改变其坐标即可。平面上的一个点可以表示为（x，y）或（x，y，1），而相应乘以二阶变换矩阵或三阶齐次变换矩阵即可实现其坐标的改变。同样，平面图形是由点构成的，把平面图形上的点的坐标都乘以一个坐标变换矩阵，即可实现图形的改变，这就是图形变换。

例 3.8 第一章中例 1.11 Koch 曲线的 MATLAB 实现。

```
p=[0  0;10  0];n=2;
A=[cos(pi/3), -sin(pi/3); sin(pi/3), cos(pi/3)];
for k=1:5
    d=diff(p)/3;  %差分运算
    m=4*n-3;    %下一次节点数
    q=p(1:n-1, :);
    p(5:4:m, :)=p(2:n, :);
    p(2:4:m, :)=q+d;
    p(3:4:m, :)=q+d+d*A';
    p(4:4:m, :)=q+2*d;
    n=m;
end
plot(p(:, 1), p(:, 2), 'k')
axis equal
```

程序运行结果如图 3.18 所示。

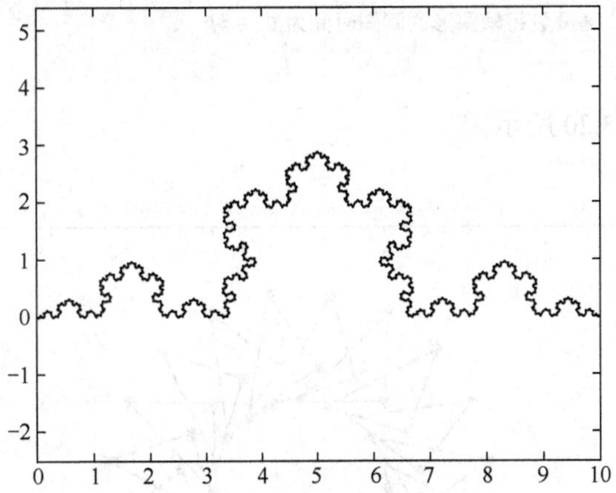

图 3.18

例 3.9 试制作一个三角形沿一个圆周旋转的动画，要求旋转过程中三角形与圆的相对位置关系不变。

解：以圆周的圆心为原点，建立直角坐标系，假设三角形的顶点坐标为（1，0）、（1，1）、（2，0），则相应的齐次坐标为 $\begin{bmatrix}1\\0\\1\end{bmatrix}$、$\begin{bmatrix}1\\1\\1\end{bmatrix}$、$\begin{bmatrix}2\\0\\1\end{bmatrix}$，逆时针旋转$\theta$，相当于齐次坐标右乘齐次变换

矩阵。

$$A=\begin{bmatrix}\cos\theta & -\sin\theta & 0\\ \sin\theta & \cos\theta & 0\\ 0 & 0 & 1\end{bmatrix}$$

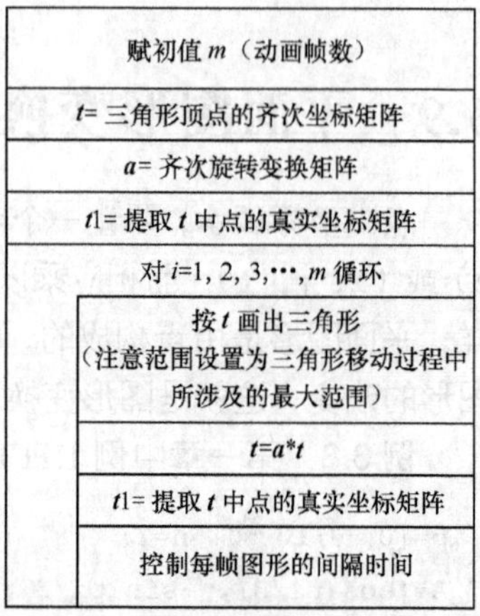

赋初值 m（动画帧数）
t= 三角形顶点的齐次坐标矩阵
a= 齐次旋转变换矩阵
t1= 提取 t 中点的真实坐标矩阵
对 i=1, 2, 3,…, m 循环
按 t 画出三角形
（注意范围设置为三角形移动过程中所涉及的最大范围）
t=a*t
t1= 提取 t 中点的真实坐标矩阵
控制每帧图形的间隔时间

图 3.19

旋转过程中三角形与圆的相对位置关系不变，即要求三角形上的每一个点都要进行同步相应的旋转。由于没有变形，只需考虑几个关键点（三角形的三个顶点）的变化，也就是只要对三角形的各顶点旋转相应的角度，再连线即可。该算法的 N-S 图如图 3.19 所示。

MATLAB 程序如下。

```
m=input ('请输入 m 的值：');  %m 为动画帧数
t=[1  1  2; 0  1  1; 1  1  1];  %输入三角形顶点的齐次坐标矩阵
a=[cos (2*pi/m) -sin (2*pi/m) 0; sin (2*pi/m) cos (2*pi/m) 0; 0  0  1];
%输入齐次旋转变换矩阵 a
t1=t ([1, 2], :);
%提取顶点坐标矩阵的第 1 行第 2 行元素，即顶点的真实坐标
for i=1:m
   axis ([-3, 3, -3, 3])   %设置为三角形移动过程中所涉及的最大范围
   axis equal   %设置 x, y 坐标轴单位长度相等
    plot (t1 (1, :), t1 (2, :), 'r*-')   %画折线，产生三角形的两条边
    hold on
     plot (t1 (1, [1  3]), t1(2, [1  3]), 'r*-')   %画线段，产生三角形第三条边
        t=a*t;   %注：点的坐标采用列向量，坐标矩阵应右乘旋转变换矩阵
        t1=t ([1  2], :);
        pause (0.6)   %设置每帧图形的间隔时间为 0.6 秒
end
```

程序运行结果如图 3.20 所示。

请输入 m 的值：20。

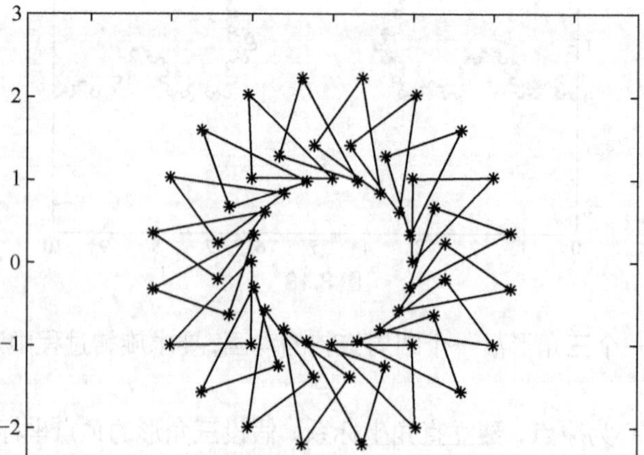

图 3.20

拓展阅读

线性代数的妙用：在 Windows 画图软件中实现 28° 旋转

在早期的小型图像编辑软件中，考虑到时间空间的限制，再加上算法本身的难度，很多看似非常简单的功能都无法实现。比如说，很多图像编辑软件只允许用户把所选的内容旋转 90°、180° 或者 270°，不支持任意度数的旋转。毕竟，如果我们只是旋转 90° 的整数倍，那么所有像素仅仅是在做某些有规律的轮换，这甚至不需要额外的内存空间就能完成。但是，如果旋转别的度数，那么在采样和反锯齿等方面都将会有不小的挑战。

不过，Windows 自带的画图软件聪明地用 skew 功能（中文版翻译成“扭曲”）部分地填补了无法自由变形的缺陷。随便选中图中的一块区域，再在菜单栏上选择“图像”→“拉伸/扭曲”，然后在“水平扭曲”那儿填写一个–89 到 89 之间的整数（表示一个角度值），再按一下“确定”，于是整个图形就会如图 3.21 所示的那样被拉斜，其中 θ 就是你刚才填的度数。如果你填入 θ 是负数值，则倾斜的方向会与图 3.21 所示的方向相反。类似地，“垂直扭曲”功能会在竖直方向上对图形进行拉扯，如果角度值为正数，则整个图形会变得左低右高；如果角度值为负数，则整个图形会变得左高右低。

资料来源：摘自微信公众号“算法与数学之美”（2016-02-12）

不过，这玩意儿对于我们来说似乎完全没用。估计 99%的人在使用画图软件的时候就从来没用过这个功能吧。如果真是这样，那么今天的问题恐怕将会是大家最近一段时间见过的最有趣的问题了：想办法利用 Windows 画图中的扭曲功能（近似地）实现 28° 旋转。

答案：如图 3.22 所示，首先水平扭曲–14°，然后垂直扭曲 25°，最后再水平扭曲–14°即可。这样的话，画板中被选中的内容将会被逆时针旋转 28°。

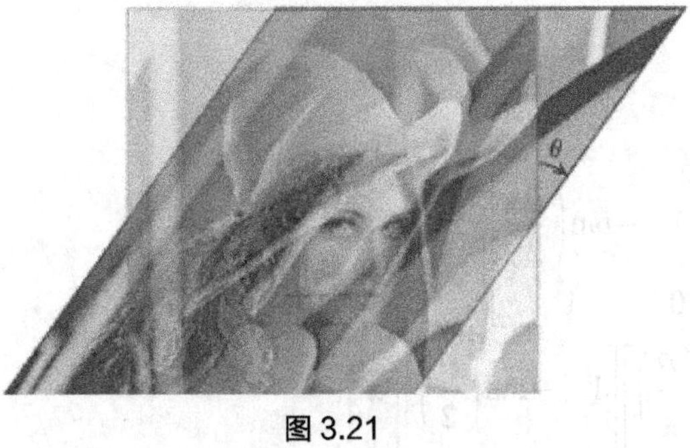

图 3.21

图 3.22

为什么？这是因为，扭曲的本质其实就是在原图上进行一个线性变换。水平扭曲实际上相当于是对图像各行进行平移，平移量与纵坐标的位置成正比。而这又可以看作对每个点执行了图 3.23 所示的矩阵乘法操作。

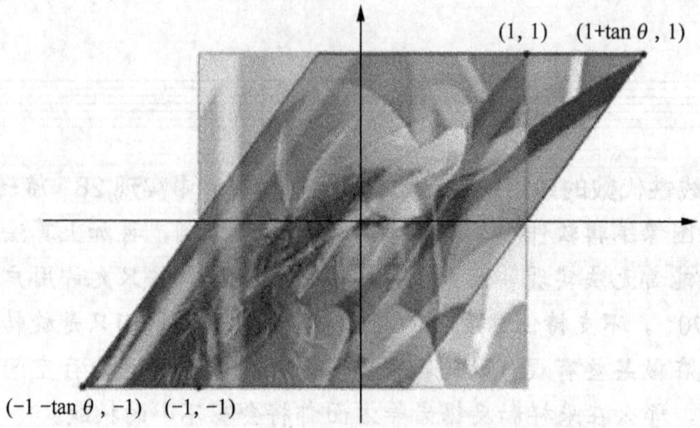

图 3.23

类似地，垂直扭曲则相当于对每个点执行了图 3.24 所示的一个矩阵乘法的操作：

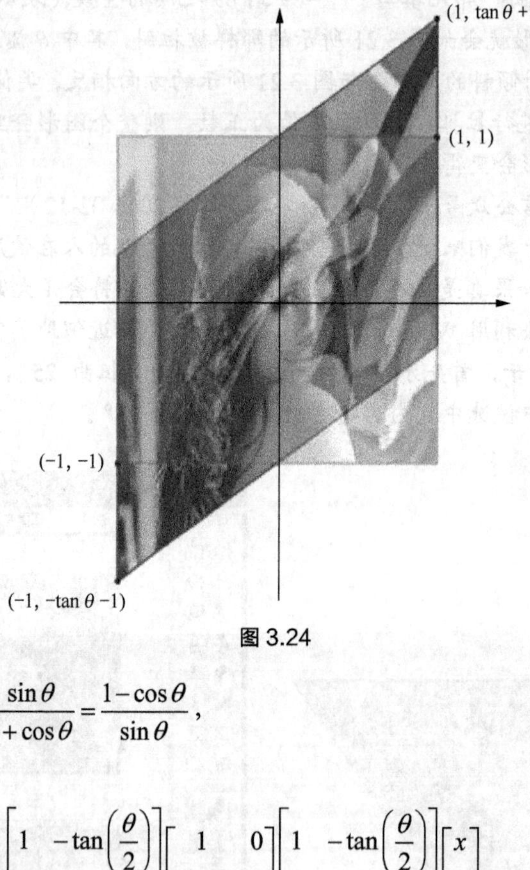

图 3.24

另外，由于 $\tan\left(\frac{\theta}{2}\right)=\frac{\sin\theta}{1+\cos\theta}=\frac{1-\cos\theta}{\sin\theta}$，

因此：

$$\begin{bmatrix}1 & -\tan\left(\frac{\theta}{2}\right)\\0 & 1\end{bmatrix}\begin{bmatrix}1 & 0\\\sin\theta & 1\end{bmatrix}\begin{bmatrix}1 & -\tan\left(\frac{\theta}{2}\right)\\0 & 1\end{bmatrix}\begin{bmatrix}x\\y\end{bmatrix}$$

$$=\begin{bmatrix}1-\sin\theta\tan\left(\frac{\theta}{2}\right) & -\tan\left(\frac{\theta}{2}\right)\\\sin\theta & 1\end{bmatrix}\begin{bmatrix}1 & -\tan\left(\frac{\theta}{2}\right)\\0 & 1\end{bmatrix}\begin{bmatrix}x\\y\end{bmatrix}$$

$$=\begin{bmatrix}\cos\theta & -\tan\left(\frac{\theta}{2}\right)\\\sin\theta & 1\end{bmatrix}\begin{bmatrix}1 & -\tan\left(\frac{\theta}{2}\right)\\0 & 1\end{bmatrix}\begin{bmatrix}x\\y\end{bmatrix}$$

$$=\begin{bmatrix}\cos\theta & -\cos\theta\tan\left(\dfrac{\theta}{2}\right)-\tan\left(\dfrac{\theta}{2}\right)\\ \sin\theta & -\sin\theta\tan\left(\dfrac{\theta}{2}\right)+1\end{bmatrix}\begin{bmatrix}x\\ y\end{bmatrix}$$

$$=\begin{bmatrix}\cos\theta & -\sin\theta\\ \sin\theta & \cos\theta\end{bmatrix}\begin{bmatrix}x\\ y\end{bmatrix}$$

而最后一行就是大家非常熟悉的旋转矩阵！

也就是说，连续执行上式中的三次扭曲，就可以实现旋转 θ 了。其中，第一次扭曲和第三次扭曲都是水平扭曲 $-\theta/2$，当 $\theta = 28°$ 时，我们应该填写的度数就是 -14。麻烦的就是第二次扭曲：它看上去并不符合垂直扭曲矩阵的标准形式。垂直扭曲矩阵中，左下角那一项应该是 $\tan\theta$，并非 $\sin\theta$。不过，我们完全可以用正切值去模拟 $\sin\theta$ 呀！利用计算机可以解得，当 $\theta = 28°$ 时，$\sin 28°$ 约为 0.469，离它最近的正切值是 $\tan 25° \approx 0.466$。因此，我们在第二步的时候填入了垂直扭曲 25°。

值得一提的是，实际上我们已经得到了一种非常高效并且非常容易编写的图像旋转算法：只需要连续调用三次扭曲操作即可。而每次扭曲操作本质上都是对各行或者各列的像素进行平移，因而整个算法完全不需要任何额外的内存空间！根据 Wikipedia 的描述，这种方法是由 Alan Paeth 在 1986 年提出的。

由于 $\tan 25°$ 并不精确地等于 $\sin 28°$，因而这里实现的 28° 旋转也并不是绝对精确的。不过，画图软件本身还提供了水平缩放和垂直缩放的功能，把它们也加进来的话，线性变换的复合将会变得更加灵活，或许我们就能设计出一些更复杂但却更精确的旋转方案了。

PART 4 第四章 线性方程组

本章介绍线性方程组解法，线性方程组在经济中的一个著名应用和在数学上的扩展。

4.1 节介绍线性方程组高斯消元法。

4.2 节介绍线性方程组解的情况判定及解的结构。

*4.3 节介绍线性方程组在经济中的一个应用——投入产出模型。

4.4 节介绍矩阵的特征值与特征向量以及它们的几何意义。

*4.5 节介绍正交矩阵和正交变换。

4.6 节介绍用 MATLAB 求解线性方程组。

推荐阅读

1. 《矩阵分析的几何意义的整理》。

2. 网易公开课：电子科技大学公开课《线性代数与信息科技》第二课

矩阵分析的几何意义的整理　　线性代数与信息科技

4.1 线性方程组高斯消元法

4.1.1 高斯消元法

中学代数已经学过求解二元、三元线性方程组的消元法，这种方法也是求解一般线性方程组的有效方法，我们从下面的例子中认识消元法的思想和消元的过程。

例 4.1 求解线性方程组。

$$\begin{cases} 2x_1 - x_2 + 3x_3 = 1 \\ 4x_1 + 2x_2 + 5x_3 = 4 \\ 2x_1 + x_2 + 2x_3 = 5 \end{cases} \tag{4-1}$$

解：第二个方程减去第一个方程的 2 倍，第三个方程减去第一个方程，就变成：

$$\begin{cases} 2x_1 - x_2 + 3x_3 = 1 \\ 4x_2 - x_3 = 2 \\ 2x_2 - x_3 = 4 \end{cases} \tag{4-2}$$

把第二个与第三个方程的次序互换，第二个方程减去第三个方程的 2 倍即得：

$$\begin{cases}2x_1-x_2+3x_3=1\\ \quad 2x_2-x_3=4\\ \quad\quad x_3=-6\end{cases}\qquad(4\text{-}3)$$

方程组（4-3）的形状如阶梯，称作阶梯形方程组，由最后一个方程得到 $x_3=-6$；回代到它上面的方程，得到 $x_2=-1$；再将已得到的 $x_2=-1$，$x_3=-6$ 回代到第一个方程，解出 $x_1=9$。从而得到方程组的解：$x_1=9，x_2=-1，x_3=-6$。

消元法的基本思想就是对方程组做一系列变换，消去一些方程中的若干未知量，把原方程组（4-1）化成易于求解的同解方程组（4-3）。形如式（4-3）的线性方程组称为**阶梯形方程组。**

求解过程中，我们对方程进行了以下三种变换：

（1）数乘变换：用一非零数乘某一方程；

（2）消去变换：把一个方程的倍数加到另一个方程；

（3）互换变换：互换两个方程的位置。

这三种变换称为**线性方程组的初等变换**。

将原方程组通过初等变换化为阶梯形方程组，这种方法称为**高斯消元法。**

将求解 $\begin{cases}2x_1-x_2+3x_3=1\\4x_1+2x_2+5x_3=4\\2x_1+x_2+2x_3=5\end{cases}$ 的过程放在与方程组对应的增广矩阵中进行，就是对增广矩阵做初等行变换化成阶梯形。

$$(\boldsymbol{A}\ \ \boldsymbol{b})=\begin{bmatrix}2&-1&3&1\\4&2&5&4\\2&1&2&5\end{bmatrix}\xrightarrow[-r_1+r_2]{-2r_1+r_2}\begin{bmatrix}2&-1&3&1\\0&4&-1&2\\0&2&-1&4\end{bmatrix}\xrightarrow[-2r_1+r_3]{r_2\leftrightarrow r_3}\begin{bmatrix}2&-1&3&1\\0&2&-1&4\\0&0&1&-6\end{bmatrix}$$

例 4.2 解线性方程组。

$$\begin{cases}2x_1-x_2+3x_3=1\\4x_1-2x_2+5x_3=4\\2x_1-x_2+4x_3=-1\end{cases}$$

解：第一个方程的 2 倍减去第二个方程，第一个方程减去第三个方程：

$$\begin{cases}2x_1-x_2+3x_3=1\\x_3=-2\\-x_3=2\end{cases}$$

把第二个方程加到第三个方程，得：

$$\begin{cases}2x_1-x_2+3x_3=1\\x_3=-2\\0=0\end{cases}$$

此时方程组有无穷多个解，$x_3=-2$，x_1 和 x_2 只要满足第一个方程即可。

在方程组的增广矩阵中对矩阵进行初等行变换：

$$(\boldsymbol{A}\ \ \boldsymbol{b})=\begin{bmatrix}2&-1&3&1\\4&-2&5&4\\2&-1&4&-1\end{bmatrix}\xrightarrow[r_1-r_3]{2r_1-r_2}\begin{bmatrix}2&-1&3&1\\0&0&1&-2\\0&0&-1&2\end{bmatrix}\xrightarrow{r_2+r_3}\begin{bmatrix}2&-1&3&1\\0&0&1&-2\\0&0&0&0\end{bmatrix}$$

例 4.3 解线性方程组。

$$\begin{cases}2x_1-x_2+3x_3=1\\4x_1-2x_2+5x_3=4\\2x_1-x_2+4x_3=1\end{cases}$$

解：第一个方程的 2 倍减去第二个方程，第一个方程减去第三个方程：

$$\begin{cases}2x_1-x_2+3x_3=1\\x_3=-2\\-x_3=0\end{cases}$$

把第二个方程加到第三个方程，得：

$$\begin{cases}2x_1-x_2+3x_3=1\\x_3=-2\\0=-2\end{cases}$$

此时方程组无解。

在方程组的增广矩阵中对矩阵作初等行变换：

$$(\boldsymbol{A}\ \ \boldsymbol{b})=\begin{bmatrix}2&-1&3&1\\4&-2&5&4\\2&-1&4&1\end{bmatrix}\xrightarrow[2r_1+r_2]{-r_2}\begin{bmatrix}2&-1&3&1\\0&0&1&-2\\0&0&-1&0\end{bmatrix}\xrightarrow{r_2+r_3}\begin{bmatrix}2&-1&3&1\\0&0&1&-2\\0&0&0&-2\end{bmatrix}$$

4.1.2 矩阵的初等变换

- 矩阵的初等行变换。

以下三种变换，称作**矩阵的初等行变换**。

（1）数乘变换：用一个非零数乘某一行，kr_i；

（2）消去变换：把某一行的倍数加到另一行上，kr_i+r_j；

（3）互换变换：互换两行的位置，$r_i\leftrightarrow r_j$。

以上各例方程组的求解过程就是用高斯消元法将方程组化成阶梯形方程组。方程组的消元运作，可以由其增广矩阵的行变换代替，相应地是把增广矩阵通过初等行变换化成阶梯形矩阵，这一替代大大减轻了工作量，且便于计算机实现。矩阵初等行变换化简矩阵，一般有两种形式：

- 阶梯形矩阵。

如果矩阵满足：

（1）若有零行（元素都为 0 的行），零行在非零行的下方；

（2）行的首非零元的列标号随着行标号的增加而严格增大。

称矩阵为阶梯形矩阵。

- 行最简阶梯形矩阵。

若阶梯形矩阵还满足：

（1）非零行的首非零元为 1；

（2）首非零元所在列的其余元素都为 0。

称为行最简阶梯形矩阵。

显然，矩阵$\begin{bmatrix}1&2&3\\0&4&6\\0&0&5\end{bmatrix}$是阶梯形矩阵，矩阵$\begin{bmatrix}1&2&3&4\\0&-1&5&2\\0&1&-4&7\end{bmatrix}$不是阶梯形矩阵，矩阵

$$\boldsymbol{B}_1=\begin{bmatrix}3&2&0&1&0\\0&-1&4&3&2\\0&0&0&5&0\end{bmatrix},\boldsymbol{B}_2=\begin{bmatrix}1&2&0&0&3\\0&0&1&0&4\\0&0&0&1&6\\0&0&0&0&0\end{bmatrix}$$

均为阶梯形矩阵，且$\boldsymbol{B}_2$还是行最简阶梯形矩阵。

试问，任一矩阵都可以通过初等行变换化成阶梯形矩阵吗？不难证明是可以的。

例 4.4 将矩阵$\boldsymbol{A}=\begin{bmatrix}8&4&2&1\\0&0&6&3\\1&1&0&0\end{bmatrix}$化成阶梯形矩阵。

解：$\boldsymbol{A}=\begin{bmatrix}8&4&2&1\\0&0&6&3\\1&1&0&0\end{bmatrix}\xrightarrow{-\frac{1}{8}r_1+r_3}\begin{bmatrix}8&4&2&1\\0&0&6&3\\0&\frac{1}{2}&-\frac{1}{4}&-\frac{1}{8}\end{bmatrix}\xrightarrow{r_2\leftrightarrow r_3}\begin{bmatrix}8&4&2&1\\0&\frac{1}{2}&-\frac{1}{4}&-\frac{1}{8}\\0&0&6&3\end{bmatrix}$

也可以换种方式变换：

$$\boldsymbol{A}=\begin{bmatrix}8&4&2&1\\0&0&6&3\\1&1&0&0\end{bmatrix}\xrightarrow{r_1\leftrightarrow r_3}\begin{bmatrix}1&1&0&0\\0&0&6&3\\8&4&2&1\end{bmatrix}\xrightarrow{-8r_1+r_3}\begin{bmatrix}1&1&0&0\\0&0&6&3\\0&-4&2&1\end{bmatrix}\xrightarrow{r_2\leftrightarrow r_3}\begin{bmatrix}1&1&0&0\\0&-4&2&1\\0&0&6&3\end{bmatrix}$$

将阶梯形矩阵$\begin{bmatrix}8&4&2&1\\0&\frac{1}{2}&-\frac{1}{4}&\frac{1}{8}\\0&0&6&3\end{bmatrix}$化为行最简阶梯形矩阵为$\begin{bmatrix}1&0&0&0\\0&1&0&0\\0&0&1&\frac{1}{2}\end{bmatrix}$。

将阶梯形矩阵$\begin{bmatrix}1&1&0&0\\0&-4&2&1\\0&0&6&3\end{bmatrix}$化为行最简阶梯形矩阵也是$\begin{bmatrix}1&0&0&0\\0&1&0&0\\0&0&1&\frac{1}{2}\end{bmatrix}$。

我们看到：

- 一个矩阵的阶梯形矩阵不是唯一的，但其行最简阶梯形矩阵是唯一的；
- 一个矩阵的阶梯形矩阵中所含非零行的行数是唯一的。

由此我们可以给这个唯一的非零行数下个定义——矩阵的秩。

4.1.3 矩阵的秩

矩阵$\boldsymbol{A}$的阶梯形矩阵非零行的行数，称为**矩阵$\boldsymbol{A}$的秩**，记作$\mathrm{r}(\boldsymbol{A})$或$\mathrm{R}(\boldsymbol{A})$、$\mathrm{rank}(\boldsymbol{A})$。由定义知，求矩阵的秩就是将矩阵化成阶梯形，非零行的行数。

例 4.5 设矩阵

$$\boldsymbol{A}=\begin{bmatrix}1&1&2&-2\\1&3&a&2a\\1&-1&6&0\end{bmatrix}$$

若 $r(\boldsymbol{A})=2$，求 a 的值。

解：先用初等行变换求出 $\boldsymbol{A}$ 的阶梯形矩阵。

$$\boldsymbol{A}=\begin{bmatrix}1&1&2&-2\\1&3&a&2a\\1&-1&6&0\end{bmatrix}\xrightarrow[r_1\times(-1)+r_3]{r_1\times(-1)+r_2}\begin{bmatrix}1&1&2&-2\\0&2&a-2&2a+2\\0&-2&4&2\end{bmatrix}\xrightarrow{r_2+r_3}\begin{bmatrix}1&1&2&-2\\0&2&a-2&2a+2\\0&0&a+2&2a+4\end{bmatrix}$$

因 $r(\boldsymbol{A})=2$，则第三行必须是零行，所以有 $\begin{cases}a+2=0\\2a+4=0\end{cases}$，解得 $a=-2$。

课堂练习 4.1

1\. $\boldsymbol{B}=\begin{bmatrix}2&-1&0&3&-2\\0&3&1&-2&5\\0&0&0&4&-3\\0&0&0&0&0\end{bmatrix}$，求矩阵的秩 $r(\boldsymbol{B})$。

2\. 当 λ 为何值时，矩阵 $\boldsymbol{A}=\begin{bmatrix}1&-1&2&1\\2&-1&7&2\\-1&2&1&\lambda\end{bmatrix}$ 的秩等于 2。

3\. 求矩阵 $\boldsymbol{A}=\begin{bmatrix}3&1&0&2\\1&-1&2&-1\\1&3&-4&-4\end{bmatrix}$ 的秩。

4.2 线性方程组解的判断与解的结构

4.2.1 齐次线性方程组解的结构

设有齐次线性方程组

$$\begin{cases}a_{11}x_1+a_{12}x_2+\cdots a_{1n}x_n=0\\a_{21}x_1+a_{22}x_2+\cdots a_{2n}x_n=0\\\qquad\vdots\\a_{m1}x_1+a_{m2}x_2+\cdots a_{mn}x_n=0\end{cases}\tag{4-4}$$

记 $\boldsymbol{A}=\begin{bmatrix}a_{11}&a_{12}&\cdots&a_{1n}\\a_{21}&a_{22}&\cdots&a_{2n}\\\vdots&\vdots&\vdots&\vdots\\a_{m1}&a_{m2}&\cdots&a_{mn}\end{bmatrix}$，$\boldsymbol{x}=\begin{bmatrix}x_1\\x_2\\\vdots\\x_m\end{bmatrix}$，$\boldsymbol{O}=\begin{bmatrix}0\\0\\\vdots\\0\end{bmatrix}$，方程组（4-4）可改写成矩阵方程：

$$\boldsymbol{Ax}=\boldsymbol{O}\tag{4-5}$$

称矩阵方程（4-5）的解 $\boldsymbol{x}=\begin{bmatrix}x_1\\x_2\\\vdots\\x_m\end{bmatrix}$ 为方程组（4-4）的**解向量**。

因为齐次线性方程组显然有一个零解，即 $\boldsymbol{x}=\boldsymbol{O}$。对齐次线性方程组解的情况，只需研究在什么情况有非零解，怎样表示出所有的解。关于齐次线性方程组的解有如下定理。

定理 1 如果 n 元齐次线性方程组 $\boldsymbol{Ax=O}$ 的系数矩阵 $\boldsymbol{A}$ 的秩为 r，当然有 $r(\boldsymbol{A}\ \ \boldsymbol{O})=r(\boldsymbol{A})=r$。

（1）若 $r<n$，则 $\boldsymbol{Ax=O}$ 除了零解外还有非零解。齐次线性方程组若有非零解，则必有无穷多解。$\boldsymbol{Ax=O}$ 的全部解向量构成一个解向量空间，解空间的基有 $n-r$ 个解向量。

（2）若 $r=n$，则 $\boldsymbol{Ax=O}$ 只有零解，$\boldsymbol{Ax=O}$ 的解空间没有基。

例 4.6 解下列齐次线性方程组。

$$\begin{cases} x_1+2x_2+4x_3+x_4=0 \\ 2x_1+4x_2+8x_3+2x_4=0 \\ 3x_1+6x_2+2x_3=0 \end{cases}$$

解：用矩阵初等行变换将方程组的系数矩阵化成阶梯形：

$$\boldsymbol{A}=\begin{bmatrix} 1 & 2 & 4 & 1 \\ 2 & 4 & 8 & 2 \\ 3 & 6 & 2 & 0 \end{bmatrix} \xrightarrow[r_1\times(-3)+r_3]{r_1\times(-2)+r_2} \begin{bmatrix} 1 & 2 & 4 & 1 \\ 0 & 0 & 0 & 0 \\ 0 & 0 & -10 & -3 \end{bmatrix} \xrightarrow{r_2\leftrightarrow r_3} \begin{bmatrix} 1 & 2 & 4 & 1 \\ 0 & 0 & -10 & -3 \\ 0 & 0 & 0 & 0 \end{bmatrix}$$

从系数矩阵的阶梯形矩阵看到，$r(\boldsymbol{A})=2$，而 $n=4$，$r(\boldsymbol{A})<n$，方程组有非零解，且有无穷多解。为求通解，进一步将阶梯形矩阵化简（化为行最简阶梯形矩阵）：

$$\begin{bmatrix} 1 & 2 & 4 & 1 \\ 0 & 0 & -10 & -3 \\ 0 & 0 & 0 & 0 \end{bmatrix} \xrightarrow[r_2\times(-4)+r_1]{r_2\times(-\frac{1}{10})} \begin{bmatrix} 1 & 2 & 0 & -\frac{1}{5} \\ 0 & 0 & 1 & \frac{3}{10} \\ 0 & 0 & 0 & 0 \end{bmatrix}$$

化简后，得同解方程组：

$$\begin{cases} x_1+2x_2-\frac{1}{5}x_4=0 \\ x_3+\frac{3}{10}x_4=0 \end{cases} \tag{4-6}$$

将行最简形矩阵中首非零元对应的未知数 x_1、x_3 作取值受约束的，其余 $n-r(\boldsymbol{A})$个未知数，这里为 x_2、x_4 作取值不受约束的（称为自由未知数），可取任意常数。将自由未知数移至方程右端，即

$$\begin{cases} x_1=-2x_2+\frac{1}{5}x_4 \\ x_3=-\frac{3}{10}x_4 \end{cases} \tag{4-7}$$

这就是原齐次方程组的通解。但为保持方程组的解应给出每个未知数的值的习惯，可在上式中补两个等式 $x_2=x_2$，$x_4=x_4$。由于 x_2、x_4 取任意常数，故变换一下形式：$x_2=k_1$，$x_4=k_2$。

于是，方程组的一般解（或称通解）可写成：

$$\begin{cases} x_1=-2k_1+\frac{1}{5}k_2 \\ x_2=k_1 \\ x_3=-\frac{3}{10}k_2 \\ x_4=k_2 \end{cases} \quad （k_1、k_2 为任意常数） \tag{4-8}$$

写成向量形式：

$$\begin{bmatrix} x_1 \\ x_2 \\ x_3 \\ x_4 \end{bmatrix} = k_1 \begin{bmatrix} -2 \\ 1 \\ 0 \\ 0 \end{bmatrix} + k_2 \begin{bmatrix} \frac{1}{5} \\ 0 \\ -\frac{3}{10} \\ 1 \end{bmatrix} = k_1\boldsymbol{\beta}_1 + k_2\boldsymbol{\beta}_2$$

任意常数 k_1、k_2 一经确定一组值，$k_1\boldsymbol{\beta}_1 + k_2\boldsymbol{\beta}_2$ 就是方程组的一个具体的解了。而向量 $\boldsymbol{\beta}_1 = \begin{bmatrix} -2 \\ 1 \\ 0 \\ 0 \end{bmatrix}$，$\boldsymbol{\beta}_2 = \begin{bmatrix} \frac{1}{5} \\ 0 \\ -\frac{3}{10} \\ 1 \end{bmatrix}$ 也是方程组的解，并且方程组所有的解都可由 $\boldsymbol{\beta}_1$、$\boldsymbol{\beta}_2$ 线性表示，即 $\boldsymbol{x} = k_1\boldsymbol{\beta}_1 + k_2\boldsymbol{\beta}_2$。$k_1\boldsymbol{\beta}_1 + k_2\boldsymbol{\beta}_2$ 称为方程组的通解，构成通解的这 2 个（即 $n-\mathrm{r}(\boldsymbol{R})$ 个）非零解向量 $\boldsymbol{\beta}_1$、$\boldsymbol{\beta}_2$ 就是解向量空间的基，又称为齐次线性方程组的**基础解系**。

> **注意**
>
> 令自由未知数 x_2、x_4 分别取 $\begin{bmatrix} x_2 \\ x_4 \end{bmatrix} = \begin{bmatrix} 1 \\ 0 \end{bmatrix}, \begin{bmatrix} x_2 \\ x_4 \end{bmatrix} = \begin{bmatrix} 0 \\ 1 \end{bmatrix}$，代入式（4-7）中，求得约束未知数 x_1、x_3 的值 $\begin{bmatrix} x_1 \\ x_3 \end{bmatrix} = \begin{bmatrix} -2 \\ 0 \end{bmatrix}, \begin{bmatrix} x_1 \\ x_3 \end{bmatrix} = \begin{bmatrix} \frac{1}{5} \\ -\frac{3}{10} \end{bmatrix}$。将 x_1、x_2、x_3、x_4 的取值对应组成向量：$\begin{bmatrix} -2 \\ 1 \\ 0 \\ 0 \end{bmatrix}, \begin{bmatrix} \frac{1}{5} \\ 0 \\ -\frac{3}{10} \\ 1 \end{bmatrix}$，这样就求得了原方程组的一组基础解系。

例 4.7　求齐次线性方程组：

$$\begin{cases} x_1 - 2x_2 + x_3 - x_4 + x_5 = 0 \\ 2x_1 + x_2 - x_3 + 2x_4 - 3x_5 = 0 \\ 3x_1 - 2x_2 - x_3 + x_4 - 2x_5 = 0 \\ 2x_1 - 5x_2 + x_3 - 2x_4 + 2x_5 = 0 \end{cases}$$

的一个基础解系与通解。

解：

$$\boldsymbol{A} = \begin{bmatrix} 1 & -2 & 1 & -1 & 1 \\ 2 & 1 & -1 & 2 & -3 \\ 3 & -2 & -1 & 1 & -2 \\ 2 & -5 & 1 & -2 & 2 \end{bmatrix} \xrightarrow[r_1\times(-2)+r_4]{\substack{r_1\times(-2)+r_2 \\ r_1\times(-3)+r_3}} \begin{bmatrix} 1 & -2 & 1 & -1 & 1 \\ 0 & 5 & -3 & 4 & -5 \\ 0 & 4 & -4 & 4 & -5 \\ 0 & -1 & -1 & 0 & 0 \end{bmatrix}$$

$$\xrightarrow[r_2 \leftrightarrow r_4]{r_4\times(-1)}\begin{bmatrix}1 & -2 & 1 & -1 & 1\\0 & 1 & 1 & 0 & 0\\0 & 4 & -4 & 4 & -5\\0 & 5 & -3 & 4 & -5\end{bmatrix}\xrightarrow[r_2\times(-5)+r_4]{r_2\times(-4)+r_3}\begin{bmatrix}1 & -2 & 1 & -1 & 1\\0 & 1 & 1 & 0 & 0\\0 & 0 & -8 & 4 & -5\\0 & 0 & -8 & 4 & -5\end{bmatrix}$$

$$\xrightarrow{r_3\times(-1)+r_4}\begin{bmatrix}1 & -2 & 1 & -1 & 1\\0 & 1 & 1 & 0 & 0\\0 & 0 & -8 & 4 & -5\\0 & 0 & 0 & 0 & 0\end{bmatrix}$$

$$\xrightarrow{r_3\times(-\frac{1}{8})}\begin{bmatrix}1 & -2 & 1 & -1 & 1\\0 & 1 & 1 & 0 & 0\\0 & 0 & 1 & -\frac{1}{2} & \frac{5}{8}\\0 & 0 & 0 & 0 & 0\end{bmatrix}\xrightarrow[r_3\times(-1)+r_2]{r_3\times(-1)+r_1}\begin{bmatrix}1 & -2 & 0 & -\frac{1}{2} & \frac{3}{8}\\0 & 1 & 0 & \frac{1}{2} & -\frac{5}{8}\\0 & 0 & 1 & -\frac{1}{2} & \frac{5}{8}\\0 & 0 & 0 & 0 & 0\end{bmatrix}$$

$$\xrightarrow{r_2\times 2+r_1}\begin{bmatrix}1 & 0 & 0 & \frac{1}{2} & -\frac{7}{8}\\0 & 1 & 0 & \frac{1}{2} & -\frac{5}{8}\\0 & 0 & 1 & -\frac{1}{2} & \frac{5}{8}\\0 & 0 & 0 & 0 & 0\end{bmatrix}$$

由于 $\mathrm{r}(\boldsymbol{A})=3<n(n=5)$，方程组有非零解，$x_4$、$x_5$ 为自由未知数，一般解如下：

$$\begin{cases}x_1+\frac{1}{2}x_4-\frac{7}{8}x_5=0\\x_2+\frac{1}{2}x_4-\frac{5}{8}x_5=0\\x_3-\frac{1}{2}x_4+\frac{5}{8}x_5=0\end{cases} \tag{4-9}$$

或：

$$\begin{cases}x_1=-\frac{1}{2}x_4+\frac{7}{8}x_5\\x_2=-\frac{1}{2}x_4+\frac{5}{8}x_5\\x_3=\frac{1}{2}x_4-\frac{5}{8}x_5\\x_4=x_4\\x_5=x_5\end{cases}$$

令自由未知数取任意常数 $x_4=c_1,x_5=c_2$，通解如下：

$$\begin{cases} x_1 = -\dfrac{1}{2}c_1 + \dfrac{7}{8}c_2 \\ x_2 = -\dfrac{1}{2}c_1 + \dfrac{5}{8}c_2 \\ x_3 = \dfrac{1}{2}c_1 - \dfrac{5}{8}c_2 \\ x_4 = c_1 \\ x_5 = c_2 \end{cases} \tag{4-10}$$

其向量形式如下：

$$\begin{bmatrix} x_1 \\ x_2 \\ x_3 \\ x_4 \\ x_5 \end{bmatrix} = c_1 \begin{bmatrix} -\dfrac{1}{2} \\ -\dfrac{1}{2} \\ \dfrac{1}{2} \\ 1 \\ 0 \end{bmatrix} + c_2 \begin{bmatrix} \dfrac{7}{8} \\ \dfrac{5}{8} \\ -\dfrac{5}{8} \\ 0 \\ 1 \end{bmatrix} \quad (c_1、c_2\text{为任意常数})$$

其中向量$\begin{bmatrix} -\dfrac{1}{2} \\ -\dfrac{1}{2} \\ \dfrac{1}{2} \\ 1 \\ 0 \end{bmatrix}, \begin{bmatrix} \dfrac{7}{8} \\ \dfrac{5}{8} \\ -\dfrac{5}{8} \\ 0 \\ 1 \end{bmatrix}$为齐次方程组的一个基础解系。

通解：

$$\boldsymbol{x} = \begin{bmatrix} x_1 \\ x_2 \\ x_3 \\ x_4 \\ x_5 \end{bmatrix} = c_1 \begin{bmatrix} -\dfrac{1}{2} \\ -\dfrac{1}{2} \\ \dfrac{1}{2} \\ 1 \\ 0 \end{bmatrix} + c_2 \begin{bmatrix} \dfrac{7}{8} \\ \dfrac{5}{8} \\ -\dfrac{5}{8} \\ 0 \\ 1 \end{bmatrix} \quad (c_1、c_2\text{为任意常数})$$

注意

（1）似乎将方程组（4–6）写成向量形式，就直接得到了原方程组的基础解系与通解。结果与求齐次方程组一个基础解系一般作法是一致的。即令自由未知数 x_4、x_5 分别取 $\begin{bmatrix} x_4 \\ x_5 \end{bmatrix} = \begin{bmatrix} 1 \\ 0 \end{bmatrix}, \begin{bmatrix} x_4 \\ x_5 \end{bmatrix} = \begin{bmatrix} 0 \\ 1 \end{bmatrix}$，代入同解方程组（4–9）得到 $\begin{bmatrix} x_1 \\ x_2 \\ x_3 \end{bmatrix} =$

$\begin{bmatrix}-\frac{1}{2}\\-\frac{1}{2}\\\frac{1}{2}\end{bmatrix}$，$\begin{bmatrix}x_1\\x_2\\x_3\end{bmatrix}=\begin{bmatrix}\frac{7}{8}\\\frac{5}{8}\\-\frac{5}{8}\end{bmatrix}$，将 5 个未知数取值合成向量，得基础解系$\begin{bmatrix}-\frac{1}{2}\\-\frac{1}{2}\\\frac{1}{2}\\1\\0\end{bmatrix}$，$\begin{bmatrix}\frac{7}{8}\\\frac{5}{8}\\-\frac{5}{8}\\0\\1\end{bmatrix}$。

（2）齐次方程组解向量空间的基称为基础解系。空间的基不是唯一的，所以，齐次方程组的基础解系也不是唯一的，关键在于自由未知数的取值。以上自由未知数 x_4、x_5 取$\begin{bmatrix}x_4\\x_5\end{bmatrix}=\begin{bmatrix}1\\0\end{bmatrix}$，$\begin{bmatrix}x_4\\x_5\end{bmatrix}=\begin{bmatrix}0\\1\end{bmatrix}$，是为计算便利。若取$\begin{bmatrix}x_4\\x_5\end{bmatrix}=\begin{bmatrix}2\\0\end{bmatrix}$，$\begin{bmatrix}x_4\\x_5\end{bmatrix}=\begin{bmatrix}0\\8\end{bmatrix}$，得到$\begin{bmatrix}x_1\\x_2\\x_3\end{bmatrix}=\begin{bmatrix}-1\\-1\\1\end{bmatrix}$，$\begin{bmatrix}x_1\\x_2\\x_3\end{bmatrix}=\begin{bmatrix}7\\5\\-5\end{bmatrix}$，基础解系为$\begin{bmatrix}-1\\-1\\1\\2\\0\end{bmatrix}$，$\begin{bmatrix}7\\5\\-5\\0\\8\end{bmatrix}$。每个基础解系含 $n-\mathrm{r}(\boldsymbol{A})$个解向量，$n$ 是方程组所含未知数的个数。

（3）例 4.6、例 4.7 的求解过程也是求解齐次线性方程组的一般方法，包括以下步骤。

第一步：将系数矩阵 $\boldsymbol{A}$ 化成行最简阶梯形；

第二步：写出齐次方程组的一般解；

第三步：求基础解系，将 $n-\mathrm{r}(\boldsymbol{A})$个自由未知数分别取$\begin{bmatrix}1\\0\\\vdots\\0\end{bmatrix}$，$\begin{bmatrix}0\\1\\\vdots\\0\end{bmatrix}$，…，$\begin{bmatrix}0\\0\\\vdots\\1\end{bmatrix}$，代入一般解，得一个基础解系；

第四步：由基础解系得方程组的全部解，即基础解系的线性组合。

4.2.2 非齐次线性方程组解的判断

若非齐次线性方程组

$$\begin{cases}a_{11}x_1+a_{12}x_2+\cdots a_{1n}x_n=b_1\\a_{21}x_1+a_{22}x_2+\cdots a_{2n}x_n=b_2\\\qquad\vdots\\a_{m1}x_1+a_{m2}x_2+\cdots a_{mn}x_n=b_m\end{cases}$$

系数矩阵 $\boldsymbol{A}$，常数项向量 $\boldsymbol{b}$，未知数向量 $\boldsymbol{x}$ 分别如下：

$$\boldsymbol{A}=\begin{bmatrix}a_{11}&a_{12}&\cdots&a_{1n}\\a_{21}&a_{22}&\cdots&a_{2n}\\\vdots&\vdots&\vdots&\vdots\\a_{m1}&a_{m2}&\cdots&a_{mn}\end{bmatrix}，\boldsymbol{b}=\begin{bmatrix}b_1\\b_2\\\vdots\\b_m\end{bmatrix}，\boldsymbol{x}=\begin{bmatrix}x_1\\x_2\\\vdots\\x_n\end{bmatrix}$$

对应的矩阵方程为 $\boldsymbol{Ax}=\boldsymbol{b}$。

回顾例 4.1、例 4.2、例 4.3 方程组分别有唯一解、无穷多解和无解，从它们的增广矩阵的阶梯形矩阵看到——例 4.1 中 $r(\boldsymbol{A})=r(\boldsymbol{A}\ \ \boldsymbol{b})=3=n$，例 4.2 中 $r(\boldsymbol{A})=r(\boldsymbol{A}\ \ \boldsymbol{b})=2<n$，例 4.3 中 $r(\boldsymbol{A})\neq r(\boldsymbol{A}\ \ \boldsymbol{b})$。所以，由系数矩阵的秩与增广矩阵的秩可判断线性方程组解的情况。关于非齐次线性方程组的解的情况，我们有以下定理。

定理 2　n 元非齐次线性方程组 $\boldsymbol{Ax}=\boldsymbol{b}$，其增广矩阵 $\boldsymbol{B}=(\boldsymbol{A}\quad \boldsymbol{b})$，$\boldsymbol{A}$ 为系数矩阵。

若 $r(\boldsymbol{A})=r(\boldsymbol{B})=n$，则 $\boldsymbol{Ax}=\boldsymbol{b}$ 有解，且解唯一；

若 $r(\boldsymbol{A})=r(\boldsymbol{B})=r<n$，则方程组有无穷多个解；

若 $r(\boldsymbol{A})\neq r(\boldsymbol{B})$，则方程组无解。

例 4.8　判断线性方程组

$$\begin{cases}x_1-2x_2+3x_3-4x_4=4\\x_2-x_3+x_4=-3\\x_1+3x_2-3x_4=1\\-7x_2+3x_3+x_4=-1\end{cases}$$

解的情况。

解：对线性方程组的增广矩阵做初等行变换：

$$[A\quad b]=\begin{bmatrix}1&-2&3&-4&4\\0&1&-1&1&-3\\1&3&0&-3&1\\0&-7&3&1&-1\end{bmatrix}\to\begin{bmatrix}1&-2&3&-4&4\\0&1&-1&1&-3\\0&5&-3&1&-3\\0&-7&3&1&-1\end{bmatrix}$$

$$\to\begin{bmatrix}1&-2&3&-4&4\\0&1&-1&1&-3\\0&0&2&-4&12\\0&0&-4&8&-22\end{bmatrix}\to\begin{bmatrix}1&-2&3&-4&4\\0&1&-1&1&-3\\0&0&1&-2&6\\0&0&0&0&2\end{bmatrix}$$

阶梯形矩阵最后一行对应的方程 0=2 不可能成立，此时 $r(\boldsymbol{A})\neq r(\boldsymbol{A},\boldsymbol{b})$，所以原方程无解。

4.2.3　非齐次线性方程组解的结构

例 4.9　解非齐次线性方程组。

$$\begin{cases}x_1+x_2-x_3+2x_4=3\\2x_1+x_2-3x_4=1\\-2x_1-2x_3+10x_4=4\end{cases}$$

解：对线性方程组的增广矩阵做初等行变换：

$$[A\quad b]=\begin{bmatrix}1&1&-1&2&3\\2&1&0&-3&1\\-2&0&-2&10&4\end{bmatrix}\to\begin{bmatrix}1&1&-1&2&3\\0&-1&2&-7&-5\\0&2&-4&14&10\end{bmatrix}$$

$$\to\begin{bmatrix}1&1&-1&2&3\\0&-1&2&-7&-5\\0&0&0&0&0\end{bmatrix}\to\begin{bmatrix}1&0&1&-5&-2\\0&1&-2&7&5\\0&0&0&0&0\end{bmatrix}$$

此时 $r(\boldsymbol{A})=r(\boldsymbol{A},\boldsymbol{b})=2<n(n=4)$，方程组有无穷多解。得到同解方程组：

$$\begin{cases} x_1 + x_3 - 5x_4 = -2 \\ x_2 - 2x_3 + 7x_4 = 5 \end{cases}$$

其中 x_3、x_4 为自由变量，把它们移到右端作自由项看待，让自由变量 x_3、x_4 取任意常数 k_1、k_2，从而得到方程组解的一般表达式（即通解），可表示为如下形式：

$$\begin{cases} x_1 = -2 - k_1 + 5k_2 \\ x_2 = 5 + 2k_1 - 7k_2 \\ x_3 = k_1 \\ x_4 = k_2 \end{cases} \quad (k_1、k_2\text{为任意常数})$$

写成向量形式：

$$\begin{bmatrix} x_1 \\ x_2 \\ x_3 \\ x_4 \end{bmatrix} = \begin{bmatrix} -2 \\ 5 \\ 0 \\ 0 \end{bmatrix} + k_1 \begin{bmatrix} -1 \\ 2 \\ 1 \\ 0 \end{bmatrix} + k_2 \begin{bmatrix} 5 \\ -7 \\ 0 \\ 1 \end{bmatrix}$$

令 $\boldsymbol{\beta}_0 = \begin{bmatrix} -2 \\ 5 \\ 0 \\ 0 \end{bmatrix}$，$\boldsymbol{\beta}_1 = \begin{bmatrix} -1 \\ 2 \\ 1 \\ 0 \end{bmatrix}$，$\boldsymbol{\beta}_2 = \begin{bmatrix} 5 \\ -7 \\ 0 \\ 1 \end{bmatrix}$。

那么原方程组的通解形如：$\boldsymbol{x} = \boldsymbol{\beta}_0 + k_1\boldsymbol{\beta}_1 + k_2\boldsymbol{\beta}_2$。

例 4.10 讨论 p、q 为何值时，线性方程组

$$\begin{cases} x_1 + x_2 + x_3 + x_4 + x_5 = 1 \\ 3x_1 + 2x_2 + x_3 + x_4 - 3x_5 = p \\ x_2 + 2x_3 + 2x_4 + 6x_5 = 3 \\ 5x_1 + 4x_2 + 3x_3 + 3x_4 - x_5 = q \end{cases}$$

有解、无解，有解时求出其通解。

解：对增广矩阵做初等行变换化为阶梯形：

$$[A\quad b] = \begin{bmatrix} 1 & 1 & 1 & 1 & 1 & 1 \\ 3 & 2 & 1 & 1 & -3 & p \\ 0 & 1 & 2 & 2 & 6 & 3 \\ 5 & 4 & 3 & 3 & -1 & q \end{bmatrix} \xrightarrow[-5r_1 + r_4]{-3r_1 + r_2} \begin{bmatrix} 1 & 1 & 1 & 1 & 1 & 1 \\ 0 & -1 & -2 & -2 & -6 & p-3 \\ 0 & 1 & 2 & 2 & 6 & 3 \\ 0 & -1 & -2 & -2 & -6 & q-5 \end{bmatrix}$$

$$\xrightarrow[-r_2 + r_4]{r_2 + r_3} \begin{bmatrix} 1 & 1 & 1 & 1 & 1 & 1 \\ 0 & -1 & -2 & -2 & -6 & p-3 \\ 0 & 0 & 0 & 0 & 0 & p \\ 0 & 0 & 0 & 0 & 0 & q-p-2 \end{bmatrix}$$

考虑上面的阶梯形矩阵后两行对应的方程，当 $p \neq 0$ 或 $q - p - 2 \neq 0$ 时，至少有一个方程不能成立，此时 $\mathrm{r}(\boldsymbol{A})=2$，$\mathrm{r}(\boldsymbol{A},\boldsymbol{b})=3$，$\mathrm{r}(\boldsymbol{A}) \neq \mathrm{r}(\boldsymbol{A},\boldsymbol{b})$，所以原方程组无解。

当 $p=0$ 且 $q=2$ 时，$\mathrm{r}(\boldsymbol{A}) = \mathrm{r}(\boldsymbol{A},\boldsymbol{b}) = 2 < n(n=5)$，方程组有无穷多解。

得到同解方程组：

$$\begin{cases} x_1 + x_2 + x_3 + x_4 + x_5 = 1 \\ -x_2 - 2x_3 - 2x_4 - 6x_5 = -3 \end{cases}$$

即 $\begin{cases} x_1 = -2 + x_3 + x_4 + 5x_5 \\ x_2 = 3 - 2x_3 - 2x_4 - 6x_5 \end{cases}$，其中 x_3、x_4、x_5 是自由未知量。

让自由变量 x_3、x_4、x_5 取任意常数 c_1、c_2、c_3，则方程组的无穷多解（通解）可表示为如下形式：

$$\begin{cases} x_1 = -2 + c_1 + c_2 + 5c_3 \\ x_2 = 3 - 2c_1 - 2c_2 - 6c_3 \\ x_3 = c_1 \\ x_4 = c_2 \\ x_5 = c_3 \end{cases}$$

综上所述，当 p=0 且 q=2 时，方程组有无穷多解；当 $p \neq 0$ 或 $q - p - 2 \neq 0$ 时，方程组无解。方程组的通解写成向量形式：

$$\begin{bmatrix} x_1 \\ x_2 \\ x_3 \\ x_4 \\ x_5 \end{bmatrix} = \begin{bmatrix} -2 \\ 3 \\ 0 \\ 0 \\ 0 \end{bmatrix} + c_1 \begin{bmatrix} 1 \\ -2 \\ 1 \\ 0 \\ 0 \end{bmatrix} + c_2 \begin{bmatrix} 1 \\ -2 \\ 0 \\ 1 \\ 0 \end{bmatrix} + c_3 \begin{bmatrix} 5 \\ -6 \\ 0 \\ 0 \\ 1 \end{bmatrix}$$

令：

$$\boldsymbol{x} = \begin{bmatrix} x_1 \\ x_2 \\ x_3 \\ x_4 \\ x_5 \end{bmatrix}, \boldsymbol{\beta}_0 = \begin{bmatrix} -2 \\ 3 \\ 0 \\ 0 \\ 0 \end{bmatrix}, \boldsymbol{\beta}_1 = \begin{bmatrix} 1 \\ -2 \\ 1 \\ 0 \\ 0 \end{bmatrix}, \boldsymbol{\beta}_2 = \begin{bmatrix} 1 \\ -2 \\ 0 \\ 1 \\ 0 \end{bmatrix}, \boldsymbol{\beta}_3 = \begin{bmatrix} 5 \\ -6 \\ 0 \\ 0 \\ 1 \end{bmatrix}$$

那么，$\boldsymbol{x} = \boldsymbol{\beta}_0 + c_1\boldsymbol{\beta}_1 + c_2\boldsymbol{\beta}_2 + c_3\boldsymbol{\beta}_3$（$c_1$、$c_2$、$c_3$ 为任意常数）。

注意

非齐次线性方程组的解的结构

例 4.9、例 4.10 的通解都是由两部分组成：带任意常数部分及不带任意常数部分。不带常数的部分 β_0 是方程组当任意常数均为 0 时方程组的解。带常数部分 $\boldsymbol{\beta}_1$、$\boldsymbol{\beta}_2$、$\boldsymbol{\beta}_3$ 不是方程组的解，而是对应的齐次方程组的解，并且构成齐次方程组的基础解系。这就是有无穷多解的非齐次线性方程组的解的结构。

关于非齐次线性方程组的解的结构，可以证明得到如下定理。

定理 3 设 β_0 是非齐次线性方程组 Ax=b 的一个解，β_1，β_2，…，β_{n-r} 是对应的齐次方程组 Ax=O 的基础解系，则非齐次线性方程组 Ax=b 的通解为：

$$\boldsymbol{x} = \beta_0 + k_1\beta_1 + k_2\beta_2 + \cdots k_{n-r}\beta_{n-r}$$（k_1、k_2、…、k_{n-r} 为任意常数）

通过上面几个例子，我们认识了求解线性方程组的高斯消元法思想和步骤：首先用初等行变换化增广矩阵为阶梯形矩阵，然后进一步化成**行最简阶梯形矩阵**，最后通过系数矩阵的秩、增广矩阵的秩可判断线性方程组解的情况：唯一解、无穷多解、无解。如果方程组有无穷多解，通解就表达了无穷多解，教科书一般将通解写成向量形式，方便符号化表述。不过，手工运算还是较烦琐容易出错，可用数学软件来求解方程组。

课堂练习 4.2

1. 判断下列说法是否正确。

（1）若 $\boldsymbol{x}_1$、$\boldsymbol{x}_2$ 是齐次方程组 $\boldsymbol{Ax=O}$ 的解，则 $\boldsymbol{x}_1+\boldsymbol{x}_2$，$\mathrm{k}\boldsymbol{x}_1$，也是 $\boldsymbol{Ax=O}$ 的解。

（2）若 $\boldsymbol{x}_1$、$\boldsymbol{x}_2$ 是非齐次方程组 $\boldsymbol{Ax=b}$ 的解，则 $\boldsymbol{x}_1-\boldsymbol{x}_2$ 是 $\boldsymbol{Ax=O}$ 的解。

2. 设线性方程组 $\boldsymbol{AX=b}$ 的增广矩阵 $[\boldsymbol{A}\ \ \boldsymbol{b}]$ 经过一系列初等变换化为如下形式：

$$[\boldsymbol{A}\ \ \boldsymbol{b}]\to\cdots\to\begin{bmatrix}1&0&1&4&-1\\0&1&3&2&1\\0&0&0&\lambda(\lambda+1)&\lambda(\lambda-1)\end{bmatrix}$$

λ 为什么时，线性方程组无解；λ 为什么时，线性方程组有无穷多解。

3. 设 $\boldsymbol{A}=\begin{bmatrix}1&2&1\\2&3&t+2\\1&t&-2\end{bmatrix},\boldsymbol{b}=\begin{bmatrix}1\\3\\0\end{bmatrix},\boldsymbol{x}=\begin{bmatrix}x_1\\x_2\\x_3\end{bmatrix}$。

（1）齐次方程组 $\boldsymbol{Ax=O}$ 只有零解，则 t 值是多少？

（2）线性方程组 $\boldsymbol{Ax=b}$ 无解，则 t 值是多少？

4. 将矩阵 $\boldsymbol{B}=\begin{bmatrix}1&2&-1&3\\0&0&1&2\\2&4&-1&8\\1&-2&0&0\end{bmatrix}$ 化成阶梯形矩阵和行最简形矩阵，若矩阵 $\boldsymbol{B}$ 是非齐次线性方程组的增广矩阵，写出该线性方程组的解。

*4.3 线性方程组的应用——投入产出模型

4.3.1 投入产出综合平衡模型

经济系统中各部门的经济活动是相互依存、相互影响的。每个部门在生产过程中都要消耗自身和其他部门提供的产品或服务（称之为**投入**），同时每个部门也向其他部门或自身提供自己的产品或服务（称之为**产出**）。投入产出模型就是研究经济系统各部门的投入产出平衡关系的数学模型，要用到前面章节所介绍的矩阵、矩阵运算、逆矩阵、求解线性方程组等知识。

投入产出模型由美国经济学家列昂惕夫（W.Leontief）于 1931 年开始研究，并于 1936 年发表第一篇研究成果，此后数十年间，其成果被越来越多的国家采用并取得良好效果，列昂惕夫因此获得 1973 年的诺贝尔经济学奖。

4.3.2 投入产出表直接消耗系数

例 4.11 假设将某城市的煤矿、电力、地方铁路三个企业作为一个经济系统，每个部门都要用系统内部各部门的产品来加工生成本部门产品，如电厂生产电的时候既要用煤还要用到一定的铁路运能，系统每个部门既是生产部门也是消耗部门，消耗系统内部的产品为投入，生产所得本部门产品为产出。某一周期内三个企业的投入产出数据如表 4.1 所示。

表 4.1　投入产出表

投入＼产出		系统内部消耗（需求）			系统外部需求（订单等）	总产品
		煤矿	电力	铁路		
生产部门	煤矿	0.00	0.40	0.45		
	电力	0.25	0.05	0.10		
	铁路	0.35	0.20	0.10		

表中数据称为**直接消耗系数**，用矩阵表示如下。

$$\boldsymbol{M}=\begin{bmatrix}0 & 0.40 & 0.45\\ 0.25 & 0.05 & 0.10\\ 0.35 & 0.20 & 0.10\end{bmatrix}$$

这个矩阵 $\boldsymbol{M}$ 称为**直接消耗矩阵**，其中 m_{ij} 表示每生产单位价值的第 j 种产品所要消耗的第 i 种产品价值。如 $m_{32}=0.20$ 表示每生产单位价值的电力要直接消耗 0.20 元价值的地方铁路运能，第 3 列元素表示每生产单位价值的铁路运能要消耗掉 0.45 元价值的煤，0.10 元价值的电，0.10 元价值的铁路运能。

通常一个企业生产出的总产品首先是投入维持系统内部的正常运行，其次是满足系统外部的订单需求。假设某一周期这三个企业收到的订单分别是：煤矿 d_1，电力 d_2，铁路运能 d_3；三个企业应生产的总产出分别是 x_1、x_2、x_3（请你把这些假设的数据填入表中），根据投入产出表可得到下列关系：

$$\begin{cases}x_1=0x_1+0.4x_2+0.45x_3+d_1\\ x_2=0.25x_1+0.05x_2+0.1x_3+d_2\\ x_3=0.35x_1+0.2x_2+0.1x_3+d_3\end{cases}\qquad(4\text{-}11)$$

将各企业总产出和外部需求（如订单）用向量表示：

$$\boldsymbol{x}=\begin{bmatrix}x_1\\ x_2\\ x_3\end{bmatrix},\quad \boldsymbol{d}=\begin{bmatrix}d_1\\ d_2\\ d_3\end{bmatrix}$$

则线性方程组（4-11）可表示为矩阵形式：

$$\boldsymbol{x}=\boldsymbol{M}\boldsymbol{x}+\boldsymbol{d}\qquad(4\text{-}12)$$

或写成：

$$(\boldsymbol{E}-\boldsymbol{M})\boldsymbol{x}=\boldsymbol{d}\qquad(4\text{-}13)$$

其中 $\boldsymbol{E}$ 是与直接消耗矩阵 $\boldsymbol{M}$ 同阶的单位阵，这个方程组表示总产出的一部分用于系统生产运作，另一部分用于满足订单，称为**分配平衡方程**，$(\boldsymbol{E}-\boldsymbol{M})$称为**列昂惕夫矩阵**。

直接消耗矩阵 $\boldsymbol{M}=\begin{bmatrix}0 & 0.4 & 0.45\\ 0.25 & 0.05 & 0.1\\ 0.35 & 0.2 & 0.1\end{bmatrix}$，则 $(\boldsymbol{E}-\boldsymbol{M})=\begin{bmatrix}1 & -0.4 & -0.45\\ -0.25 & 0.95 & -0.1\\ -0.35 & -0.2 & 0.9\end{bmatrix}$。

当已知企业订单数额，用高斯消元法或逆矩阵就可求出总产品向量。

$$\boldsymbol{x}=(\boldsymbol{E}-\boldsymbol{M})^{-1}\boldsymbol{d}$$

若已知煤矿、电力、铁路运力的订单需求为 $\boldsymbol{d}=\begin{bmatrix} d_1 \\ d_2 \\ d_3 \end{bmatrix}=\begin{bmatrix} 530 \\ 420 \\ 360 \end{bmatrix}$，那么：

$$\boldsymbol{x}=(\boldsymbol{E}-\boldsymbol{M})^{-1}\boldsymbol{d}=\begin{bmatrix} 1.4941 & 0.8052 & 0.8365 \\ 0.4652 & 1.3286 & 0.3802 \\ 0.6844 & 0.6084 & 1.5209 \end{bmatrix}\begin{bmatrix} 530 \\ 420 \\ 360 \end{bmatrix}=\begin{bmatrix} 1431.2 \\ 941.4 \\ 1165.8 \end{bmatrix}$$

即煤矿、电力、地方铁路应生产总产品分别为 1 431.2 单位、941.4 单位、1 165.8 单位。只要矩阵方程（4-13）有非负解，这个经济系统就是可行的。

4.3.3 完全消耗系数

在实际生产过程中，经济系统各部门之间除了存在直接消耗关系外，还存在间接消耗关系。如生产 1 元的铁路运能要直接消耗 0.45 元的煤、0.10 元的电，而被消耗的 0.45 元煤和 0.10 元电又要消耗电，就有了一个确定每生产 1 元的铁路运能总共消耗多少电的**完全消耗系数**问题。

完全消耗系数为 c_{ij}，表示每生产单位价值的第 j 种产品时消耗的第 i 种产品的总量，完全消耗是直接消耗与间接消耗之和。

完全消耗矩阵形式为：

$$\boldsymbol{C}=\begin{bmatrix} c_{11} & c_{12} & c_{13} \\ c_{21} & c_{22} & c_{23} \\ c_{31} & c_{32} & c_{33} \end{bmatrix}$$

直接消耗矩阵形式为：

$$\boldsymbol{M}=\begin{bmatrix} m_{11} & m_{12} & m_{13} \\ m_{21} & m_{22} & m_{23} \\ m_{31} & m_{32} & m_{33} \end{bmatrix}$$

间接消耗可理解为生产单位价值第 j 种产品要直接消耗第 r 种产品，即 m_{rj}，而为生产价值为 m_{rj} 的第 r 种产品完全消耗第 i 种产品价值为 $c_{ir}m_{rj}$

所以，$c_{ij}=m_{ij}+c_{i1}m_{1j}+c_{i2}m_{2j}+c_{i3}m_{3j}=m_{3j}+\sum_{r=1}^{3}c_{ir}m_{rj}$。

用矩阵形式表示为如下形式：

$$\boldsymbol{C}=\boldsymbol{M}+\boldsymbol{C}\boldsymbol{M} \tag{4-14}$$

或：

$$\boldsymbol{C}(\boldsymbol{E}-\boldsymbol{M})=\boldsymbol{M} \tag{4-15}$$

利用逆矩阵，由式（4-15）解得：

$$\boldsymbol{C}=\boldsymbol{M}(\boldsymbol{E}-\boldsymbol{M})^{-1}=(\boldsymbol{E}-(\boldsymbol{E}-\boldsymbol{M}))(\boldsymbol{E}-\boldsymbol{M})^{-1}=(\boldsymbol{E}-\boldsymbol{M})^{-1}-\boldsymbol{E}$$

代入例 4.11 中的数据，得：

$$C=\begin{bmatrix}0.4941 & 0.8052 & 0.8365\\ 0.4652 & 0.3286 & 0.3802\\ 0.6844 & 0.6084 & 0.5209\end{bmatrix}$$

c_{32}=0.6084 表示生产 1 元的电要完全消耗铁路运能 0.6084 元。

注意

为便于理解投入产出模型的概念和方法，表 4.1 是将实际问题和数字简化之后的投入产出表。一般地，经济系统的价值型投入产出表的结构如表 4.2 所示。

表 4.2　价值型投入产出表

部门间流量 产出/投入		消耗部门（系统内部需求）				最终产品（系统外部需求）				总产品
		1	2	…	n	消费	积累	…	合计	
生产部门	1	x_{11}	x_{12}	…	x_{1n}				d_1	x_1
	2	x_{21}	x_{22}	…	x_{2n}				d_2	x_2
	⋮	⋮	⋮		⋮				⋮	⋮
	n	x_{n1}	x_{n2}	…	x_{nn}				d_n	x_n
净产值	劳动报酬	v_1	v_2	…	v_n					
	纯收入	m_1	m_2	…	m_n					
	合计	z_1	z_2	…	z_n					
总产值		x_1	x_2	…	x_n					

x_j 表示第 j 部门的总产品价值，x_{ij} 表示在生产过程中直接消耗第 i 部门的产品价值量，第 j 部门生产单位价值产品所消耗第 i 部门的产品价值量为 $\dfrac{x_{ij}}{x_j}$，称为第 j 部门对第 i 部门的直接消耗系数。

- 直接消耗系数矩阵的经济意义：若 $\boldsymbol{M}$ 表示直接消耗系数矩阵，那么系统为生产最终产品 d 所直接消耗的本系统产品为 $\boldsymbol{M}d$。
- 完全消耗系数矩阵的经济意义：若 $\boldsymbol{C}$ 表示完全消耗系数矩阵，那么系统为生产最终产品 d 所完全消耗的本系统产品为 $\boldsymbol{C}d$。

课堂练习 4.3

设某经济系统的直接消耗矩阵为 $\boldsymbol{M}=\begin{bmatrix}0.2 & 0.2 & 0.31\\ 0.14 & 0.15 & 0.25\\ 0.16 & 0.5 & 0.19\end{bmatrix}$，该系统的总产品为 $\boldsymbol{x}=\begin{bmatrix}250\\ 200\\ 320\end{bmatrix}$，写出以下各问题的数学模型（不必求解）：

（1）求该系统的外部需求。

（2）求该系统完全消耗系数矩阵。

（3）求该系统为生产满足外部需求所直接消耗本系统产品和完全消耗的本系统产品。

4.4 矩阵的特征值与特征向量

线性代数，依其内容可分为两部分。第一部分，通过引进各种数学工具：行列式、矩阵、初等变换、向量等，对线性方程组进行求解，研究它有解的条件和解的结构。第二部分，对第一部分引进的数学工具和一些概念，如向量、向量空间等做进一步的研究发展，发展出特征值与特征向量、相似矩阵与相似对角化、二次型的标准型与规范型、合同变换与合同矩阵等更深层次的知识和应用。第二部分不仅丰富了数学知识体系本身，而且是物理学、信息技术研究中的不可缺少的有力工具。

4.4.1 特征值与特征向量

- 设 $\boldsymbol{A}$ 是 n 阶方阵，如果数 λ 和 n 维非零向量 $\boldsymbol{x}$ 使

$$\boldsymbol{Ax}=\lambda\boldsymbol{x}$$

成立，则称数 λ 为方阵 $\boldsymbol{A}$ 的**特征值**，非零向量 $\boldsymbol{x}$ 称为 $\boldsymbol{A}$ 相应于特征值 λ 的**特征向量**（或称为 $\boldsymbol{A}$ 的属于特征值 λ 的特征向量）。

例 4.12 验证向量 $\boldsymbol{x}_1=\begin{bmatrix}3\\1\end{bmatrix}$，$\boldsymbol{x}_2=\begin{bmatrix}-1\\1\end{bmatrix}$ 是矩阵 $\boldsymbol{A}=\begin{bmatrix}2&-3\\-1&4\end{bmatrix}$ 分别属于特征值 $\lambda_1=1$、$\lambda_2=5$ 的特征向量。

解： $\boldsymbol{Ax}_1=\begin{bmatrix}2&-3\\-1&4\end{bmatrix}\begin{bmatrix}3\\1\end{bmatrix}=\begin{bmatrix}3\\1\end{bmatrix}=1\boldsymbol{x}_1$

$$\boldsymbol{Ax}_2=\begin{bmatrix}2&-3\\-1&4\end{bmatrix}\begin{bmatrix}-1\\1\end{bmatrix}=\begin{bmatrix}-5\\5\end{bmatrix}=5\begin{bmatrix}-1\\1\end{bmatrix}=5\boldsymbol{x}_2$$

根据特征值特征向量的定义，$\boldsymbol{x}_1$、$\boldsymbol{x}_2$ 是矩阵 $\boldsymbol{A}$ 分别属于特征值 $\lambda_1=1$、$\lambda_2=5$ 的特征向量。

- 给定方阵 $\boldsymbol{A}$，如何求 $\boldsymbol{A}$ 的特征值和特征向量呢？把定义式 $\boldsymbol{Ax}=\lambda\boldsymbol{x}$ 改写成：

$$(\boldsymbol{A}-\lambda\boldsymbol{E})\boldsymbol{x}=\boldsymbol{0}$$

这是一个齐次线性方程组，n 阶方阵 $\boldsymbol{A}$ 的特征值 λ，就是使齐次线性方程组 $(\boldsymbol{A}-\lambda\boldsymbol{E})\boldsymbol{x}=\boldsymbol{0}$ 有非零解的值。齐次线性方程组有非零解的条件是系数矩阵的秩小于未知数的个数，等价于系数行列式等于零，即：

$$|\boldsymbol{A}-\lambda\boldsymbol{E}|=0$$

$|\boldsymbol{A}-\lambda\boldsymbol{E}|=0$ 称为方阵 $\boldsymbol{A}$ 的**特征方程**。解特征方程求出的全部根，就是 $\boldsymbol{A}$ 的特征值，然后解齐次线性方程组 $(\boldsymbol{A}-\lambda\boldsymbol{E})\boldsymbol{x}=\boldsymbol{0}$ 的非零解就是 $\boldsymbol{A}$ 的特征向量。

注意

特征方程 $|\lambda\boldsymbol{E}-\boldsymbol{A}|=0$ 与 $|\boldsymbol{A}-\lambda\boldsymbol{E}|=0$ 有相同的解（相同的特征根），$\boldsymbol{A}$ 对应于特征值 λ 的特征向量是齐次线性方程组 $(\boldsymbol{A}-\lambda\boldsymbol{E})\boldsymbol{x}=\boldsymbol{0}$ 的非零解，也是 $(\lambda\boldsymbol{E}-\boldsymbol{A})\boldsymbol{x}=\boldsymbol{0}$ 的非零解，在实际计算特征值和特征向量时，常采用 $(\lambda\boldsymbol{E}-\boldsymbol{A})\boldsymbol{x}=\boldsymbol{0}$。

例 4.13 求矩阵 $\boldsymbol{A}=\begin{bmatrix}3&1\\5&-1\end{bmatrix}$ 的特征值和特征向量。

解： $\boldsymbol{A}$ 的特征方程如下。

$$|\lambda E-A|=\begin{vmatrix}\lambda-3 & -1\\ -5 & \lambda+1\end{vmatrix}=(\lambda-4)(\lambda+2)=0$$

所以 A 的特征值为 $\lambda_1=4,\lambda_2=-2$ 。

当 $\lambda_1=4$ 时，

$$\lambda E-A=\begin{bmatrix}1 & -1\\ -5 & 5\end{bmatrix}\to\begin{bmatrix}1 & -1\\ 0 & 0\end{bmatrix}$$

对应的齐次线性方程组为 $\begin{cases}x_1-x_2=0\\ 0=0\end{cases}$，通解为 $\begin{cases}x_1=k_1\\ x_2=k_1\end{cases}(k_1\neq 0)$，通解的向量形式如下：

$x=\begin{bmatrix}x_1\\ x_2\end{bmatrix}=k_1\begin{bmatrix}1\\ 1\end{bmatrix}$，得基础解系 $p_1=\begin{bmatrix}1\\ 1\end{bmatrix}$，通解为 $k_1p_1=k_1\begin{bmatrix}1\\ 1\end{bmatrix}$。则矩阵 A 属于 $\lambda_1=4$ 的全部特征向量为 $k_1p_1(k_1\neq 0)$ 。

当 $\lambda_2=-2$ 时，

$$\lambda E-A=\begin{bmatrix}-5 & -1\\ -5 & -1\end{bmatrix}\to\begin{bmatrix}5 & 1\\ 0 & 0\end{bmatrix}$$

对应的齐次线性方程组为 $\begin{cases}5x_1+x_2=0\\ 0=0\end{cases}$，通解为 $\begin{cases}x_1=k_2\\ x_2=-5k_2\end{cases}$ $(k_2\neq 0)$，通解的向量形式为 $x=\begin{bmatrix}x_1\\ x_2\end{bmatrix}=k_2\begin{bmatrix}1\\ -5\end{bmatrix}$，得基础解系 $p_2=\begin{bmatrix}1\\ -5\end{bmatrix}$，则矩阵 A 属于 $\lambda_2=-2$ 的全部特征向量为 $k_2p_2(k_2\neq 0)$ 。如图 4.1 所示。

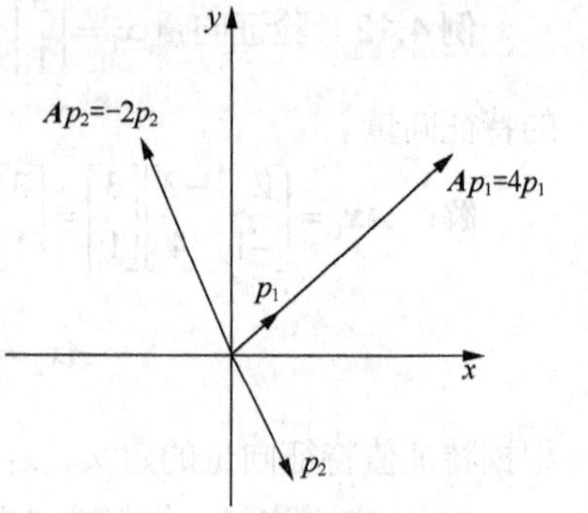

图 4.1

例 4.14 设 $A=\begin{bmatrix}2 & 1 & -1\\ 0 & 3 & 2\\ 0 & 0 & -4\end{bmatrix}$，求 A 特征值和特征向量。

解： $|\lambda E-A|=\begin{vmatrix}\lambda-2 & -1 & 1\\ 0 & \lambda-3 & -2\\ 0 & 0 & \lambda+4\end{vmatrix}=(\lambda-2)(\lambda-3)(\lambda+4)$ 。

由 $(\lambda-2)(\lambda-3)(\lambda+4)=0$，得 A 的特征值为 $\lambda_1=2$，$\lambda_2=3$，$\lambda_3=-4$ 。

当 $\lambda_1=2$ 时，

$$2E-A=\begin{bmatrix}0 & -1 & 1\\ 0 & -1 & -2\\ 0 & 0 & 6\end{bmatrix}\to\begin{bmatrix}0 & -1 & 1\\ 0 & 0 & -3\\ 0 & 0 & 6\end{bmatrix}\to\begin{bmatrix}0 & 1 & -1\\ 0 & 0 & 1\\ 0 & 0 & 0\end{bmatrix}\to\begin{bmatrix}0 & 1 & 0\\ 0 & 0 & 1\\ 0 & 0 & 0\end{bmatrix}$$

对应的齐次线性方程组为 $\begin{cases}x_2=0\\ x_3=0\end{cases}$，通解为 $\begin{cases}x_1=k_1\\ x_2=0\\ x_3=0\end{cases}$（$k_1\neq 0$），通解的向量形式为 $x=\begin{bmatrix}x_1\\ x_2\\ x_3\end{bmatrix}=k_1\begin{bmatrix}1\\ 0\\ 0\end{bmatrix}$，得基础解系 $p_1=\begin{bmatrix}1\\ 0\\ 0\end{bmatrix}$，则矩阵 A 属于 $\lambda_1=2$ 的全部特征向量为 $k_1p_1(k_1\neq 0)$ 。

当 $\lambda_2=3$ 时，

$$3E-A=\begin{bmatrix}1&-1&1\\0&0&-2\\0&0&7\end{bmatrix}\to\begin{bmatrix}1&-1&1\\0&0&1\\0&0&0\end{bmatrix}\to\begin{bmatrix}1&-1&0\\0&0&1\\0&0&0\end{bmatrix}$$

对应的齐次线性方程组为 $\begin{cases}x_1-x_2=0\\x_3=0\end{cases}$，通解为 $\begin{cases}x_1=k_2\\x_2=k_2\\x_3=0\end{cases}$（$k_2\neq0$），通解的向量形式为

$\boldsymbol{x}=\begin{bmatrix}x_1\\x_2\\x_3\end{bmatrix}=k_2\begin{bmatrix}1\\1\\0\end{bmatrix}$，得基础解系 $\boldsymbol{p}_2=\begin{bmatrix}1\\1\\0\end{bmatrix}$，则矩阵 $\boldsymbol{A}$ 属于 $\lambda_2=3$ 的全部特征向量为 $k_2\boldsymbol{p}_2(k_2\neq0)$。

当 $\lambda_3=-4$ 时，

$$-4\boldsymbol{E}-\boldsymbol{A}=\begin{bmatrix}-6&-1&1\\0&-7&-2\\0&0&0\end{bmatrix}\to\begin{bmatrix}-6&-1&1\\0&1&\frac{2}{7}\\0&0&0\end{bmatrix}\to\begin{bmatrix}-6&0&\frac{9}{7}\\0&1&\frac{2}{7}\\0&0&0\end{bmatrix}$$

$$\to\begin{bmatrix}1&0&-\frac{3}{14}\\0&1&\frac{2}{7}\\0&0&0\end{bmatrix}$$

对应的齐次线性方程组为 $\begin{cases}x_1-\frac{3}{14}x_3=0\\x_2+\frac{2}{7}x_3=0\end{cases}$，通解为 $\begin{cases}x_1=\frac{3}{14}k_3\\x_2=-\frac{2}{7}k_3\\x_3=k_3\end{cases}$（$k_3\neq0$），通解的向量形式为

$\boldsymbol{x}=\begin{bmatrix}x_1\\x_2\\x_3\end{bmatrix}=k_2\begin{bmatrix}\frac{3}{14}\\-\frac{2}{7}\\1\end{bmatrix}$，得基础解系 $\boldsymbol{p}_3=\begin{bmatrix}3\\-4\\14\end{bmatrix}$，则矩阵 $\boldsymbol{A}$ 属于 $\lambda_3=-4$ 的全部特征向量为 $k_3\boldsymbol{p}_3(k_3\neq0)$。

注意

一般地，上三角矩阵、下三角矩阵、对角矩阵的特征值等于其主对角线上的元素。

例 4.15 设 $\boldsymbol{A}=\begin{bmatrix}3&-1&-2\\2&0&-2\\2&-1&-1\end{bmatrix}$，求 $\boldsymbol{A}$ 特征值和特征向量。

解：

$$|\lambda \boldsymbol{E}-\boldsymbol{A}|=\begin{vmatrix}\lambda-3 & 1 & 2\\ -2 & \lambda & 2\\ -2 & 1 & \lambda+1\end{vmatrix}=\lambda^3-2\lambda^2+\lambda=\lambda^3-2\lambda^2+\lambda=\lambda(\lambda-1)^2$$

由 $\lambda(\lambda-1)^2=0$，得 $\boldsymbol{A}$ 的特征值为 $\lambda_1=0$，$\lambda_2=\lambda_3=1$。

当 $\lambda_1=0$时，

$$0\boldsymbol{E}-\boldsymbol{A}=\begin{bmatrix}-3 & 1 & 2\\ -2 & 0 & 2\\ -2 & 1 & 1\end{bmatrix}\xrightarrow{r_1\leftrightarrow r_2,1/2r_1}\begin{bmatrix}1 & 0 & -1\\ -3 & 1 & 2\\ -2 & 1 & 1\end{bmatrix}\xrightarrow[2r_1+r_3]{3r_1+r_2}\begin{bmatrix}1 & 0 & -1\\ 0 & 1 & -1\\ 0 & 1 & -1\end{bmatrix}$$

$$\xrightarrow{-r_2+r_3}\begin{bmatrix}1 & 0 & -1\\ 0 & 1 & -1\\ 0 & 0 & 0\end{bmatrix}$$

对应的齐次线性方程组为$\begin{cases}x_1=x_3\\ x_2=x_3\end{cases}$，通解为$\begin{cases}x_1=k_1\\ x_2=k_1\ (k_1\neq 0)\\ x_3=k_1\end{cases}$，通解的向量形式为$\boldsymbol{x}=\begin{bmatrix}x_1\\ x_2\\ x_3\end{bmatrix}=$ $k_1\begin{bmatrix}1\\ 1\\ 1\end{bmatrix}$，得基础解系 $\boldsymbol{p}_1=\begin{bmatrix}1\\ 1\\ 1\end{bmatrix}$，则矩阵 $\boldsymbol{A}$ 属于 $\lambda_1=0$的全部特征向量为 $k_1\boldsymbol{p}_1(k_1\neq 0)$。

当 $\lambda_2=\lambda_3=1$时，

$$E-A=\begin{bmatrix}-2 & 1 & 2\\ -2 & 1 & 2\\ -2 & 1 & 2\end{bmatrix}\rightarrow\begin{bmatrix}-2 & 1 & 2\\ 0 & 0 & 0\\ 0 & 0 & 0\end{bmatrix}$$

对应的齐次线性方程为$-2x_1+x_2+2x_3=0$，通解为$\begin{cases}x_1=k_2\\ x_2=2k_2-2k_3\\ x_3=k_3\end{cases}$（$k_2$，$k_3$不全为 0），通解的向量形式为$x=\begin{bmatrix}x_1\\ x_2\\ x_3\end{bmatrix}=k_2\begin{bmatrix}1\\ 2\\ 0\end{bmatrix}+k_3\begin{bmatrix}0\\ -2\\ 1\end{bmatrix}$，得基础解系：$\boldsymbol{p}_2=\begin{bmatrix}1\\ 2\\ 0\end{bmatrix}$、$\boldsymbol{p}_3=\begin{bmatrix}0\\ -2\\ 1\end{bmatrix}$，则矩阵 $\boldsymbol{A}$ 属于 $\lambda_2=\lambda_3=1$的全部特征向量为$k_2\boldsymbol{p}_2+k_3\boldsymbol{p}_3$（$k_2$，$k_3$不全为 0）。

注意

一般地，n阶矩阵的特征方程有 n 重根，可以只有单根，也可能出现重根或复数根。

4.4.2 特征值和特征向量的性质

可以证明，矩阵 $\boldsymbol{A}$ 的特征值有以下性质：

（1）$\boldsymbol{A}$ 和 $\boldsymbol{A}^{\mathrm{T}}$ 有相同的特征值；

（2）若λ是 $\boldsymbol{A}$ 的特征值，那么 λ^k 是 $\boldsymbol{A}^k$ 的特征值；

（3）矩阵的特征值可以不等于零也可以等于零，当矩阵 $\boldsymbol{A}$ 有特征值零时，det($\boldsymbol{A}$)=0，$\boldsymbol{A}$ 不可逆。

（4）方阵 A 的 n 个特征值 $\lambda_1,\lambda_2,\cdots,\lambda_n$ 满足：A 的全体特征值的和等于 A 的主对角线上元素之和，而 A 的全体特征值的积等于 A 的行列式值。即：

$$\lambda_1+\lambda_2+\cdots+\lambda_n=a_{11}+a_{22}+\cdots a_{nn} \qquad \lambda_1\lambda_2\cdots\lambda_n=|A|$$

A 的全体特征值之和 $a_{11}+a_{22}+\cdots a_{nn}$ 称为**矩阵 A 的迹**，记作 $\mathrm{tr}(A)$。

4.4.3 特征值和特征向量的几何意义

我们知道图形"变换"与矩阵"乘法"是等价的，矩阵乘法对应了一个变换，$AX=Y$ 相当于把任意一个向量 X 变成了另一个方向和长度都不相同的新向量 Y。从特征值特征向量的定义 $Ax=\lambda x$ 可以清楚看到，矩阵 A 对向量 x 变换后的结果就是把向量 x 放大了 λ 倍。所以，如果矩阵对某个向量或某些向量只发生放大变换，那么这些向量就是这个矩阵的特征向量，放大的比例是矩阵的特征值。特征值为负时，向量旋转了 180°，也可看作向量方向不变，放大比为负。矩阵属于某个特征值的特征向量有无穷多个，其中一个特征向量 p，$Ap=\lambda p$ 表明 p 经过 A 变换后的全部向量在一条直线上，所以特征向量又称线性不变向量。变换后的向量伸长或缩短，或反向伸长缩短，特征值为零时，变成了零向量。

三阶单位矩阵 $\begin{bmatrix}1&0&0\\0&1&0\\0&0&1\end{bmatrix}$ 的行向量可表示三维直角坐标系中 x 轴、y 轴、z 轴上的单位基向量。如果一个空间坐标系用一个矩阵表示，那么这个坐标系就可由这个矩阵的所有不共面特征向量表示。特征向量就像空间张开的各角度坐标轴，它们的特征值代表从各角度伸出的长短，越长的轴特征越显性，可作主要方向，短轴就是次要方向，属于隐性特征了。

课堂练习 4.4

1. 证明：5 不是 $A=\begin{bmatrix}6&-3&1\\3&0&5\\2&2&6\end{bmatrix}$ 的特征值。
2. 如果三阶方阵 A 的特征值为 1，−2，3，求 A^{T}、A^2、A^{-1} 的特征值。
3. 求矩阵 $A=\begin{bmatrix}3&4\\5&2\end{bmatrix}$ 的特征值和特征向量。
4. 求矩阵 $A=\begin{bmatrix}-2&1&1\\0&2&0\\-4&1&3\end{bmatrix}$ 的特征值和特征向量。

*4.5 正交矩阵与正交变换

4.5.1 正交矩阵定义

● 对给定方阵 A，若满足 $AA^{\mathrm{T}}=A^{\mathrm{T}}A=E$，则称 A 为**正交矩阵**。

与逆矩阵定义 $AA^{-1}=A^{-1}A=E$ 对照，如果一个方阵是正交的，那么它的转置等于它的逆。

$$A\text{正交} \Leftrightarrow A^{\mathrm{T}}=A^{-1}$$

例 4.16 验证旋转变换矩阵 $\begin{bmatrix}\cos\theta&\sin\theta\\-\sin\theta&\cos\theta\end{bmatrix}$ 是正交矩阵。

解：$\begin{bmatrix}\cos\theta & \sin\theta \\ -\sin\theta & \cos\theta\end{bmatrix}^{\mathrm{T}}=\begin{bmatrix}\cos\theta & -\sin\theta \\ \sin\theta & \cos\theta\end{bmatrix}$

$$\begin{vmatrix}\cos\theta & \sin\theta \\ -\sin\theta & \cos\theta\end{vmatrix}=\cos\theta\cos\theta-(-\sin\theta)\sin\theta=1$$

$$\begin{bmatrix}\cos\theta & \sin\theta \\ -\sin\theta & \cos\theta\end{bmatrix}^{-1}=\frac{1}{\begin{vmatrix}\cos\theta & \sin\theta \\ -\sin\theta & \cos\theta\end{vmatrix}}\begin{bmatrix}\cos\theta & -\sin\theta \\ \sin\theta & \cos\theta\end{bmatrix}=\begin{bmatrix}\cos\theta & -\sin\theta \\ \sin\theta & \cos\theta\end{bmatrix}$$

$\begin{bmatrix}\cos\theta & \sin\theta \\ -\sin\theta & \cos\theta\end{bmatrix}^{\mathrm{T}}=\begin{bmatrix}\cos\theta & \sin\theta \\ -\sin\theta & \cos\theta\end{bmatrix}^{-1}$，所以，旋转变换矩阵是正交阵。

不难验证，正交矩阵有下列性质。

- 若 $\boldsymbol{A}$ 是正交矩阵，则 $\boldsymbol{A}^{\mathrm{T}}$ 或 $\boldsymbol{A}^{-1}$ 也是正交矩阵。
- 若 $\boldsymbol{A}$，$\boldsymbol{B}$ 是正交矩阵，则 $\boldsymbol{AB}$ 也是正交矩阵。
- 正交矩阵的行列式等于 1 或−1。

对于任意矩阵，如何判断它是否正交呢？下面以三阶方阵为例，分析矩阵正交的条件。

设 $\boldsymbol{A}=\begin{bmatrix}a_{11} & a_{12} & a_{13} \\ a_{21} & a_{22} & a_{23} \\ a_{31} & a_{32} & a_{33}\end{bmatrix}$，当 $\boldsymbol{AA}^{\mathrm{T}}=E$ 时，$\boldsymbol{A}$ 是正交的。

$$\begin{bmatrix}a_{11} & a_{12} & a_{13} \\ a_{21} & a_{22} & a_{23} \\ a_{31} & a_{32} & a_{33}\end{bmatrix}\begin{bmatrix}a_{11} & a_{12} & a_{13} \\ a_{21} & a_{22} & a_{23} \\ a_{31} & a_{32} & a_{33}\end{bmatrix}^{\mathrm{T}}=\begin{bmatrix}1 & 0 & 0 \\ 0 & 1 & 0 \\ 0 & 0 & 1\end{bmatrix}$$

即 $\begin{bmatrix}a_{11} & a_{12} & a_{13} \\ a_{21} & a_{22} & a_{23} \\ a_{31} & a_{32} & a_{33}\end{bmatrix}\begin{bmatrix}a_{11} & a_{21} & a_{31} \\ a_{12} & a_{22} & a_{32} \\ a_{13} & a_{23} & a_{33}\end{bmatrix}=\begin{bmatrix}1 & 0 & 0 \\ 0 & 1 & 0 \\ 0 & 0 & 1\end{bmatrix}$。

$\boldsymbol{A}$ 是正交的，则下列等式都成立。

（1）$a_{11}a_{11}+a_{12}a_{12}+a_{13}a_{13}=1$。

（2）$a_{11}a_{21}+a_{12}a_{22}+a_{13}a_{23}=0$。

（3）$a_{11}a_{31}+a_{12}a_{32}+a_{13}a_{33}=0$。

（4）$a_{21}a_{11}+a_{22}a_{12}+a_{23}a_{13}=0$。

（5）$a_{21}a_{21}+a_{22}a_{22}+a_{23}a_{23}=1$。

（6）$a_{21}a_{31}+a_{22}a_{32}+a_{23}a_{33}=0$。

（7）$a_{31}a_{11}+a_{32}a_{12}+a_{33}a_{13}=0$。

（8）$a_{31}a_{21}+a_{32}a_{22}+a_{33}a_{23}=0$。

（9）$a_{31}a_{31}+a_{32}a_{32}+a_{33}a_{33}=1$。

设 m_1、m_2、m_3 为 $\boldsymbol{A}$ 的行向量，

$$m_1=\begin{bmatrix}a_{11} & a_{12} & a_{13}\end{bmatrix}$$

$$m_2=\begin{bmatrix}a_{21} & a_{22} & a_{23}\end{bmatrix}$$

$$m_3=\begin{bmatrix}a_{31} & a_{32} & a_{33}\end{bmatrix}$$

$A=\begin{bmatrix} m_1 \\ m_2 \\ m_3 \end{bmatrix}$，以上 9 个等式用向量数量积表示，有：

$$m_1m_1=1\text{，}\ m_1m_2=0\text{，}\ m_1m_3=0$$
$$m_2m_1=0\text{，}\ m_2m_2=1\text{，}\ m_2m_3=0$$
$$m_3m_1=0\text{，}\ m_3m_2=0\text{，}\ m_3m_3=1$$

仅当 m_1、m_2、m_3 是单位向量时，$m_1m_1=1$，$m_2m_2=1$，$m_3m_3=1$，式（1）（5）（9）才成立。仅当 m_1、m_2、m_3 是互相垂直时，其他等式才成立。所以，一个矩阵是正交阵，必须满足下列条件。

- 矩阵每一行是单位向量。
- 矩阵的所有行互相垂直。

4.5.2 矩阵正交化

- 正交基与标准正交基。

矩阵的行（列）向量可解释为坐标系的基向量，如果一组向量互相垂直，这组向量称为**正交基**。正交基只要求所有向量相互垂直，并不要求每个向量都是单位向量。如果它们都是单位向量，则这组向量称为**标准正交基**（**规范正交基**）。也就是说，正交矩阵的行或列向量都是标准正交基向量，但一组正交向量不一定构成正交矩阵。要将矩阵正交化，首先对矩阵的行进行正交化，再进行单位化（标准化），但过程比较复杂。

首先看最简单的二阶方阵（可看作包含两个向量的向量组）。

设 $\boldsymbol{A}=\begin{bmatrix} a_{11} & a_{12} \\ a_{21} & a_{22} \end{bmatrix}=\begin{bmatrix} \boldsymbol{\alpha}_1 \\ \boldsymbol{\alpha}_2 \end{bmatrix}$，矩阵 $\boldsymbol{A}$ 正交化后为矩阵 $\boldsymbol{B}=\begin{bmatrix} b_{11} & b_{12} \\ b_{21} & b_{22} \end{bmatrix}=\begin{bmatrix} \boldsymbol{\beta}_1 \\ \boldsymbol{\beta}_2 \end{bmatrix}$

把 $\boldsymbol{\alpha}_1$ 作为正交化后的第一个向量，即令 $\boldsymbol{\beta}_1=\boldsymbol{\alpha}_1$，如何找另一个与 $\boldsymbol{\alpha}_1$ 正交的向量呢？我们从 $\boldsymbol{\alpha}_2$ 的终点作 $\boldsymbol{\alpha}_1$ 的垂线交 $\boldsymbol{\alpha}_1$ 所在直线于 P，过 $\boldsymbol{\alpha}_2$ 的终点作 $\boldsymbol{\alpha}_1$ 的平行线，再过 $\boldsymbol{\alpha}_1$ 的起点作 $\boldsymbol{\alpha}_1$ 的垂线，两线相交于 Q，向量 $\boldsymbol{OQ}$ 就是所要找的另一个与 $\boldsymbol{\alpha}_1$ 正交的向量 $\boldsymbol{\beta}_2$，如图 4.2 所示。

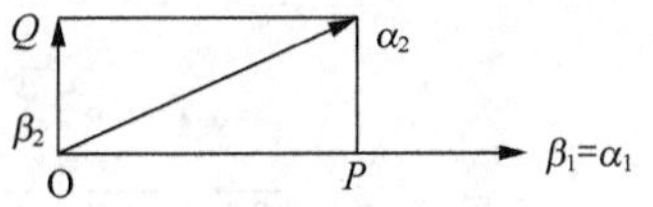

图 4.2

显然，向量 $\boldsymbol{OP}$ 是向量 $\boldsymbol{\alpha}_2$ 在 $\boldsymbol{\alpha}_1$ 上的投影，则 $\overrightarrow{\boldsymbol{OP}}=\dfrac{[\alpha_1,\alpha_2]}{\|\alpha_1\|^2}\boldsymbol{\alpha}_1$。

（$[\alpha_1,\alpha_2]$表示向量 α_1，α_2 的数量积，下同）

$$\boldsymbol{\beta}_2=\overrightarrow{\boldsymbol{OQ}}=\boldsymbol{\alpha}_2-\overrightarrow{\boldsymbol{OP}}=\boldsymbol{\alpha}_2-\frac{[\boldsymbol{\alpha}_1,\boldsymbol{\alpha}_2]}{\|\boldsymbol{\alpha}_1\|^2}\boldsymbol{\alpha}_1=\boldsymbol{\alpha}_2-\frac{[\boldsymbol{\alpha}_1,\boldsymbol{\alpha}_2]}{[\boldsymbol{\alpha}_1,\boldsymbol{\alpha}_1]}\boldsymbol{\alpha}_1=\boldsymbol{\alpha}_2-\frac{[\boldsymbol{\beta}_1,\boldsymbol{\alpha}_2]}{[\boldsymbol{\beta}_1,\boldsymbol{\beta}_1]}\boldsymbol{\beta}_1$$

这样就把 $\boldsymbol{\alpha}_1$、$\boldsymbol{\alpha}_2$ 正交化，即矩阵 $\boldsymbol{A}$ 的行向量正交化了，正交向量再单位化，矩阵 $\boldsymbol{A}$ 就为正交矩阵。

例 4.17 把矩阵 $\boldsymbol{A}=\begin{bmatrix} 1 & 2 \\ 3 & 4 \end{bmatrix}$ 化为正交矩阵。

解：令 $\boldsymbol{A}=\begin{bmatrix} \alpha_1 \\ \alpha_2 \end{bmatrix}, \boldsymbol{\alpha}_1=[1,2], \boldsymbol{\alpha}_2=[3,4]$，矩阵 $\boldsymbol{A}$ 的正交矩阵为 $\boldsymbol{B}=\begin{bmatrix} \boldsymbol{\beta}_1 \\ \boldsymbol{\beta}_2 \end{bmatrix}$，$\boldsymbol{\beta}_1=\boldsymbol{\alpha}_1$。

首先对矩阵 $\boldsymbol{A}$ 正交化：

$$[\boldsymbol{\beta}_1,\boldsymbol{\beta}_1]=[1,2]\cdot[1,2]^{\mathrm{T}}=1+4=5, [\boldsymbol{\beta}_1,\boldsymbol{\alpha}_2]=[1,2]\cdot[3,4]^{\mathrm{T}}=3+8=11$$

由 $\boldsymbol{\beta}_2=\boldsymbol{\alpha}_2-\dfrac{[\boldsymbol{\beta}_1,\boldsymbol{\alpha}_2]}{[\boldsymbol{\beta}_1,\boldsymbol{\beta}_1]}\boldsymbol{\beta}_1=[3,4]-\dfrac{11}{5}[1,2]=\left[\dfrac{4}{5},-\dfrac{2}{5}\right]$

再将 $\boldsymbol{\beta}_1$、$\boldsymbol{\beta}_2$ 单位化：

$$\frac{\boldsymbol{\beta}_1}{\|\boldsymbol{\beta}_1\|}=\frac{1}{\sqrt{5}}[1,2]=\left[\frac{1}{\sqrt{5}},\frac{2}{\sqrt{5}}\right]=\left[\frac{\sqrt{5}}{5},\frac{2\sqrt{5}}{5}\right]$$

$$\|\boldsymbol{\beta}_2\|=\sqrt{\left(\frac{4}{5}\right)^2+\left(-\frac{2}{5}\right)^2}=\frac{2\sqrt{5}}{5},\frac{\boldsymbol{\beta}_2}{\|\boldsymbol{\beta}_2\|}=\frac{5}{2\sqrt{5}}\left[\frac{4}{5},-\frac{2}{5}\right]=\left[\frac{2\sqrt{5}}{5},-\frac{\sqrt{5}}{5}\right],$$

所以，矩阵 $\boldsymbol{A}$ 的正交矩阵为 $\boldsymbol{B}=\begin{bmatrix}\dfrac{\sqrt{5}}{5} & \dfrac{2\sqrt{5}}{5}\\ \dfrac{2\sqrt{5}}{5} & -\dfrac{\sqrt{5}}{5}\end{bmatrix}$。

我们再看三阶方阵（可看作包含三个向量的向量组）的情形。

令 $\boldsymbol{A}=\begin{bmatrix}\boldsymbol{\alpha}_1\\ \boldsymbol{\alpha}_2\\ \boldsymbol{\alpha}_3\end{bmatrix}$ 正交化后为 $\boldsymbol{B}=\begin{bmatrix}\boldsymbol{\beta}_1\\ \boldsymbol{\beta}_2\\ \boldsymbol{\beta}_3\end{bmatrix}$，$\boldsymbol{\beta}_1=\boldsymbol{\alpha}_1$，$\boldsymbol{\beta}_2=\overrightarrow{\boldsymbol{OA}}$ 同以上二阶方阵作法，现在需要找到 $\boldsymbol{\beta}_3$。

过 $\boldsymbol{\alpha}_3$ 的终点 C 作 $\boldsymbol{\alpha}_1$、$\boldsymbol{\alpha}_2$ 确定的平面的垂线，交该平面于 B 点，过 O 作该垂线 BC 的平行线 OD，再过 $\boldsymbol{\alpha}_3$ 的终点 C 作 OB 的平行线 CD 交 $\boldsymbol{OD}$ 于 D，则 $\boldsymbol{OD}\perp\boldsymbol{\beta}_1$，$\boldsymbol{OD}\perp\boldsymbol{\beta}_2$，向量 $\boldsymbol{OD}$ 就是所求的 $\boldsymbol{\beta}_3$，在 $\boldsymbol{\alpha}_1$、$\boldsymbol{\alpha}_2$ 确定的平面上过 B 作 $\boldsymbol{\beta}_1$、$\boldsymbol{\beta}_2$ 所在直线的垂线分别交于 E，F，由立体几何可知 $CE\perp\boldsymbol{\beta}_1$，$FC\perp\boldsymbol{\beta}_2$，从而 $\overrightarrow{\boldsymbol{OE}}$，$\overrightarrow{\boldsymbol{OF}}$ 是 $\boldsymbol{\alpha}_3$ 在 $\boldsymbol{\alpha}_1$，$\boldsymbol{\alpha}_2$ 上的投影，如图 4.3 所示。

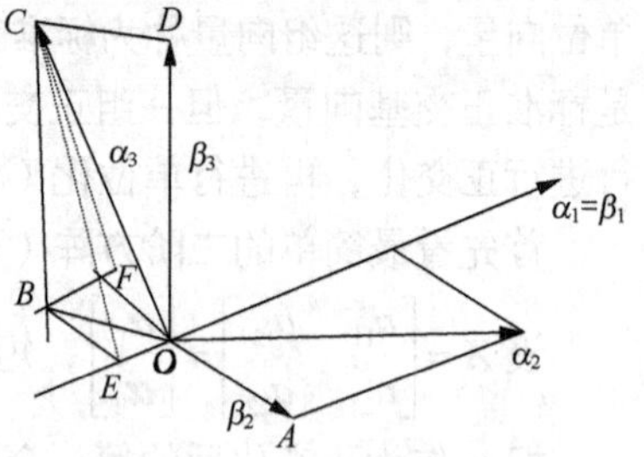

图 4.3

$$\overrightarrow{\boldsymbol{OE}}=\frac{[\boldsymbol{\alpha}_3,\boldsymbol{\beta}_1]}{\|\boldsymbol{\beta}_1\|^2}\boldsymbol{\beta}_1\overrightarrow{\boldsymbol{OF}}=\frac{[\boldsymbol{\alpha}_3,\boldsymbol{\beta}_2]}{\|\boldsymbol{\beta}_2\|^2}\boldsymbol{\beta}_2$$

于是，$\boldsymbol{\beta}_3=\overrightarrow{OD}=\overrightarrow{BC}=\overrightarrow{OC}-\overrightarrow{OB}$

$$=\boldsymbol{\alpha}_3-\overrightarrow{\boldsymbol{OE}}-\overrightarrow{\boldsymbol{OF}}$$

$$=\boldsymbol{\alpha}_3-\frac{[\boldsymbol{\alpha}_3,\boldsymbol{\beta}_1]}{\|\boldsymbol{\beta}_1\|^2}\boldsymbol{\beta}_1-\frac{[\boldsymbol{\alpha}_3,\boldsymbol{\beta}_2]}{\|\boldsymbol{\beta}_2\|^2}\boldsymbol{\beta}_2$$

这个由 $\boldsymbol{\alpha}_1$、$\boldsymbol{\alpha}_2$、$\boldsymbol{\alpha}_3$ 导出正交向量组 $\boldsymbol{\beta}_1$、$\boldsymbol{\beta}_2$、$\boldsymbol{\beta}_3$ 的过程称为**施密特正交化**方法。

例 4.18 设 $\boldsymbol{\alpha}_1=\begin{bmatrix}1\\2\\-1\end{bmatrix}$，$\boldsymbol{\alpha}_2=\begin{bmatrix}-1\\3\\1\end{bmatrix}$，$\boldsymbol{\alpha}_3=\begin{bmatrix}4\\-1\\0\end{bmatrix}$，用施密特正交化方法，将向量组正交规范化。

解：取 $\boldsymbol{\beta}_1=\boldsymbol{\alpha}_1$。

$$\boldsymbol{\beta}_2=\boldsymbol{\alpha}_2-\frac{[\boldsymbol{\beta}_1,\boldsymbol{\alpha}_2]}{\|\boldsymbol{\beta}_1\|^2}\boldsymbol{\beta}_1=\begin{bmatrix}-1\\3\\1\end{bmatrix}-\frac{2}{3}\begin{bmatrix}1\\2\\-1\end{bmatrix}=\frac{5}{3}\begin{bmatrix}-1\\1\\1\end{bmatrix}$$

$$\boldsymbol{\beta}_3=\boldsymbol{\alpha}_3-\frac{[\boldsymbol{\alpha}_3,\boldsymbol{\beta}_1]}{\|\boldsymbol{\beta}_1\|^2}\boldsymbol{\beta}_1-\frac{[\boldsymbol{\alpha}_3,\boldsymbol{\beta}_2]}{\|\boldsymbol{\beta}_2\|^2}\boldsymbol{\beta}_2=\begin{bmatrix}4\\-1\\0\end{bmatrix}-\frac{1}{3}\begin{bmatrix}1\\2\\-1\end{bmatrix}+\frac{5}{3}\begin{bmatrix}-1\\1\\1\end{bmatrix}=2\begin{bmatrix}1\\0\\1\end{bmatrix}$$

再把它们单位化：

$$\boldsymbol{e}_1=\frac{\boldsymbol{\beta}_1}{\|\boldsymbol{\beta}_1\|}=\frac{1}{\sqrt{6}}\begin{bmatrix}1\\2\\-1\end{bmatrix},\boldsymbol{e}_2=\frac{\boldsymbol{\beta}_2}{\|\boldsymbol{\beta}_2\|}=\frac{1}{\sqrt{3}}\begin{bmatrix}-1\\1\\1\end{bmatrix},\boldsymbol{e}_3=\frac{\boldsymbol{\beta}_3}{\|\boldsymbol{\beta}_3\|}=\frac{1}{\sqrt{2}}\begin{bmatrix}1\\0\\1\end{bmatrix}$$

4.5.3 正交变换

- 若 $\boldsymbol{P}$ 为正交矩阵，则线性变换 $y=Px$ 称为**正交变换**。

正交矩阵非常有用，因为容易求得它的逆矩阵。在图形变换中常常要进行逆矩阵运算。正交变换的基本思想是保持轴相互垂直，不进行缩放，长度、面积、体积和角度保持不变，所以正交变换的一个重要性质是：正交变换保持向量的内积及长度不变。

平移、旋转和镜像是仅有的正交变换。

正交矩阵的行列式等于 1 或–1，行列式为 1 的正交变换称为第一类变换，或称为旋转；行列式为–1 的正交变换称为第二类变换，或称为镜像（对称）。

课堂练习 4.5

1. 判断下列说法是否正确。

（A）正交矩阵的行列式等于 1。

（B）$\begin{bmatrix}1&0\\0&-1\end{bmatrix}$是正交矩阵。

（C）$\boldsymbol{A}$ 是正交矩阵，则 $\boldsymbol{A}^{-1}$ 也是正交矩阵。

2. 判断矩阵$\begin{bmatrix}1&-\frac{1}{2}&\frac{1}{3}\\-\frac{1}{2}&1&\frac{1}{2}\\\frac{1}{3}&\frac{1}{2}&-1\end{bmatrix}$是否为正交矩阵。

3. 判断向量$\boldsymbol{a}=\begin{bmatrix}3\\-2\\1\end{bmatrix}$，$\boldsymbol{b}=\begin{bmatrix}1\\3\\4\end{bmatrix}$是否正交，若不正交，请把它们化为正交。

4. 把向量$\boldsymbol{\alpha}_1=\begin{bmatrix}1\\1\\1\end{bmatrix}$，$\boldsymbol{\alpha}_2=\begin{bmatrix}0\\1\\1\end{bmatrix}$，$\boldsymbol{\alpha}_3=\begin{bmatrix}0\\0\\1\end{bmatrix}$正交规范化。

4.6 用 MATLAB 求解线性方程组

4.6.1 在 MATLAB 中判断线性方程组解的方法

对于 n 元齐次线性方程组 $Ax=0$，通过求系数矩阵 $\boldsymbol{A}$ 的秩来判断解的情况：

rank(A)=n，方程组 $Ax=0$ 有唯一解。

rank(A)<n，方程组 Ax=0 有无穷解。

对于非齐次线性方程组 $Ax=b$，通过系数矩阵 A 的秩、增广矩阵（Ab）的秩和未知数个数 n 的关系，判断方程组 $Ax=b$ 解的情况：

rank(A)=rank(A b)=n，线性方程组有唯一解。

rank(A)=rank(A b)<n，线性方程组有无穷多个解。

rank(A)<rank(A b)，线性方程组无解。

求解非齐次线性方程组 $Ax=b$ 解的一般步骤如下。

第 1 步：判断 $Ax=b$ 是否有解，若有解进行第 2 步；

第 2 步：求 Ax=b 的一个特解；

第 3 步：求 Ax=0 的通解；

第 4 步：$X=b$ 的通解表示为第 2 步的特解加上第 3 步的通解。

4.6.2 用 MATLAB 求解线性方程组 $Ax=b$ 的方法

1. 矩阵除法：$x=A\backslash b$

（1）当系数矩阵 A 为方阵且可逆时，$x=A\backslash b$ 的结果与 x=inv(A)*b 一致；

（2）当 A 不是方阵，$Ax=b$ 存在唯一解时，$A\backslash b$ 将给出这个解；

（3）当 A 不是方阵，$Ax=b$ 存在无穷多解时，$A\backslash b$ 将给出一个具有最多零元素的特解；

（4）当 A 不是方阵，$Ax=b$ 若为超定方程组（即无解），$A\backslash b$ 将给出最小二乘意义上的近似解，即使得 $Ax-b$ 的误差达到最小。

2. rref 函数

利用 rref( ) 函数，将增广矩阵化为行最简阶梯形矩阵，从而观察方程组的解。

3. null 函数

z=null(A,'r')，用有理数的形式表示齐次线性方程组 Ax=0 的基础解系。

例 4.19 解非齐次线性方程组
$$\begin{cases} x_1+x_2+2x_3+3x_4=4 \\ x_1+x_2+x_4=4 \\ 3x_1+2x_2+5x_3+10x_4=12 \\ 4x_1+5x_2+9x_3+13x_4=18 \end{cases}$$

```
>>clear A
>> A=[1 1 2 3;1 1 0 1;3 2 5 10;4 5 9 13]; %方程组的系数矩阵
>> b=[4 4 12 18]';                        %方程组的常数列向量
>> B=[A,b]                                %增广矩阵
B =
     1     1     2     3     4
     1     1     0     1     4
     3     2     5    10    12
     4     5     9    13    18
>> rank(A)                                %求系数矩阵和增广矩阵的秩
ans =
     4
>>rank(B)
ans =
     4                                    %运行结果 rank(A)=rank(B)=4=n，方程组有唯一解
```

```
>> X=A\b                                    %用矩阵除法求出唯一解。这样的线性方程组称为定解方程组
X =

     1
     2
    -1
     1
```

例 4.20 解线性方程组$\begin{cases} x_1+x_2-3x_3-x_4=1 \\ 3x_1-x_2-3x_3+4x_4=4 \\ x_1+5x_2-9x_3-8x_4=0 \end{cases}$

```
>>clear A B b
>> A=[1 1 -3 -1;3 -1 -3 4;1 5 -9 -8];
>> b=[1 4 0]';
>> B=[A b];
>>rank(A),rank(B)
ans =
     2
ans =                       %rank(A)=rank(B)=2<n，方程组有无穷多解
     2
>> X=A\b                    %用矩阵除法只求得其中含 0 最多的特解

Warning: Rank deficient, rank = 2,  tol = 8.8373e-015.
X =
         0
         0
    -0.5333
     0.6000
```

如果要写出这个方程组的全部解（通解），需要求它的对应的齐次方程组 $Ax=0$ 的基础解系。用两种方法可求得基础解系。

方法一：

```
>> format rat               %控制数值按有理式形式输出
>> null(A,'r')              %求 Ax=0 的有理基
ans =
     3/2        -3/4
     3/2         7/4
      1           0
      0           1
```

方法二：

```
>> C=rref(B)                %将增广矩阵化成行最简阶梯形
C =
      1           0         -3/2        3/4        5/4
```

```
    0          1          -3/2          -7/4          -1/4
    0          0           0             0             0
```

所以，该方程组的通解如下：

$$x=k_1\left(\frac{3}{2},\frac{3}{2},1,0\right)^{\mathrm{T}}+k_2\left(-\frac{3}{4},\frac{7}{4},0,1\right)^{\mathrm{T}}+\left(\frac{5}{4},-\frac{1}{4},0,0\right)^{\mathrm{T}}$$

4.6.3 用 MATLAB 求解投入产出模型

总产品 X 的计算公式为 $X=(\boldsymbol{E}-\boldsymbol{M})^{-1}d$

完全消耗系数矩阵 C 的计算公式为 $C=(\boldsymbol{E}-\boldsymbol{M})^{-1}-\boldsymbol{E}$

其中 d 为外部需求向量，$\boldsymbol{M}$ 为直接消耗系数矩阵，$\boldsymbol{E}$ 为与矩阵 $\boldsymbol{M}$ 同阶的单位矩阵。MATLAB 系统函数中有生成单位矩阵和计算逆矩阵的命令（详细内容请参看附录 ***A*** 中矩阵的生成和矩阵的基本运算），能特别快捷、方便地处理相关运算。

eye(n)　生成 n 阶单位矩阵

inv(A)　求方阵 A 的逆矩阵

A*/*B　左除法，与 $A^{-1}B$ 结果相同

A*/*B　右除法，与 BA^{-1} 结果相同

例 4.21　例 4.11 中，直接消耗系数矩阵为 $\boldsymbol{M}=\begin{bmatrix}0 & 0.40 & 0.45\\ 0.25 & 0.05 & 0.10\\ 0.35 & 0.20 & 0.10\end{bmatrix}$，求总产品 X，完全消耗系数矩阵 C。MATLAB 程序如下。

```
>> clear           %清除内存中的变量
>> A=[0 0.40 0.45;0.25 0.05 0.10;0.35 0.20 0.10];
>> E=eye(3);    %生成 3 阶单位矩阵
>> d=[530;420;360];          %输入外部需求，以列向量形式输入。元素之间的分号，表示换行
>> X=inv(E-A)*d              %计算 (E-A)^-1 d
X =
  1.0e+003 *           %X 的值以科学计数法形式显示，1.0e+003 就是 10^3，向量中每个元素都乘以
1.0e+003
    1.4312
    0.9414
    1.1658
>> C=inv(E-A)-E
C =
    0.4941    0.8052    0.8365
    0.4652    0.3286    0.3802
    0.6844    0.6084    0.5209
```

4.6.4 利用 MATLAB 求特征值和特征向量

特征值和特征向量的定义是：$Ax=\lambda x$，x 是与特征值 λ 对应的特征向量。求矩阵的特征值和特征向量，**输入的矩阵必须是方阵。**

MATLAB 求方阵 A 的特征值和特征向量的命令为 eig。

格式：

d=eig(A)：*d* 是矩阵 *A* 的特征值的列向量。

[v,d]=eig(A)：返回特征向量矩阵 *v*，特征值构成的对角矩阵 *d*。

例 4.22 求矩阵 $A=\begin{bmatrix}1 & 2 & 3\\4 & 5 & 6\\-1 & 4 & 7\end{bmatrix}$ 的特征值和特征向量。

解：

```
>> A=[1 2 3;4 5 6;-1 4 -7]
A =
     1     2     3
     4     5     6
    -1     4    -7
>>eig(A)
ans =
    8.0000
   -0.7251
   -8.2749                              %求得 A 的三个不同的特征值 8.0000，-0.7251，-8.2749
>> [v,d]=eig(A)
v =
   -0.3537   -0.9006   -0.2204
   -0.9094    0.2870   -0.3458
   -0.2189    0.3265    0.9120    % 矩阵 v 的列 vi 对应特征值 dii
d =
    8.0000         0         0
         0   -0.7251         0
         0         0   -8.2749    %对角矩阵 d 对角线上元素为 A 的特征值
```

4.6.5 矩阵正交规范化

命令：orth　　　　格式：B=orth(A)

功能：*B* 返回矩阵 *A* 的正交基。*B* 的列向量是正交向量。

例 4.23 对三阶魔方矩阵的正交规范化。

解：

```
>> clear A                       %清除内存空间变量 A 的值
>> A=magic(3)                    %生成三阶魔方矩阵 A
A =
     8     1     6
     3     5     7
     4     9     2
>> B=orth(A)                     %把魔方矩阵 A 正交规范化
B =
   -0.5774    0.7071    0.4082
   -0.5774    0.0000   -0.8165
   -0.5774   -0.7071    0.4082
```

课堂练习 4.6

1. 解线性方程组：$\begin{cases} 6x_1+4x_3+x_4=3 \\ x_1-x_2+2x_3+x_4=1 \\ 4x_1+x_2+2x_3=1 \\ x_1+x_2+x_3+x_4=0 \end{cases}$

2. 解线性方程组：$\begin{cases} x_1-2x_2+3x_3-4x_4=1 \\ 3x_1-x_2+5x_3-3x_4=2 \\ 2x_1+x_2+2x_3-2x_4=2 \end{cases}$

3. 求解课堂练习 4.3 中的数学模型。

4. 求矩阵 $\boldsymbol{A}=\begin{bmatrix} 1 & 2 & 3 \\ 2 & 1 & 3 \\ 3 & 3 & 6 \end{bmatrix}$ 的特征值和特征向量。

5. 将矩阵 $\boldsymbol{A}=\begin{bmatrix} 1 & -1 & 4 & -3 \\ 2 & 3 & -1 & 1 \\ -1 & 1 & 0 & 2 \\ 3 & 0 & 2 & -5 \end{bmatrix}$ 正交规范化。

拓展阅读一

卡尔·弗里德里希·高斯

约翰·卡尔·弗里德里希·高斯（Johann Carl Friedrich Gauss，1777 年 4 月 30 日—1855 年 2 月 23 日）是德国著名数学家、物理学家、天文学家、大地测量学家，如图 4.4 所示。高斯是近代数学奠基者之一，被认为是历史上最重要的数学家之一，并享有“数学王子”之称。高斯和阿基米德、牛顿、欧拉并列为“世界四大数学家”。高斯一生成就极为丰硕，以他名字“高斯”命名的成果达 110 个，属数学家中之最。他对数论、代数、统计、分析、微分几何、大地测量学、地球物理学、力学、静电学、天文学、矩阵理论和光学皆有贡献。

高斯是一对贫穷夫妇的唯一的儿子。他的母亲罗捷雅是一个贫穷石匠的女儿，虽然十分聪明，但却没有接受过教育。在成为高斯父亲的第二个妻子之前，她从事女佣工作。他的父亲格尔恰尔德·迪德里赫曾做过园丁、工头、商人的助手和一个小保险公司的评估师。

高斯三岁时便能够纠正他父亲的借债账目的错误，这已经成为一个轶事流传至今。他曾说，他在麦仙翁堆上学会计算。能够在头脑中进行复杂的计算，是上帝赐予他一生的天赋。

父亲对高斯要求极为严厉，甚至有些过分。高斯尊重他的父亲，并且秉承了其父诚实、谨慎的性格。高斯很幸运地有一位鼎力支持他成才的母亲。高斯一生下来，就对一切现象和事物十分好奇，而且决心弄个水落石出，这已经超出了一个孩子能被许可的范围。当丈夫为此训斥孩子时，她总是支持高斯，坚决反对顽固的丈夫把儿子变得跟他一样无知。

在成长过程中，幼年的高斯主要得力于他的母亲罗捷雅和舅舅弗利德里希。弗利德里希富有智慧，为人热情而又聪明能干，投身于纺织贸易颇有成就。他发现姐姐的儿子聪明伶俐，因此他就把一部分精力花在这位小天才身上，用生动活泼的方式开发高斯的智力。

若干年后，已成年并成就显赫的高斯回想起舅舅为他所做的一切，深感对他成才之重要。

他想到舅舅多才的思想，不无伤感地说，舅舅去世使“我们失去了一位天才”。正是由于弗利德里希慧眼识英才，经常劝导姐夫让孩子向学者方面发展，才使得高斯没有成为园丁或者泥瓦匠。高斯家乡的纪念雕像如图 4.5 所示。

图 4.4

图 4.5

罗捷雅真的希望儿子能干出一番伟大的事业，她对高斯的才华极为珍视。然而，她也不敢轻易地让儿子投入不能养家糊口的数学研究中。在高斯 19 岁那年，尽管他已做出了许多伟大的数学成就，但她仍向数学界的朋友 W.波尔约问道：高斯将来会有出息吗？波尔约说她的儿子将是“欧洲最伟大的数学家”，为此她激动得热泪盈眶。

高斯 7 岁开始上学。10 岁的时候，他进入了学习数学的班级，这是一个首次创办的班，孩子们在这之前都没有听说过数学这么一门课程。数学教师是布特纳，他对高斯的成长也起了一定作用。

一天，老师布置了一道题：1+2+3+…100 等于多少？

高斯很快就算出了答案，起初高斯的老师布特纳并不相信高斯算出了正确答案：“你一定是算错了，回去再算算。”高斯说答案就是 5050，他是这样算的：1+100=101，2+99=101，…加到 100 有 50 组这样的数，所以 50 × 101=5050。

布特纳对他刮目相看。他特意从汉堡买了最好的算术书送给高斯，说：“你已经超过了我，我没有什么东西可以教你了。”之后，高斯与布特纳的助手巴特尔斯建立了真诚的友谊，直到巴特尔斯逝世。他们一起学习，互相帮助，高斯由此开始了真正的数学研究。

1788 年，11 岁的高斯进入了文科学校，他在新的学校里，所有的功课都极好，特别是古典文学、数学尤为突出。他的教师们把他推荐给伯伦瑞克公爵，希望公爵能资助这位聪明的孩子上学。

布伦兹维克公爵卡尔·威廉·斐迪南召见了 14 岁的高斯。这位朴实、聪明但家境贫寒的孩子赢得了公爵的同情，公爵慷慨地提出愿意作高斯的资助人，让他继续学习。

高斯具有浓厚的宗教感情、贵族的举止和保守的倾向。他一直远离他那个时代的进步政治潮流。在高斯身上表现出的矛盾是与他实际上的和谐结合在一起的。高斯身为才气横溢的算术家，对于数具有非凡的记忆力。他既是一个深刻的理论家，又是一个杰出的数学实践家。教学是他最讨厌的事，因此他只有少数几个学生。但他的那些影响数学发展进程的论著（大约 155 篇）却使他呕心沥血。有 3 个原则指导他的工作：他最喜欢说的“少些，但要成熟些”；他的格言“不留下进一步要做的事”；他的极度严格的要求。高斯遗像和高斯之墓如图 4.6 和图 4.7 所示。

图 4.6

图 4.7

从他死后出版的著作中可以看出，他有许多重要和内容广泛的论文从未发表，因为按他的意见，它们都不符合这些原则。高斯所追求的数学研究题目都是那些他能在其中预见到具有某种有意义联系的概念和结果，它们由于优美和普遍而值得称道。

高斯对代数学的重要贡献是证明了代数基本定理，他的“存在性证明”开创了数学研究的新途径。事实上在高斯之前有许多数学家认为已给出了这个结果的证明，可是没有一个证明是严密的。高斯把前人证明的缺失一一指出来，然后提出自己的见解。他一生中一共给出了四个不同的证明。高斯在 1816 年左右就得到“非欧几何”的原理。他还深入研究复变函数，建立了一些基本概念并发现了著名的“柯西积分定理”。他还发现椭圆函数的双周期性，但这些理论在他生前都没发表出来。

在物理学方面，高斯最引人注目的成就是在 1833 年和物理学家韦伯发明了有线电报，这使高斯的声望超出了学术圈而进入公众社会。除此以外，高斯在力学、测地学、水工学、电动学、磁学和光学等方面均有杰出的贡献。

高斯不仅对纯粹数学做出了意义深远的贡献，而且对 20 世纪的天文学、大地测量学和电磁学的实际应用也做出了重要的贡献。

高斯开辟了许多新的数学领域，从最抽象的代数数论到内蕴几何学，都留下了他的足迹。从研究风格、方法乃至所取得的具体成就方面，他都是 18、19 世纪的中坚人物。

如果我们把 18 世纪的数学家想象为一系列的高山峻岭，那么最后一个令人肃然起敬的巅峰就是高斯；如果把 19 世纪的数学家想象为一条条江河，那么其源头就是高斯。高斯头像和高斯的花体亲笔签名如图 4.8 和图 4.9 所示。

图 4.8

图 4.9

在汉诺威有和他有关的鸡血石以及三角测量方法。在德国也发行了三种用以表彰高斯的邮票。第一种邮票（见图 4.10）发行于 1955 年——他死后的第 100 周年；另外两种邮票（第 1246 号和第 1811 号）发行于 1977 年——他出生的第 200 周年。

从 1989 年直到 2001 年年底，他的肖像和他所写的正态分布曲线与一些在哥廷根突出的建筑物，一起被放入了德国 10 马克的钞票中，如图 4.11 所示。

图 4.10

图 4.11

拓展阅读二

线性代数发展史简介

由于研究关联着多个因素的量所引起的问题，则需要考察多元函数。如果所研究的关联性是线性的，那么称这个问题为线性问题。历史上线性代数的第一个问题是关于解线性方程组的问题，而线性方程组理论的发展又促成了作为工具的矩阵论和行列式理论的创立与发展，这些内容已成为线性代数教材的主要部分。最初的线性方程组问题大都是来源于生活实践，正是实际问题刺激了线性代数这一学科的诞生与发展。另外，近现代数学分析与几何学等数学分支的要求也促进了线性代数的发展。

线性代数有三个基本计算单元：向量（组），矩阵，行列式。研究它们的性质和相关定理，能够求解线性方程组，实现行列式与矩阵计算和线性变换，构建向量空间和欧式空间。线性代数的两个基本方法是构造（分解）和代数法，基本思想是化简（降解）和同构变换。

1. 行列式

行列式出现于线性方程组的求解，它最早是一种速记的表达式，现在已经是数学中一种非常有用的工具。行列式是由莱布尼茨和日本数学家关孝和发明的。1693 年 4 月，莱布尼茨在写给洛比达的一封信中使用并给出了行列式，并给出方程组的系数行列式为零的条件。同时代的日本数学家关孝和在其著作《解伏题元法》中也提出了行列式的概念与算法。

1750 年，瑞士数学家克莱姆（G.Cramer，1704—1752）在其著作《线性代数分析导引》中，对行列式的定义和展开法则给出了比较完整、明确的阐述，并给出了现在我们所称的解线性方程组的克莱姆法则。稍后，数学家贝祖（E.Bezout，1730—1783）将确定行列式每一项符号的方法进行了系统化，利用系数行列式概念指出了如何判断一个齐次线性方程组有非零解。

总之，在很长一段时间内，行列式只是作为解线性方程组的一种工具使用，并没有人意识到它可以独立于线性方程组之外，单独形成一门理论加以研究。

在行列式的发展史上，第一个对行列式理论做出连贯的逻辑的阐述，即把行列式理论与线性方程组求解相分离的人，是法国数学家范德蒙（A-T.Vandermonde，1735—1796）。范德蒙自幼在父亲的指导下学习音乐，但对数学有浓厚的兴趣，后来终于成为法兰西科学院院士。特别地，他给出了用二阶子式和它们的余子式来展开行列式的法则。就对行列式本身这一点来说，他是这门理论的奠基人。1772 年，拉普拉斯在一篇论文中证明了范德蒙提出的一些规则，推广了他的展开行列式的方法。

继范德蒙之后，在行列式的理论方面，又一位做出突出贡献的就是另一位法国大数学家柯西。1815 年，柯西在一篇论文中给出了行列式的第一个系统的、几乎是近代的处理。其中主要结果之一是行列式的乘法定理。另外，他第一个把行列式的元素排成方阵，采用双足标记法，并引入了行列式特征方程的术语，并给出了相似行列式概念，并改进了拉普拉斯的行列式展开定理并给出了一个证明等。

19 世纪的半个多世纪中，对行列式理论研究始终不渝的作者之一是詹姆士·西尔维斯特（J.Sylvester，1814—1894）。他是一个活泼、敏感、兴奋、热情，甚至容易激动的人，然而由于是犹太人的缘故，他受到剑桥大学的不平等对待。西尔维斯特用火一般的热情介绍他的学术思想。他的重要成就之一是改进了从一个次和一个次的多项式中消去 x 的方法，他称之为配析法，并给出形成的行列式为零时这两个多项式方程有公共根的充分必要条件这一结果，但没有给出证明。

继柯西之后，在行列式理论方面最多产的人就是德国数学家雅可比（J.Jacobi，1804—1851），他引进了函数行列式，即“雅可比行列式”，指出函数行列式在多重积分的变量替换中的作用，并给出了函数行列式的导数公式。雅可比的著名论文《论行列式的形成和性质》标志着行列式系统理论的建成。由于行列式在数学分析、几何学、线性方程组理论、二次型理论等多方面的应用，促使行列式理论自身在 19 世纪也得到了很大发展。整个 19 世纪都有行列式的新结果。除了一般行列式的大量定理之外，还有许多有关特殊行列式的其他定理都被相继得到。

2. 矩阵

矩阵是数学中的一个重要的基本概念，是代数学的一个主要研究对象，也是数学研究和应用的一个重要工具。“矩阵”这个词是由西尔维斯特首先使用的，他是为了将数字的矩形阵列区别于行列式而发明了这个术语。而实际上，矩阵这个课题在诞生之前就已经发展得很好了。从行列式的大量工作中明显表现出来，为了很多目的，不管行列式的值是否与问题有关，方阵本身都可以研究和使用，矩阵的许多基本性质也是在行列式的发展中建立起来的。在逻辑上，矩阵的概念应先于行列式的概念，然而在历史上次序正好相反。

英国数学家凯莱（A.Cayley，1821—1895）一般被公认为是矩阵论的创立者，因为他首先把矩阵作为一个独立的数学概念提出来，并首先发表了关于这个题目的一系列文章。为了同研究线性变换下的不变量相结合，凯莱首先引进矩阵以简化记号。1858 年，他发表了关于这一课题的第一篇论文《矩阵论的研究报告》，系统地阐述了关于矩阵的理论。文中他定义了矩阵的相等、矩阵的运算法则、矩阵的转置以及矩阵的逆等一系列基本概念，指出了矩阵加法的可交换性与可结合性。另外，凯莱还给出了方阵的特征方程和特征根（特征值）以及有关矩阵的一些基本结果。凯莱出生于一个古老而有才能的英国家庭，在剑桥大学三一学院大学毕业后留校讲授数学，三年后他转从律师职业，工作卓有成效，并利用业余时间研究数学，发表了大量的数学论文。

1855 年，埃米特（C.Hermite，1822—1901）证明了别的数学家发现的一些矩阵类的特征根的特殊性质，如现在称为“埃米特矩阵”的特征根性质等。后来，克莱伯施（A.Clebsch，1831—1872）、布克海姆（A.Buchheim）等证明了对称矩阵的特征根性质。泰伯（H.Taber）引入矩阵的迹的概念并给出了一些有关的结论。

在矩阵论的发展史上，弗罗伯纽斯（G.Frobenius，1849—1917）的贡献是不可磨灭的。他讨论了最小多项式问题，引进了矩阵的秩、不变因子和初等因子、正交矩阵、矩阵的相似变换、合同矩阵等概念，以合乎逻辑的形式整理了不变因子和初等因子的理论，并讨论了正交矩阵与合同矩阵的一些重要性质。1854 年，约当研究了矩阵化为标准型的问题。1892 年，梅茨勒（H.Metzler）引进了矩阵的超越函数概念并将其写成矩阵的幂级数的形式。傅立叶、西尔和庞加莱的著作中还讨论了无限阶矩阵问题，这主要是适用方程发展的需要而开始的。

矩阵本身所具有的性质依赖于元素的性质。矩阵最初作为一种工具，经过两个多世纪的发展，现在已成为独立的一门数学分支——矩阵论。而矩阵论又可分为矩阵方程论、矩阵分解论和广义逆矩阵论等矩阵的现代理论。矩阵及其理论现已广泛地应用于现代科技的各个领域。

3. 方程组

线性方程组的解法，早在中国古代的数学著作《九章算术方程》中已做了比较完整的论述。其中所述方法实质上相当于现代的对方程组的增广矩阵施行初等行变换从而消去未知量的方法，即高斯消元法。在西方，线性方程组的研究是在 17 世纪后期由莱布尼茨开创的。他曾研究含两个未知量的三个线性方程组组成的方程组。麦克劳林在 18 世纪上半叶研究了具有二、三、四个未知量的线性方程组，得到了现在称为“克莱姆法则”的结果。克莱姆不久也发表了这个法则。18 世纪下半叶，法国数学家贝祖对线性方程组理论进行了一系列研究，证明了齐次线性方程组有非零解的条件是系数行列式等于零。

19 世纪，英国数学家史密斯（H.Smith）和道奇森（C-L.Dodgson）继续研究线性方程组理论，前者引进了方程组的增广矩阵和非增广矩阵的概念，后者证明了个未知数个方程的方程组相容的充要条件是系数矩阵和增广矩阵的秩相同。这正是现代方程组理论中的重要结果之一。

大量的科学技术问题，最终往往归结为解线性方程组。因此在线性方程组的数值解法得到发展的同时，线性方程组解的结构等理论性工作也取得了令人满意的进展。现在，线性方程组的数值解法在计算数学中占有重要地位。

4. 二次型

二次型也称为“二次形式”，数域 P 上的 n 元二次齐次多项式称为数域 P 上的 n 元二次型。二次型是我们线性代数教材的后继内容，为了我们后面的学习，这里对于二次型的发展历史也做简单介绍。二次型的系统研究是从 18 世纪开始的，它起源于对二次曲线和二次曲面的分类问题的讨论。将二次曲线和二次曲面的方程变形，选有主轴方向的轴作为坐标轴以简化方程的形状，这个问题是在 18 世纪引进的。柯西在其著作中给出结论：当方程是标准型时，二次曲面用二次项的符号来进行分类。然而，那时并不太清楚，在化简成标准型时，为何总是得到同样数目的正项和负项。西尔维斯特回答了这个问题，他给出了个变数的二次型的惯性定律，但没有证明。这个定律后被雅可比重新发现和证明。1801 年，高斯在《算术研究》中引进了二次型的正定、负定、半正定和半负定等术语。

二次型化简的进一步研究涉及二次型或行列式的特征方程的概念。特征方程的概念隐含地出现在欧拉的著作中，拉格朗日在其关于线性微分方程组的著作中首先明确地给出了这个概念。而三个变数的二次型的特征值的实性则是由阿歇特（J-N.P.Hachette）、蒙日和泊松（S.D.Poisson，1781—1840）建立的。

柯西在别人著作的基础上，着手研究化简变数的二次型问题，并证明了特征方程在直角坐标系的任何变换下不变性。后来，他又证明了个变数的两个二次型能用同一个线性变换同时化成平方和。

1851 年，西尔维斯特在研究二次曲线和二次曲面的切触和相交时进行了这种二次曲线和二次曲面束的分类。在分类方法中他引进了初等因子和不变因子的概念，但他没有证明“不变因子组成两个二次型的不变量的完全集”这一结论。

1858 年，魏尔斯特拉斯对同时化两个二次型成平方和给出了一个一般的方法，并证明，如果二次型之一是正定的，那么即使某些特征根相等，这个化简也是可能的。魏尔斯特拉斯比较系统地完成了二次型的理论并将其推广到双线性型。

5. 群论

求根问题是方程理论的一个中心课题。16 世纪，数学家们解决了三、四次方程的求根公式，对于更高次方程的求根公式是否存在，成为当时的数学家们探讨的又一个问题。这个问题花费了不少数学家们大量的时间和精力。经历了屡次失败，但总是摆脱不了困境。

到了 18 世纪下半叶，拉格朗日认真总结和分析了前人失败的经验，深入研究了高次方程的根与置换之间的关系，提出了预解式概念，并预见到预解式和各根在排列置换下的形式不变性有关。但他最终没能解决高次方程问题。拉格朗日的弟子鲁菲尼（Ruffini，1765—1862）也做了许多努力，但都以失败告终。高次方程的根式解的讨论，在挪威杰出数学家阿贝尔（N.K.Abel，1802—1829）那里取得了很大进展。阿贝尔只活了 27 岁，他一生贫病交加，但却留下了许多创造性工作。1824 年，阿贝尔证明了次数大于四次的一般代数方程不可能有根式解。但问题仍没有彻底解决，因为有些特殊方程可以用根式求解。因此，高于四次的代数方程何时没有根式解，是需要进一步解决的问题。这一问题由法国数学家伽罗瓦（E.Galois，1811—1832）全面、透彻地给予了解决。

伽罗瓦仔细研究了拉格朗日和阿贝尔的著作，建立了方程的根的“容许”置换，提出了置换群的概念，得到了代数方程用根式解的充分必要条件是置换群的自同构群可解。从这种意义上，我们说伽罗瓦是群论的创立者。伽罗瓦出身于巴黎附近一个富裕的家庭，幼时受到良好的家庭教育，只可惜这位天才的数学家英年早逝。1832 年 5 月，由于政治和爱情的纠葛，他在一次决斗中被打死，年仅 21 岁。

置换群的概念和结论是最终产生抽象群的第一个主要来源。抽象群产生的第二个主要来源则是戴德金（R.Dedekind，1831—1916）和克罗内克（L.Kronecker，1823—1891）的有限群及有限交换群的抽象定义以及凯莱（A.Kayley，1821—1895）关于有限抽象群的研究工作。另外，克莱因（F.Clein，1849—1925）和庞加莱（J.H.Poincare，1854—1912）给出了无限变换群和其他类型的无限群，19 世纪 70 年代，李（M.S.Lie，1842—1899）开始研究连续变换群，并建立了连续群的一般理论，这些工作构成了抽象群论的第三个主要来源。

1882 ~ 1883 年，迪克（W.Vondyck，1856—1934）的论文把上述三个主要来源的工作纳入抽象群的概念之中，建立了（抽象）群的定义。到 19 世纪 80 年代，数学家们终于成功地概括出抽象群论的公理体系。

20 世纪 80 年代，群的概念已经普遍地被认为是数学及其许多应用中最基本的概念之一。它不但渗透到诸如几何学、代数拓扑学、函数论、泛函分析及其他许多数学分支中而起着重要的作用，还形成了一些新学科，如拓扑群、李群、代数群等，它们还具有与群结构相联系的其他结构，如拓扑、解析流形、代数簇等，并在结晶学、理论物理、量子化学以及编码学、自动机理论等方面有重要作用。

PART 5 第五章 图与网络分析

本章介绍图的基本概念和图的应用。

5.1 节介绍图的基本概念、模型与计算。

5.2 节介绍图的矩阵表示。

5.3 节介绍图的连通性。

5.4 节介绍欧拉图和哈密顿图。

5.5 节介绍有向图的应用——Google 的网页排名算法。

5.6 节介绍最短路的算法。

5.7 节介绍本章部分实例的 MATLAB 实现。

图论是采用图形的方式分析和处理问题的一种数学方法。在图论中用“结点”表示事物，用“边”表示事物之间的联系，由结点和边构成的图表示所研究的问题。图论讨论的不是“几何图形”点、线、面的大小和位置关系等具体形态，而是图的逻辑结构与连通性。图可以表示复杂的非线性结构。最短路问题、中国邮路问题、旅行商问题、匹配问题、四色问题等都是体现图论思想方法的经典问题，数学建模中也常用到图论知识和方法解决网络最优化问题。

数据挖掘十大算法——PageRank(6)

推荐阅读：

1. 吴军著《数学之美》。
2. 《数据挖掘十大算法——PageRank(6)》。

5.1 图的基本概念与模型

我们先通过几个直观的例子，来感性地认识什么是图。

例 5.1 图 5.1 所画的是某地区的铁路交通图。显然，对于一位只关心自甲站到乙站需经过哪些站的旅客来说，图 5.2 比图 5.1 更为清晰。但这两个图有很大的差异，图 5.2 中不仅略去了对了解铁路交通毫无关系的河流、湖泊，而且铁路线的长短、曲直及铁路上各站间的相对位置都有了改变。不过，我们可以看到，图 5.1 的连通关系在图 5.2 中丝毫没有改变。

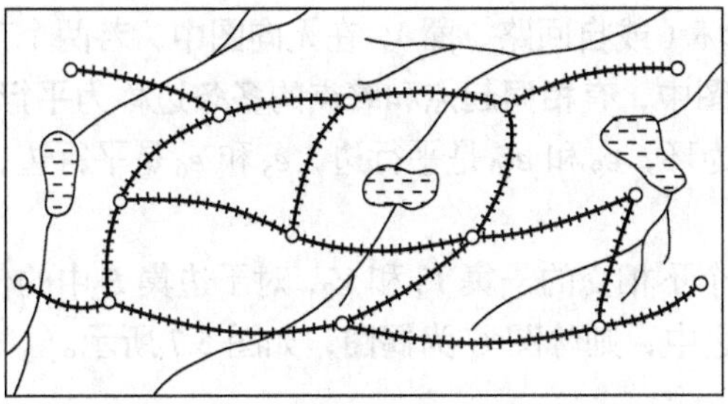

图 5.1

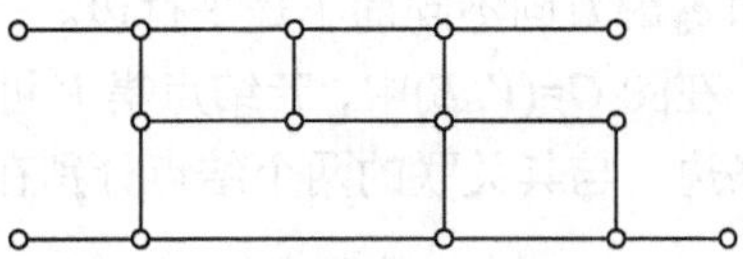

图 5.2

例 5.2 （描述企业之间的业务往来）有六家企业 1～6，相互之间的业务往来关系为 1 与 2、3、4 有业务往来；2 与 3、5 有业务往来；4 还与 5 有往来；6 不与任何企业有业务联系。

将六家企业用六个点表示，如果两个企业之间有业务往来，就用一条线连接，则六家企业业务往来关系如图 5.3 所示。因为要描述的是企业之间的关系，与每个点的位置无关，只与点线之间的关系有关，因此图 5.3 与图 5.4 是等价的。

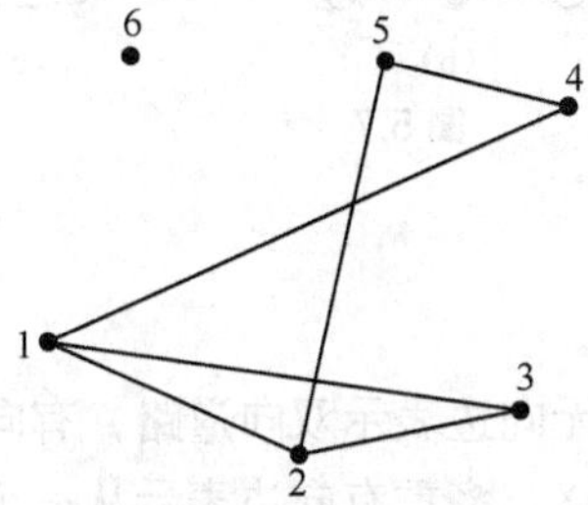

图 5.3

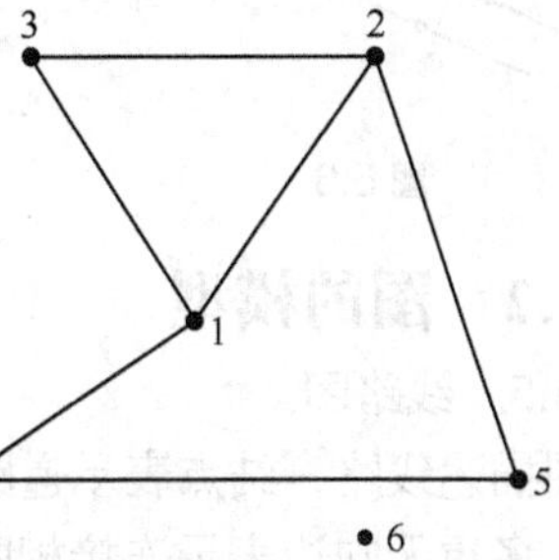

图 5.4

例 5.3 若发货地 x_1 可运送物资到收货地 y_1 和 y_2，发货地 x_2 可运送物资到收货地 y_1、y_2 和 y_3，发货地 x_3 可运送物资到收货地 y_1 和 y_3，现用点表示发货地和收货地，带方向的边表示物资运送方向，物资的收发关系如图 5.5 所示。

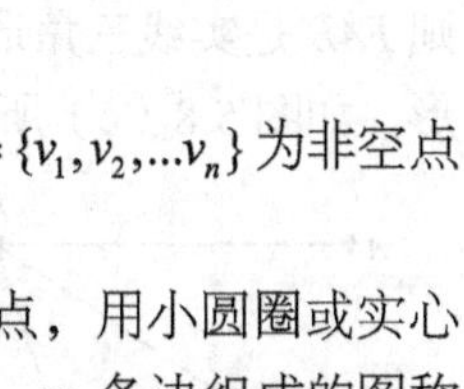

图 5.5

由这几个例子可知，一个图由一个表示具体事物的点的集合和表示事物之间联系的边的集合组成。

5.1.1 图的基本概念

定义 1 所谓图 G(graph)是一个二元组，记作 $G=<V,E>$，其中 $V=\{v_1,v_2,...v_n\}$ 为非空点集，$E=\{e_1,e_2...e_m\}$ 为边集。

图可以用集合、图形和矩阵表示。图用图形表示时，结点也称为顶点，用小圆圈或实心黑点表示，点与点之间的连线用直线段或曲线段表示边。具有 n 个顶点，m 条边组成的图称为（n，m）图。

例 5.4 如图 5.6 所示，$G=<V,E>$，G 是（6，10）图，其中 $V=\{v_1,v_2,...v_6\}$，$E=\{e_1,...e_{10}\}$，每条边可用一个结点对表示，即：

$e_1=<v_1,v_2>$、$e_2=<v_3,v_2>$、$e_3=(v_3,v_3)$、$e_4=<v_4,v_3>$、$e_5=<v_4,v_2>$、$e_6=<v_4,v_2>$、$e_7=<v_5,v_2>$、$e_8=<v_2,v_5>$、$e_9=(v_3,v_5)$、$e_{10}=(v_3,v_5)$。

尖括号< >结点对表示有向边，圆括号（ ）结点对表示无向边。

每条边都是无向边的图称为**无向图**，每条边都是有向边的图称为**有向图**。

若一条边的两个顶点相同，则称这条边为**环**（或自回路、圈）。在无向图中，若两个顶点之间有多条边，则称这些边为**平行边**。在有向图中，有**相同起点和终点**的多条边称为**平行边**。含有平行边的图称为**多重图**。如图 5.6 中，e_3为环，e_9和 e_{10}是平行边，e_5和 e_6是平行边，而 e_7和 e_8因方向不同而不是平行边。

在图 $G=(V, E)$中，若结点集 V 可划分为两个不相交的子集 V_1和 V_2，对于边集 E 中的任意一条边，与其关联的两个结点分别在 V_1和 V_2之中，则称图 G 为**偶图**，如图 5.7 所示。

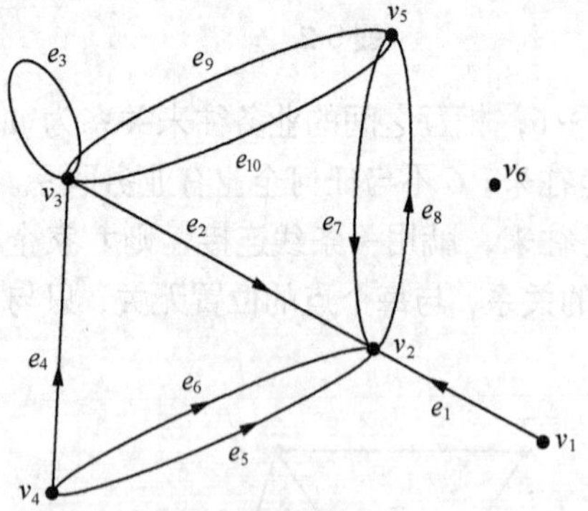

图 5.6

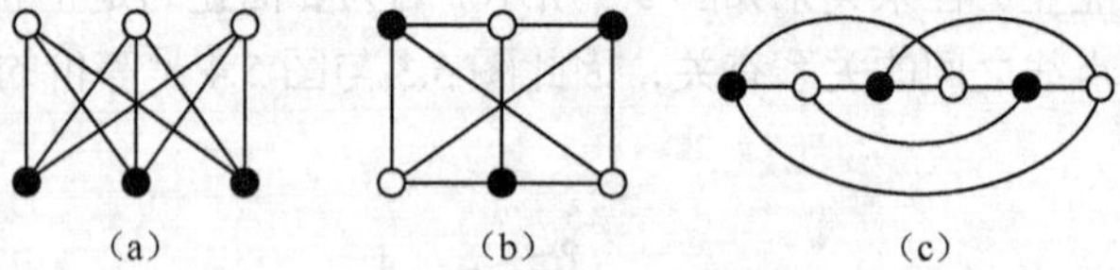

图 5.7

5.1.2　图的模型

例 5.5　线路图。

用图描述线路，结点表示道路交叉点，边表示道路，无向边表示双向道路，有向边表示单行道，多重无向边表示连接相同交叉路口的多条双向道路，多重有向边表示从一个交叉点开始到第二个交叉点结束的多条单行道，环表示环形路。

例 5.6　人的相识关系。

试证明：在任意六个人的聚会上，要么有三个人曾相识，要么有三人不曾相识。

证明：我们用 A、B、C、D、E、F 代表这六个人，若二人曾相识，则代表这二人的两点间连一条实线边；否则连一条虚线边。于是原来的问题等价于证明这样得到的图必含有实线边或虚线边三角形。考察某一顶点，选点 F，与 F 关联的边中必有三条实线或虚线。不妨设它们是三条实线 FA、FB、FC，如图 5.8（a）所示。再看三角形 ABC，如果它有一条实线边，则 FAB 是实线三角形，图 5.8（b）所示。如果三角形 ABC 没有实线边，则它本身是虚线三角形，如图 5.8（c）所示。

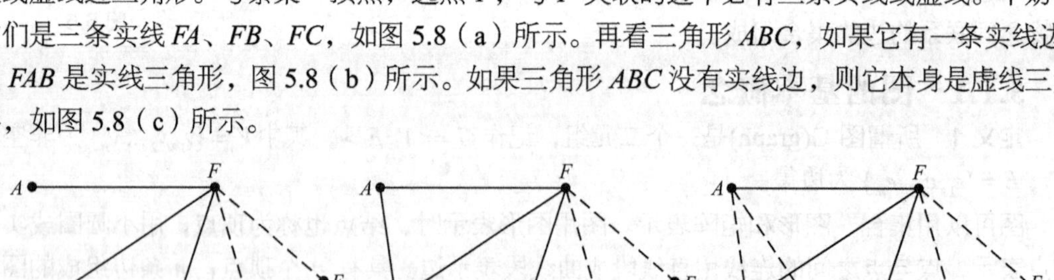

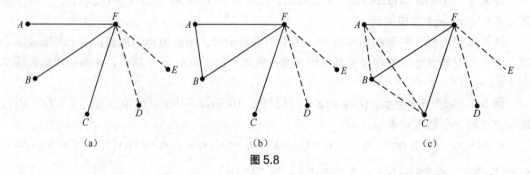

图 5.8

例 5.7　网络图。

互联网可以用有向图来建模，其中结点表示网页，并且若有从网页 a 指向网页 b 的链接，

则用以 a 为起点、以 b 为终点的有向边表示。因为几乎每秒钟都有新页面在网络上某处产生，并且有其他页面被删除，所以网络图几乎是连续变化的。目前网络图有超过 30 亿个结点和 200 亿条边。

例 5.8 任务分配。

假设某小组有 4 名员工：L，W，Z，H；他们要合作完成一个项目，这个项目有 4 种工作要做：需求分析，架构，实现，测试。已知 L 可以完成需求分析和测试；W 可以完成架构、实现和测试；Z 可以完成需求分析、架构和实现；H 只能完成需求分析。为了完成项目，必须给员工分配任务，以满足每个任务都有一个员工接手，而且每个员工最多只能分配一个任务。用偶图建模，如图 5.9 所示，从图中可找到完成上述任务的一种分配方案。

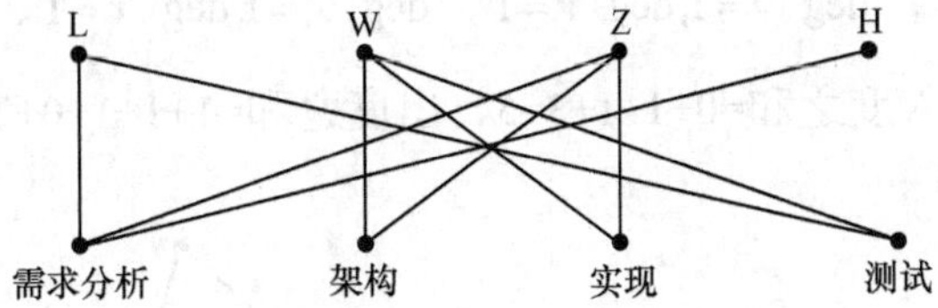

图 5.9

例 5.9 局域网。

在我们教学用的机房里，教师机与学生机以及像打印机和绘图仪等外部设备，都可以用局域网来连接。局域网基于星形拓扑，其中所有设备都连接到中央设备。局域网可用完全偶图来表示，如图 5.10 所示。

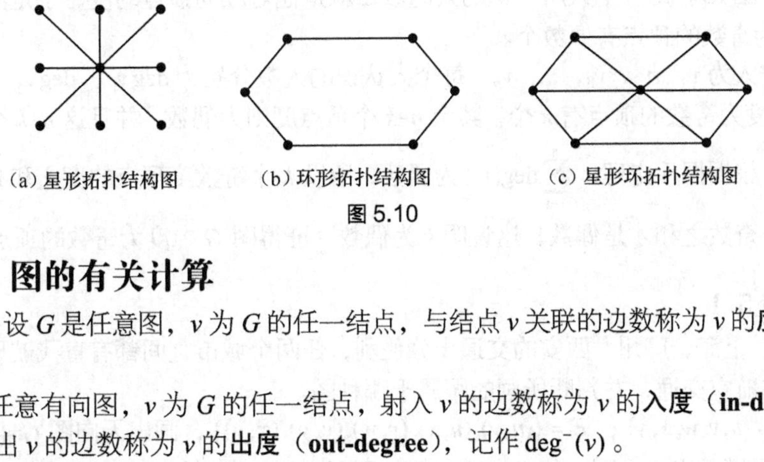
(a) 星形拓扑结构图
(b) 环形拓扑结构图
(c) 星形环拓扑结构图

图 5.10

5.1.3 图的有关计算

定义 2 设 G 是任意图，v 为 G 的任一结点，与结点 v 关联的边数称为 v 的**度**（**degree**），记作 $\deg(v)$。

设 D 是任意有向图，v 为 G 的任一结点，射入 v 的边数称为 v 的**入度**（**in-degree**），记作 $\deg^+(v)$，射出 v 的边数称为 v 的**出度**（**out-degree**），记作 $\deg^-(v)$。

定理 1（握手定理）

设图 $G=<V,E>$ 是（n，m）图，则所有结点度数的总和等于边数的二倍。

$$\sum_{i=1}^{n}\deg v_i = 2m$$

显然，图中每条边都有两个端点，一条边提供 2 度，共有 m 条边，因而共提供 $2m$ 度。

由定理 1 可得到：

推论：一个图中度数为奇数的点的个数为偶数。

定理 2 在有向图中，各结点的出度之和等于入度之和，即：

$$\sum_{i=1}^{n}\deg^-(v_i) = \sum_{i=1}^{n}\deg^+(v_i) = m$$

例 5.10 设 $V=\{u,v,w,x,y\}$，画出下列无向图和有向图，并计算各点的总度数或入度与出度。

（1）$E=\{(u,v),(u,x),(v,y),(x,y),(w,x)\}$。

（2）$E=\{<u,v>,<v,y>,<w,x>,<w,y>,<x,y>\}$。

解：（1）从图 5.11（a）看到：

deg$x$=3，deg$u$=deg$v$=deg$y$=2，deg$w$=1，

deg$u$+deg$v$+deg$x$+deg$y$+deg$w$=3+2+2+2+1=10，边数 m=5，满足 $\sum_{i=1}^{n}\deg(v_i)=2m$。

（2）从图（b）中看到：

$\deg^+ u=0,\deg^- u=1$，$\deg^+ v=1,\deg^- v=1$，$\deg^+ x=1,\deg^- x=1$、$\deg^+ y=3,\deg^- y=0$，$\deg^+ w=0,\deg^- w=2$。入度之和=0+1+1+3=5，出度之和=1+1+1+0+2=5，满足 $\sum_{i=1}^{n}\deg^-(v_i)=\sum_{i=1}^{n}\deg^+(v_i)=m$。

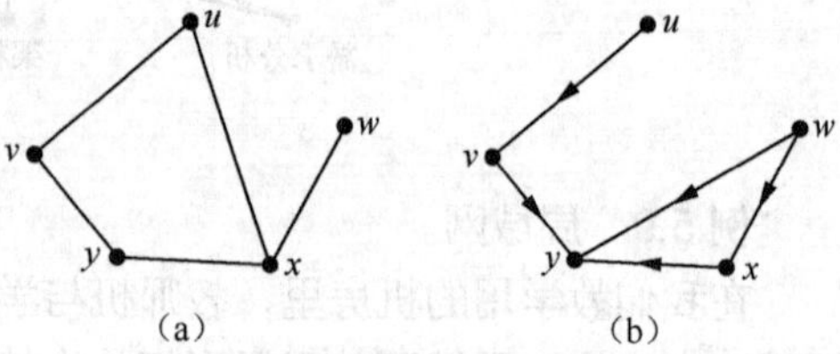

图 5.11

例 5.11 证明任何一群人中，有偶数个人认识其中奇数个人。

证明：

用 n 个顶点表示 n 个人，如果两个人相识，就用一条线把他们对应的一对顶点连起来，这样就得到了一个图 G。每一个人所认识的人的数目就是他对应的顶点的度，于是问题转化为证明图 G 中度为奇数的顶点有偶数个。

设这一群人为 v_1，v_2，v_3，…，v_n，每个人认识的人数分别为 $\deg v_1$、$\deg v_2$、$\deg v_3$、…、$\deg v_n$，其中度为奇数的顶点有 k 个，其余 $n-k$ 个顶点度则为偶数，并且这 $n-k$ 个顶点的度之和也是偶数，根据握手定理，$\sum_{i=1}^{n}\deg(v_i)$ 为偶数，所以 k 个奇数度顶点的度之和必为偶数。当且仅当偶数个奇数之和才是偶数，这说明 k 为偶数，证得图 G 中度为奇数的顶点有偶数个。

课堂练习 5.1

1. 北京、上海、广州、西安的交通十分便利，任两个城市之间都有直飞航班，请用图表示四座城市的航空交通，并判断所画的图属于哪种图。

2. 设 $V=\{u,v,w,x,y\}$，$E=\{(u,v),(u,x),(v,w),(v,y),(x,y)\}$，画出无向图 $G=(V,E)$的图形。

3. 是否可以画出一个图，使各点的度数与下面序列一致，如可能，画出一个符合条件的图；如不能，说明原因。

（1）1, 2, 3, 4, 5。　　（2）1, 2, 2, 3, 4。　　（3）2, 2, 2, 2, 2, 2。

4. 设有一个图有 10 个结点且所有结点的度都为 6，求该图的边数。

5. 在一个羽毛球比赛中，n 名选手中任意两名选手之间至多比赛一次，每个选手至少比赛一次。证明：一定能找到两名选手，他们的比赛次数相同。

5.2 图的矩阵表示

为便于计算机存储和处理图，将图的问题变为计算问题，需要用矩阵来表示图。常用于

表示图的矩阵有：反映点与点之间相邻关系的**邻接矩阵**，反映点与边之间关联关系的**关联矩阵**，反映图的连通性的**可达性矩阵**。

- 点与边关联、点邻接、边邻接。

若 $e_k=(v_i,v_j)$，不论 e_k 是有向边还是无向边，都称边 e_k 与点 v_i 和 v_j 相**关联**，称点 v_i 与点 v_j **邻接**，若干条边关联于同一点，称这些边**邻接**。

5.2.1 邻接矩阵

◆无向图的邻接矩阵。

定义 3 设无向图 $G=<V,E>$，它有 n 个顶点 $V=<v_1,v_2,...v_n>$，如果 a_{ij} 表示 v_i 和 v_j 之间的边数，则 n 阶方阵 $\boldsymbol{A}(\boldsymbol{G})=(a_{ij})_n$ 称为无向图 G 的**邻接矩阵**。

特别的，对于无向简单图，$a_{ij}=\begin{cases}1 & (v_i,v_j)\in E\\ 0 & (v_i,v_j)\notin E\end{cases}$。

例 5.12 写出图 5.12 和图 5.13 所示的无向图的邻接矩阵

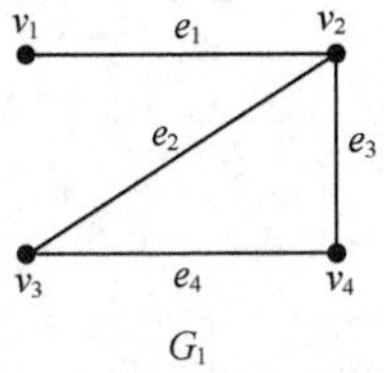

图 5.12

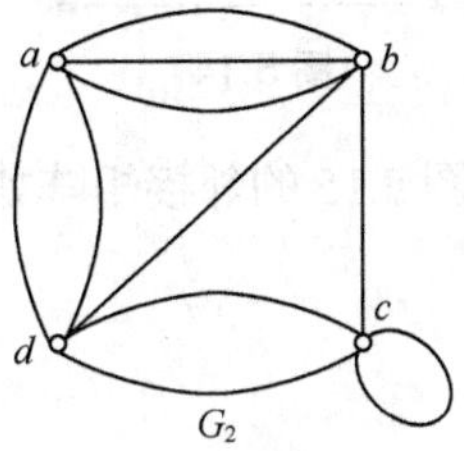

图 5.13

解：图 5.12 是无向简单图，它的邻接矩阵如下：

$$\boldsymbol{A}(\boldsymbol{G}_1)=\begin{bmatrix}0&1&0&0\\1&0&1&1\\0&1&0&1\\0&1&1&0\end{bmatrix}$$

图 5.13 有平行边和环，确定其邻接矩阵时，环算两条边：

$$\boldsymbol{A}(\boldsymbol{G}_2)=\begin{bmatrix}0&3&0&2\\3&0&1&1\\0&1&2&2\\2&1&2&0\end{bmatrix}$$

注意

在带圈图中，计算与圈（环）关联的结点的度数时，圈（环）算两条边，此时该结点度为 2。

例 5.13 给定一个邻接矩阵，就能确定一个图。画出对应于结点顺序 a、b、c、d 的邻接矩阵的无向图。

$$\boldsymbol{A}(\boldsymbol{G})=\begin{bmatrix}0&1&1&0\\1&0&1&1\\1&1&0&0\\0&1&0&0\end{bmatrix}$$

解：对应的无向图如图 5.14 所示。

无向图邻接矩阵有以下特征。

- 无向图的邻接矩阵为 n 阶对称方阵（即 $A=A^{\mathrm{T}}$），每行每列对应一个结点。
- 无向简单图的邻接矩阵主对角线上的元素全为 0。
- 每行元素之和为该行对应结点的度。
- 有向图的邻接矩阵。

定义 4 设有向图 $G=<V,E>$，它有 n 个顶点 $V=<v_1,v_2,\ldots v_n>$，如果 a_{ij} 表示以 v_i 为起点 v_j 为终点的有向边的边数，则 n 阶方阵 $A(G)=(a_{ij})_n$ 称为**有向图 G 的邻接矩阵**。

例 5.14 写出图 5.15 所示的有向图的邻接矩阵。

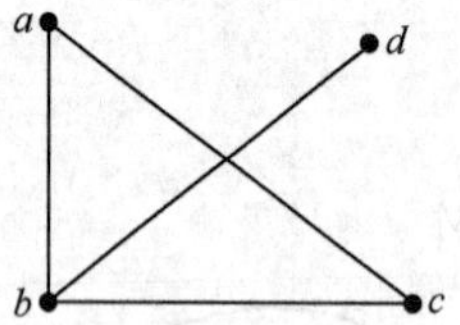

图 5.14

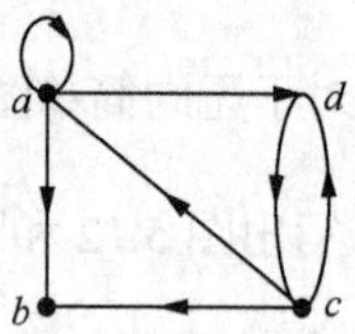

图 5.15

解：有向图 5.15 的邻接矩阵如下。

$$A(G)=\begin{bmatrix}1&1&0&1\\0&0&0&0\\1&1&0&1\\0&0&1&0\end{bmatrix}$$

有向图的邻接矩阵有以下特征。

- 邻接矩阵为 n 阶方阵，但不一定是对称方阵。
- 每行元素之和为该行对应结点的出度，每列元素之和为该列对应结点的入度。

5.2.2 关联矩阵

- 无向图的关联矩阵。

定义 5 设无向图 $G=<V,E>$，它有 n 个顶点 $V=\{v_1,v_2,\ldots v_n\}$，m 条边 $E=\{e_1,e_2,\ldots e_m\}$，如果 b_{ij} 表示点 v_i 与边 e_j 关联的次数，则 $n\times m$ 矩阵 $M(G)=(b_{ij})_{n\times m}$ 称为无向图 G 的**关联矩阵**。

例 5.15 写出图 5.16、图 5.17 的关联矩阵。

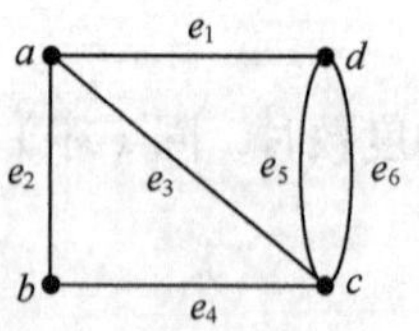

图 5.16

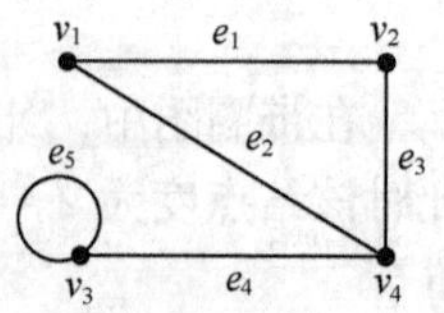

图 5.17

解：关联矩阵每一行对应一个点，每一列对应一条边。每条边关联两个结点，环关联的两个顶点重合，这个结点与环关联为两次。

图 5.16 的关联矩阵如下：

$$e_1 \quad e_2 \quad e_3 \quad e_4 \quad e_5 \quad e_6$$

$$M(G)=\begin{bmatrix}1&1&1&0&0&0\\0&1&0&1&0&0\\0&0&1&1&1&1\\1&0&0&0&1&1\end{bmatrix}\begin{matrix}a\\b\\c\\d\end{matrix}$$

图 5.17 中 e_5 是环，结点 v_3 与它关联算两次，关联矩阵如下：

$$M(G)=\begin{bmatrix}1&1&0&0&0\\1&0&1&0&0\\0&0&0&1&2\\0&1&1&1&0\end{bmatrix}\begin{matrix}v_1\\v_2\\v_3\\v_4\end{matrix}$$

例 5.16 由关联矩阵可以确定一个图。若无向图的关联矩阵为 $M(D_1)$，$M(D_2)$，画出对应于结点顺序为 v_1、v_2、v_3、v_4，边的顺序为 e_1、e_2、e_3、e_4 无向图。

$$M(D_1)=\begin{bmatrix}0&0&1&1\\0&1&1&1\\1&0&0&0\\1&1&0&0\end{bmatrix}\quad M(D_2)=\begin{bmatrix}1&1&0&0\\1&0&1&0\\0&1&1&2\end{bmatrix}$$

解：关联矩阵如图 5.18 和图 5.19 所示。

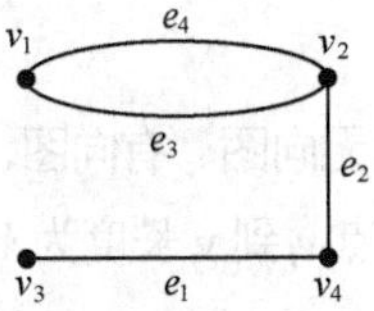

图 5.18

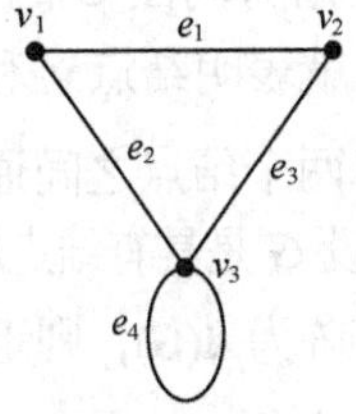

图 5.19

无向图的关联矩阵的特征：

- 每列元素之和等于 2；
- 每行元素之和等于该行对应结点的度数；
- 无向图关联矩阵中所有元素之和等于图中边数的两倍；
- 有向图的关联矩阵。

定义 6 设有向图 $D=<V,E>$，它有 n 个顶点 $V=\{v_1,v_2,...v_n\}$，m 条有向边 $E=\{e_1, e_2,...e_m\}$，如果 m_{ij} 表示点 v_i 与边 e_j 关联的次数，则 $n\times m$ 矩阵 $M(D)=(m_{ij})_{n\times m}$ 称为有向图 D 的**关联矩阵**，其中：

$$m_{ij}=\begin{cases}-2 & e_j\text{是环，且关联于}v_i\\1 & e_j\text{以}v_i\text{为起点}\\-1 & e_j\text{以}v_i\text{为终点}\\0 & e_j\text{与}v_i\text{不关联}\end{cases}$$

例 5.17 写出有向图图 5.20 的关联矩阵。

解：有向图图 5.20 的关联矩阵如下：

$$M(D)=\begin{bmatrix}-1&-1&1&0&0&0&0\\0&1&-1&0&0&1&0\\1&0&0&1&1&0&-2\\0&0&0&-1&-1&-1&0\end{bmatrix}$$

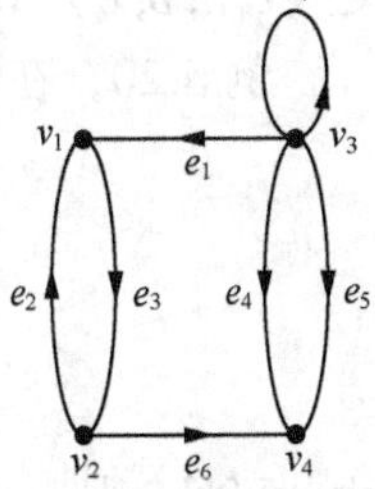

图 5.20

反过来，根据一个有向图的关联矩阵可以画出其有向图。

例 5.18 若图的关联矩阵如下，画出对应于结点顺序为 v_1、v_2、v_3、v_4，边的顺序为 e_1、e_2、e_3、e_4 有向图。

$$\boldsymbol{M(D)}=\begin{bmatrix}1 & -1 & 0 & 0\\ 0 & 1 & 0 & -1\\ -1 & 0 & -1 & 1\\ 0 & 0 & 1 & 0\end{bmatrix}$$

解： $\boldsymbol{M(D)}$图如图 5.21 所示。

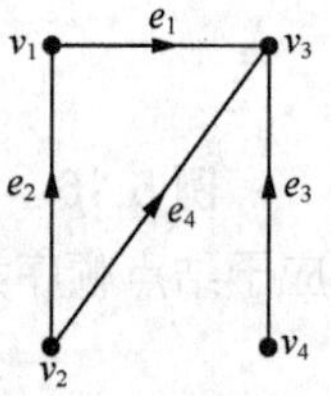

图 5.21

有向图的关联矩阵的特征：

- 有向无圈图每列对应一条有向边，恰有一个 1 和一个–1；
- 每行对应一个点，1 的个数为该点的出度，–1 的个数为入度；
- 有向无圈图关联矩阵中所有元素之和等于 0，1 的个数等于–1 的个数等于有向图的边数。

5.2.3 可达性矩阵

有向图中任意两个结点之间是否存在通路，我们可以通过图的图形直观看到，还可以不依赖图形，利用有向图 G 的邻接矩阵 $\boldsymbol{A(G)}$，计算 $\boldsymbol{A}^2$、$\boldsymbol{A}^3$、…、$\boldsymbol{A}^n$，如果其中某个 $\boldsymbol{A}^k$ 中的元素 $a_{ij}^k \geqslant 1$，就表明结点 v_i 和 v_j 之间存在通道。

◆ 计算两个结点之间通道数目。

定理 3 设 G 是具有结点顺序为 v_1、v_2、…、v_n 的图（可以是无向图、有向图、多重图、带圈图），其邻接矩阵为 $\boldsymbol{A(G)}$，则矩阵 $\boldsymbol{Y}=\left(\boldsymbol{A(G)}\right)^k$ 中的元素 y_{ij} 表示结点 v_i 到 v_j 长度为 k 的通道数目。

例 5.19 在例 5.13 中，

$$\boldsymbol{Y}=\boldsymbol{A}^2\boldsymbol{(G)}=\begin{bmatrix}0 & 1 & 1 & 0\\ 1 & 0 & 1 & 1\\ 1 & 1 & 0 & 0\\ 0 & 1 & 0 & 0\end{bmatrix}^2=\begin{bmatrix}2 & 1 & 1 & 1\\ 1 & 3 & 1 & 0\\ 1 & 1 & 2 & 1\\ 1 & 0 & 1 & 1\end{bmatrix}, \boldsymbol{Y}_{22}=3 \text{ 表示有 3 条从 } b \text{ 到 } b \text{ 长度为 2 的通道，}$$

分别是（b, a, b）, (b, d, b), (b, c, b)

$$\boldsymbol{Z}=\boldsymbol{A}^3\boldsymbol{(G)}=\begin{bmatrix}0 & 1 & 1 & 0\\ 1 & 0 & 1 & 1\\ 1 & 1 & 0 & 0\\ 0 & 1 & 0 & 0\end{bmatrix}^3=\begin{bmatrix}2 & 4 & 3 & 1\\ 4 & 2 & 4 & 3\\ 3 & 4 & 2 & 1\\ 1 & 3 & 1 & 0\end{bmatrix}, \boldsymbol{Z}_{13}=3 \text{ 表示有 3 条从 } a \text{ 到 } c \text{ 长度为 3 的通道，}$$

分别是（a, c, a, c）, (a, c, b, c), (a, b, a, c)。$\boldsymbol{Z}_{33}=2$ 表示有 2 条从 c 到 c 长度为 3 的通道，分别是（c, a, b, c）, (c, b, a, c)。

例 5.20 在例 5.13 中，

$$\boldsymbol{A}^2\boldsymbol{(G)}=\begin{bmatrix}4 & 2 & 1 & 2\\ 0 & 0 & 0 & 0\\ 2 & 1 & 1 & 1\\ 1 & 1 & 0 & 1\end{bmatrix} \quad \boldsymbol{A}^3\boldsymbol{(G)}=\begin{bmatrix}9 & 5 & 2 & 5\\ 0 & 0 & 0 & 0\\ 5 & 3 & 1 & 3\\ 2 & 1 & 1 & 1\end{bmatrix}$$

由此可见，从 c 到 a 长度为 2 的有向通道有 2 条，从 c 到 a 长度为 3 的有向通道有 5 条。

但这种计算比较麻烦，且 $\boldsymbol{A}^k$ 不知计算到何时为止。我们需要改进利用矩阵运算判断的思路和方法，寻找运算更为简单的可达性矩阵来描述。

定义 7 若有向图 $D=<V,E>$，$V=\{v_1,v_2...v_n\}$，n 阶方阵 $\boldsymbol{P(D)}=(c_{ij})_n$ 满足

$$c_{ij}=\begin{cases}1 & v_i\text{可达}v_j\\ 0 & v_i\text{不可达}v_j\end{cases}$$

则称 $\boldsymbol{P(D)}$为 $\boldsymbol{D}$ 的**可达性矩阵**。

- 可达性矩阵的算法。

因可达性矩阵是一个元素只为 0 或 1 的矩阵（称为**布尔矩阵**），我们先定义一种特殊运算——**布尔运算**，建立布尔运算上的矩阵，再求得可达性矩阵。

- 布尔运算。

若 $a,b\in N$，则定义：

布尔和（+）：$a(+)b=\begin{cases}1 & a+b\geqslant 1\\ 0 & a+b=0\end{cases}$

布尔积（×）：$a(\times)b=\begin{cases}1 & a\times b\geqslant 1\\ 0 & a\times b=0\end{cases}$

布尔幂（i）：$a^{(i)}=a(\times)a(\times)...(\times)a$（$i$ 个 a）

建立在布尔和与布尔积上的矩阵运算，称为**布尔矩阵运算**。

- 可达性矩阵求法

$$\boldsymbol{P(D)}=\boldsymbol{A}(+)\boldsymbol{A}^{(2)}(+)\boldsymbol{A}^{(3)}(+)...(+)\boldsymbol{A}^{(n)}$$

其中 $\boldsymbol{A}$ 为有向图 D 的邻接矩阵，$\boldsymbol{n}$ 为 D 的结点个数。

例 5.21 有向图 $D=<V,E>$，点集 $V=\{v_1,v_2,v_3,v_4\}$，边集 $E=\{<v_1,v_2>,<v_1,v_3><v_2,v_4><v_3,v_1><v_3,v_4>\}$，求 D 的可达性矩阵 $\boldsymbol{P(D)}$。

解：D 的邻接矩阵如下：

$$\boldsymbol{A(D)}=\begin{bmatrix}0&1&1&0\\0&0&0&1\\1&0&0&1\\0&0&0&0\end{bmatrix}，\text{则}$$

$$\boldsymbol{A}^{(2)}=\begin{bmatrix}1&0&0&1\\0&0&0&0\\0&1&1&0\\0&0&0&0\end{bmatrix}，\boldsymbol{A}^{(3)}=\begin{bmatrix}0&1&1&0\\0&0&0&0\\1&0&0&1\\0&0&0&0\end{bmatrix}，\boldsymbol{A}^{(4)}=\begin{bmatrix}1&0&0&1\\0&0&0&0\\0&1&1&0\\0&0&0&0\end{bmatrix}$$

可达性矩阵 $\boldsymbol{P(D)}=\boldsymbol{A}(+)\boldsymbol{A}^{(2)}(+)\boldsymbol{A}^{(3)}(+)\boldsymbol{A}^{(4)}=\begin{bmatrix}1&1&1&1\\0&0&0&1\\1&1&1&1\\0&0&0&0\end{bmatrix}$

其中 $\boldsymbol{P}_{24}$=1 表明点 v_2 可达 v_4，$\boldsymbol{P}_{42}$=0 表明点 v_4 不可达 v_2，$\boldsymbol{P}_{11}$=1 表明点 v_1 存在回路。

注意

可达性矩阵表明图中任意两个结点之间是否存在通道以及在任何结点上是否存在回路，但不能体现两个结点间具体通道的数目。

课堂练习 5.2

1. 写出图 5.22 的邻接矩阵和关联矩阵。

2. 画出邻接矩阵 $\boldsymbol{A(G)}=\begin{bmatrix}0&1&0&1&0\\1&2&1&0&1\\0&1&0&1&1\\1&0&1&0&1\\0&1&1&1&2\end{bmatrix}$ 对应的无向图，并从邻接矩阵求各结点的度数。

3. 有向图 D 的结点为 v_1，v_2，v_3，v_4，它的邻接矩阵如下，画出这个图。

$$\boldsymbol{A(D)}=\begin{bmatrix}0&1&1&1\\0&0&1&0\\1&1&0&1\\1&0&0&0\end{bmatrix}$$

4. 图 5.23 给出一个有向图，求它的邻接矩阵 $\boldsymbol{A(D)}$，关联矩阵 $\boldsymbol{M(D)}$，可达矩阵 $\boldsymbol{P(D)}$，并说出每个矩阵中第 2 行第 3 列元素的含义。

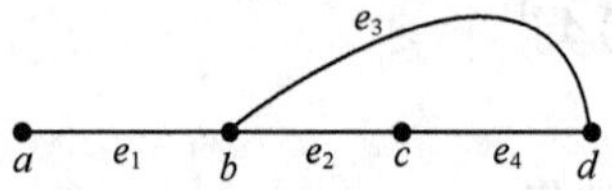

图 5.22

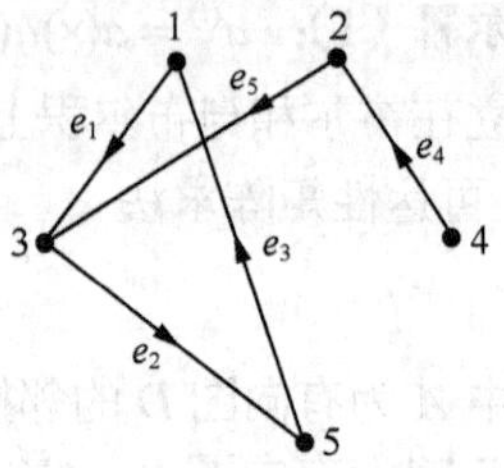

图 5.23

5.3 图的连通性

研究图的特性，最重要的就是其连通性。反映在客观问题中就是事物间有没有联系，有怎样的联系。

5.3.1 有关术语——通道、迹、路

● 通道。

设 v_0 和 v_n 是任意图 G 的结点，图 G 的一条结点和边交替序列 $v_0e_1v_1e_2\ldots e_nv_n$ 称为连接 v_0 到 v_n 点的一条通道。其中 $e_i(1\leqslant i\leqslant n)$ 是关联于结点 v_{i-1} 和 v_i 的边，通道可简记为（$v_0v_1v_2\ldots v_n$）。通道中边的个数称为**通道的长度**（length）。若 $v_0=v_n$，称为闭通道。

直观地说，通道就是通过相连的若干条边从一个点达到另一个点的路线。通道上点、边均可以重复出现。

● 迹。

无重复边的通道称为迹。无重复边的闭通道称为闭迹。

● 路。

无重复点的通道称为路。除了端点外没有重复点的闭通道称为回路。

如果长为 n 的通道上 n+1 个点各不相同，则相应的 n 条边也必然各不相同，因此，路一定是迹，回路一定是闭迹。但长为 n 的通道上 n 条边各不相同时，仍可能有重复点出现，因

此，迹不一定是路，闭迹不一定是回路。在图 5.24 中，$v_1v_2v_4v_3v_2v_4v_6$是一条v_1–v_6的通道，$v_1v_2v_3v_5v_2v_4v_6$是一条v_1–v_6迹，但不是路$v_1v_2v_4v_6$是一条v_1–v_6路，$v_1v_2v_4v_6v_5v_3v_1$是一条闭通道且是闭迹。

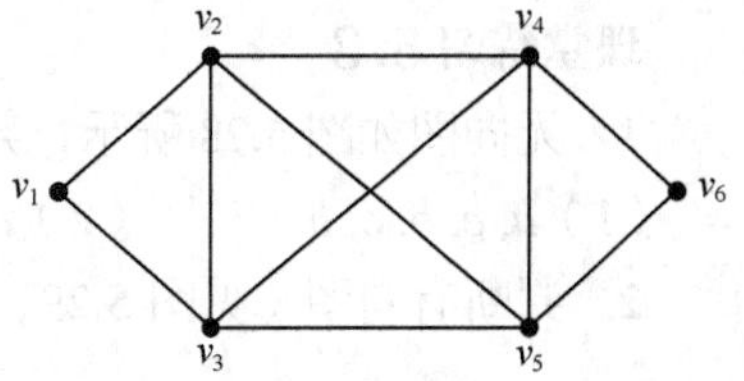

图 5.24

5.3.2 无向图的连通性

无向图 G 中若存在一条v_i–v_j通道，则称v_i与v_j是**连通的**（connected）。如果图 G 中任何两个顶点都是连通的，则称 G 是**连通图**（connected graph），否则称为**非连通图**（disconnected graph）。

连通子图：如果 H 是 G 的子图，且 H 是连通的，则称 H 为 G 的连通子图。

图 5.25 所示为连通图，图 5.26 所示为非连通图，有两个连通子图。

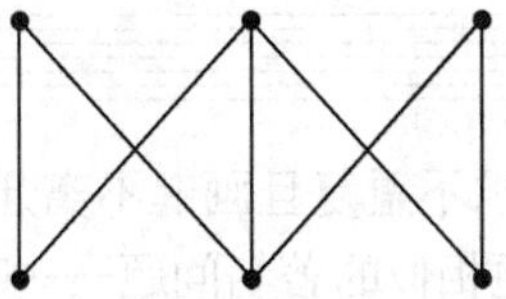
图 5.25

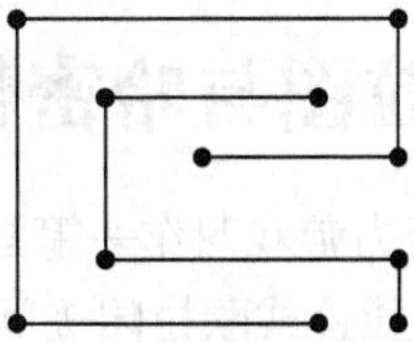
图 5.26

割点：如果删除一个结点 v 及与 v 关联的边，图将不连通，则称结点 v 为图的割点或关节点。

割边：如果删除一条边，图将不连通，则称这条边为割边或桥。

图 5.27 所示的割点是 b、c 和 e，删除这些结点中的一个及它的邻边，图就不连通。割边是（a，b）和（c，e），删除其中一条边，使得图不再连通。

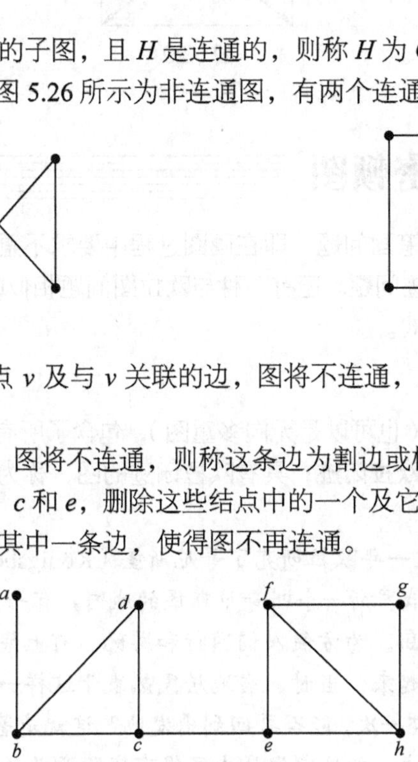

图 5.27

5.3.3 有向图的连通性

- 有向图 D 中若存在一条v_i到v_j的有向路，称结点v_i**可达**结点v_j。

规定：v_i到自身总是可达的。

对于有向图，由于其边有方向性，可达关系不一定是对称的。u 可达 v 时，不一定 v 可达 u。即使 u 可达 v 且 v 也可达 u，从 u 到 v 的有向通道与从 v 到 u 的有向通道也是不同的。因此，有向图的连通性比无向图连通性包含了更多内容。

- 设 D 是有向图，如果有向图 D 的任何一对结点 u、v 间，u 可达 v，同时 v 可达 u，则称这个有向图是**强连通**（strongle connected）。任何一对结点 u、v 间，或者 u 可达 v，或者 v 可达 u，则称这个有向图是**单侧连通**（unilateral connected）。若有向图 D 忽略方向后是连通图（一整块的），则称有向图 D 是**弱连通**（weakly connected）。

例 5.22 互联网用顶点表示网页，并且用有向边表示链接。整个超大的互联网不是连通的，它有一个非常大的巨型强连通分支和许多小的强连通分支。

课堂练习 5.3

1. 无向图如图 5.28 所示，判断下列 4 个给定的顶点序列是什么（通道、迹、路）？

（1）a, e, b, c, b　　（2）a, d, a, d, a　　（3）e, b, d, a　　（4）b, e, c, b, d

2. 判断有向图（见图 5.29、图 5.30）的连通性。

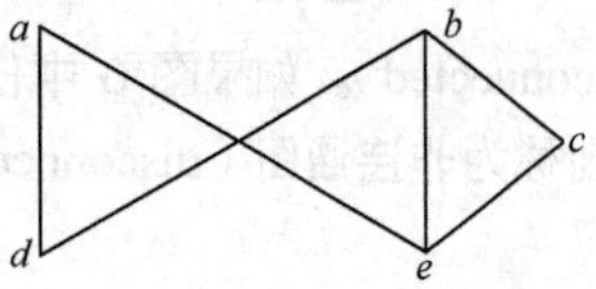

图 5.28

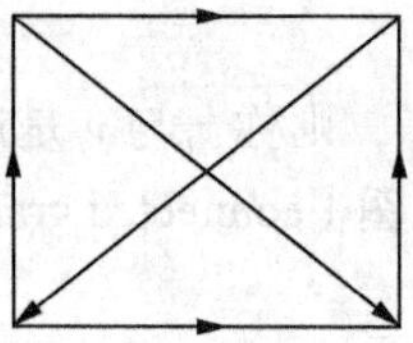

图 5.29

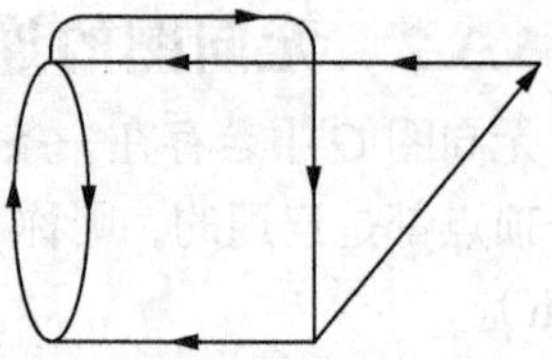

图 5.30

5.4 欧拉图与哈密顿图

有一种智力游戏叫作一笔画问题，即在画图过程中要求不重复且画笔不离开纸面。在数学上，即求欧拉迹或欧拉闭迹问题。还有一种与欧拉图问题相似的著名问题——哈密顿问题，源于当时风靡的周游世界游戏。

5.4.1 欧拉图

定义 8 在一个无向图（也可以是无向多重图），包含了所有边的一条迹，称为**欧拉迹**；包含了所有边的闭迹，称为**欧拉闭迹**；具有欧拉闭迹的图，称为**欧拉图**；具有欧拉迹而无欧拉闭迹的图，称为**半欧拉图**。

图论起源于 1736 年，这一年欧拉研究了哥尼斯堡（Königsberg）七桥问题（见图 5.31），发表了图论的首篇论文。在俄罗斯一个叫哥尼斯堡的城内，有一条名为普雷格尔（Pregel）的河贯穿城内，河中有两个孤岛。为方便人们通行和游玩，河上架设有七座桥，从而使河中的两个小岛与河两岸城区联结起来。当时，当地居民热衷于这样一个游戏：从河岸或岛上任一地方出发，每一座桥恰好通过一次，能否再回到出发地？这就是著名的哥尼斯堡（Königsberg）七桥问题。这虽然是一个游戏，但从它发展出了很有实际意义的数学模型。欧拉（Euler）研究了这个游戏，他用四个点 A、B、C、D 表示两岸和两个小岛，用两点间的连线表示桥。如图 5.32 所示。于是问题转化为在图 5.32 中，从任何一点出发，每条线段恰好通过一次，能否再回到出发点？这个问题相当于“一笔画问题”，即从任一点开始，能否一笔画出这个图而且落笔于开始点？

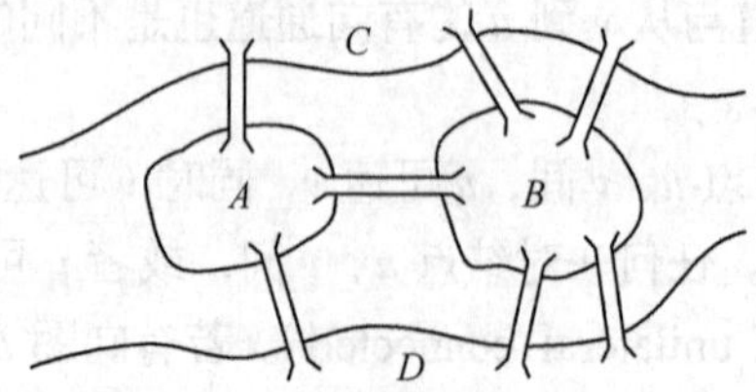

图 5.31

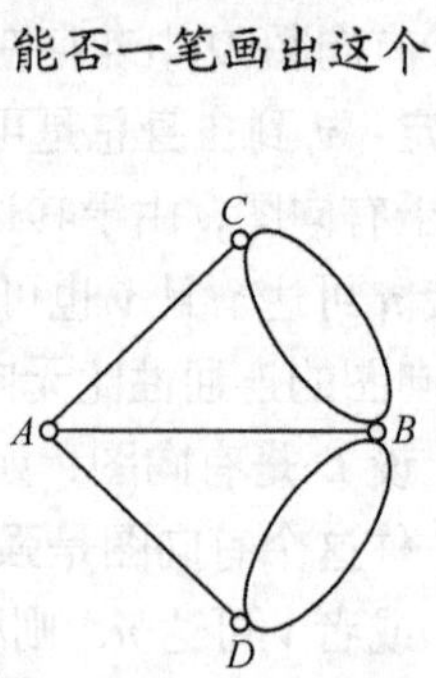

图 5.32

研究哥尼斯堡七桥问题，欧拉给出了欧拉迹和欧拉图及“一笔画”问题简单、有效的判定方法。

定理 4 无向图 G 是半欧拉图，当且仅当 G 是连通的，且仅有两个奇数度结点，两个奇数度结点是每条欧拉迹的端点。

推论：无向图 G 为欧拉图，当且仅当 G 是连通的，且所有结点的度均为偶数。

从图 5.30 看到，degA=3、degB=5、degC=3、degD=3，由定理 3 可知不存在欧拉回路，所以，哥尼斯堡七桥问题无解。对于哥尼斯堡七桥问题，欧拉给出了否定答案。

例 5.22 判断图 5.33、图 5.34 能否“一笔画”。

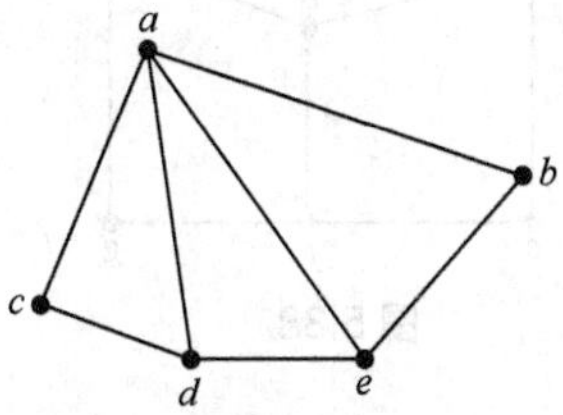

图 5.33

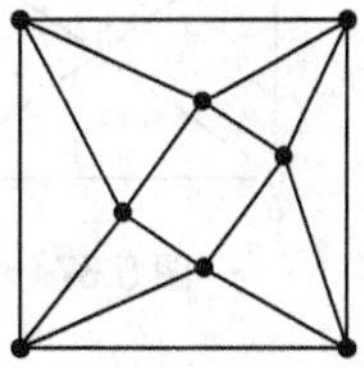
图 5.34

解：图 5.33 中，除了两个奇数度点 d、e，其余点均为偶数度，所以，从 d 开始存在一笔画的路线（欧拉迹）至 e 结束，且不止一条，如（*dcadeabe*），（*dabedcae*）。

图 5.35 中，所有点的度数均为偶数，是欧拉图，可以一笔画，从任一点出发都可以最后在这点结束。

例 5.23 中国数学家管梅谷先生 1962 年提出与欧拉图密切相关所谓的“中国邮路问题”。邮递员从邮局出发，在其分辖的投递区域内走遍每一条街道，把信件送到收件人手里，最后又回到邮局，要走怎样的路线才能使全程最短？这个问题可以用图表示：以街道为边，以街道交叉处为图的结点，问题就是要从这样一个图中找到一条至少包含每边一次的总长最短的回路。

5.4.2 哈密顿图

定义 9 通过图 G 中每个结点一次的通道，称为**哈密顿路**，通过图 G 中每个结点一次的闭通道，称为**哈密顿回路**，具有哈密顿回路的图，称为**哈密顿图**。具有哈密顿路而无哈密顿回路的图，称为**半哈密顿图**。

哈密顿图源于 1859 年英国数学家、天文学家哈密顿设计的一个名叫周游世界的游戏。内容是用一个正十二面体的 20 个顶点代表地球上的 20 个城市，棱线看成连接城市的道路（见图 5.35），游玩者从一个城市出发，经过每个城市恰好一次，最后回到出发地。

将正十二面体投影在平面上得到图 5.36 所示的无向图。

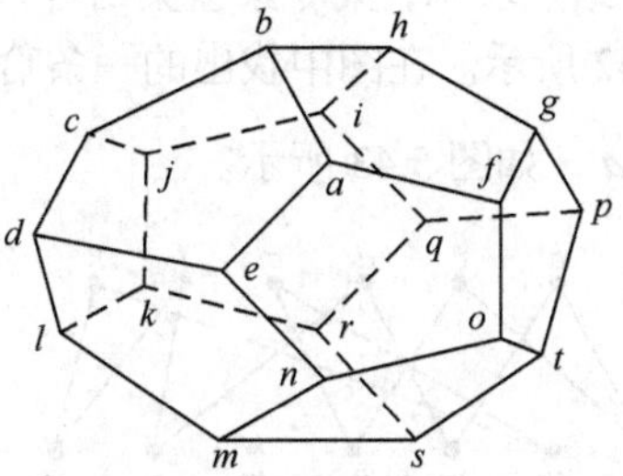

图 5.35

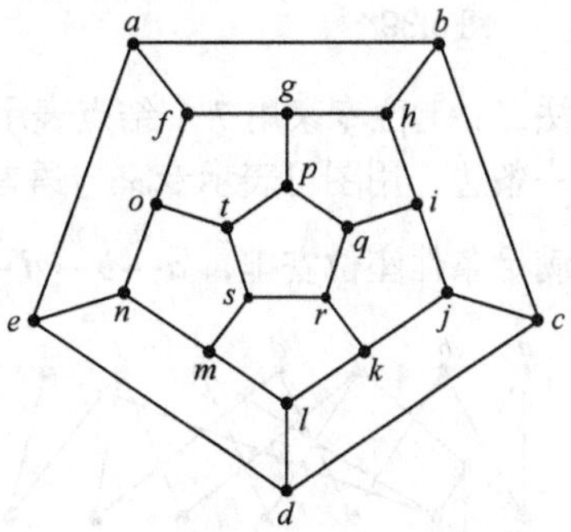

图 5.36

哈密顿图实质上是能将图中所有的结点排在同一个圈上。

欧拉图和哈密顿图都是遍历问题，前者是遍历图的所有边，后者是遍历图的所有点。欧拉图的判断方法简单，但哈密顿图的判断是至今尚未解决的问题，一般采用尝试的方法解决。

例 5.24 判断图 5.37、图 5.38 是否有哈密顿路和哈密顿回路。

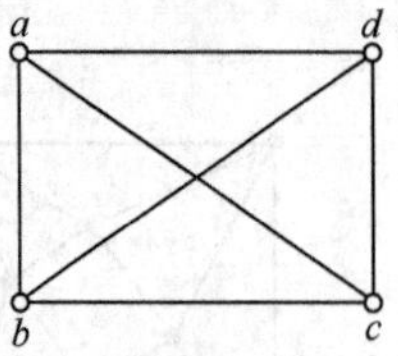

图 5.37

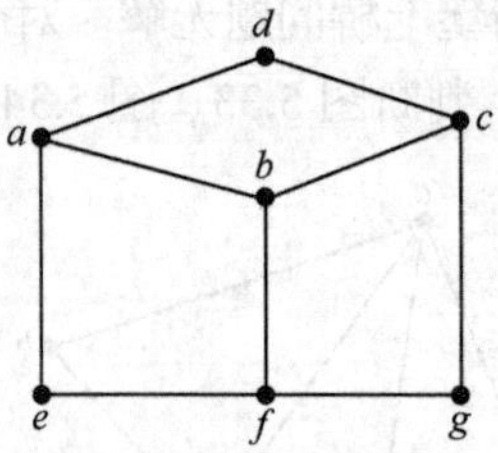

图 5.38

解：图 5.37 存在哈密顿路（a, b, c, d）和哈密顿回路（a, b, c, d, a）。

图 5.38 存在哈密顿路（d, a, e, f, g, c, b），但不存在哈密顿回路。假设存在一条哈密顿回路（即图中所有点都能排在一个圈上），那么在这条哈密顿回路上每个点的度均为 2。故图 5.38 中，需要删除度大于 2 的结点 a、b、c、f 关联的边。对点 a 而言，只能删除边（a, b）；对 f 点而言，可删除边（b, f），此时，点 b 的度等于 1，所以不能形成哈密顿回路。

例 5.25 某个会议邀请了 7 位国际专家 a、b、c、d、e、f、g，他们各自能用两种及以上语言交流，a：英语、德语；b：英语、汉语；c：英语、俄语、意大利语；d：汉语、日语；e：意大利语、德语；f：俄语、日语、法语；g：德语、法语。会议组织者安排专家围坐圆桌，为便于交流，相邻两人至少共通一种语言，请问组织者如何安排座位？

解：

方法一：这个问题用图来表示：七位专家为图的 7 个结点，两人若共通一门语言，则这两个结点之间画一条边，如图 5.39 所示。使相邻而坐的两人至少能用一种语言交流的座位安排，即在图 5.39 所示中找出一条哈密顿回路，（a, b, d, f, g, e, c, a）和（a, e, g, f, d, b, c, a）都满足要求，如图 5.40 和图 5.41 所示。

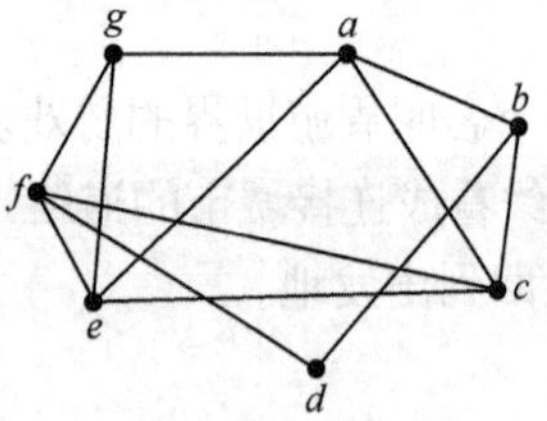

图 5.39

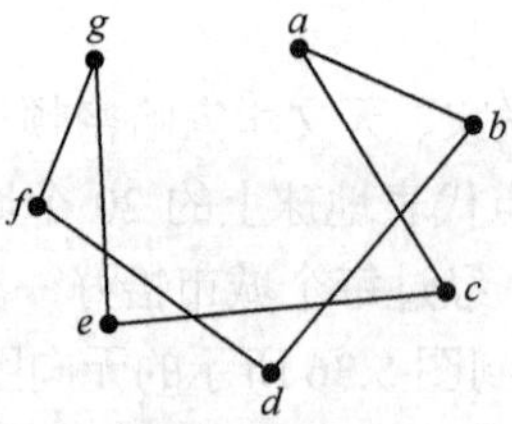

图 5.40

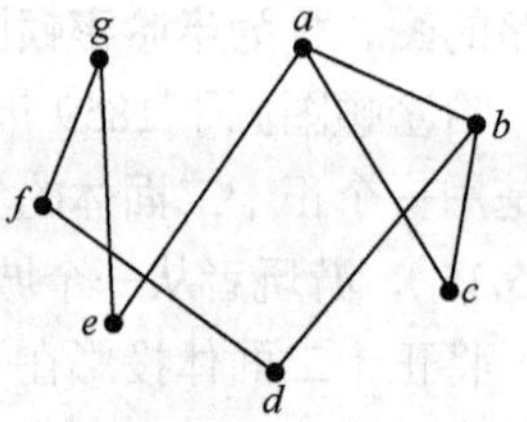

图 5.41

方法二：七位专家用 7 个结点表示，7 种语言用 7 个结点表示，某专家懂某语言，则这两结点画一条边，用图可表示专家与语言的关系，如图 5.42 所示。在图中找出的一条哈密顿回路就是满足条件座位安排，$a\xrightarrow{英}b\xrightarrow{汉}d\xrightarrow{日}f\xrightarrow{法}g\xrightarrow{德}e\xrightarrow{意}c\xrightarrow{英}a$，如图 5.43 所示。

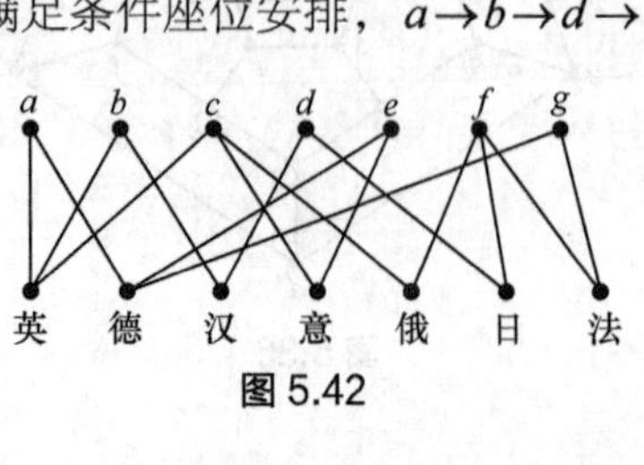

图 5.42

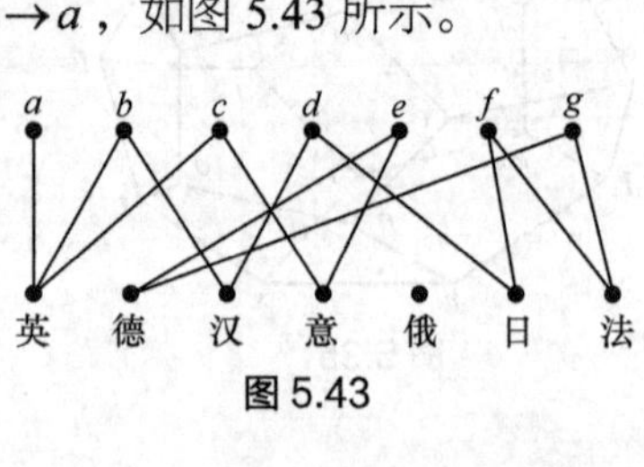

图 5.43

例 5.26 有 9 个学生打算几天都在一个圆桌上共进晚餐，并且希望每次进餐时，每个学生两边邻座的人都不相同。按照这一要求，他们在一起共进晚餐最多几天？

解：以 9 个学生为结点，相邻而坐的两人，就在两结点之间连一条边。因此，相邻而坐的所有可能合在一起，就是 9 个结点的完全图 K_9（见图 5.44）。K_9 中任意一个哈密顿回路，就表示一次晚餐的就座方式。两个哈密顿回路只要没有公共边，就表示对应的两次晚餐就座中，每个人相邻就座者都不相同。

由于 K_9 共有 $C_9^2=\frac{9\times 8}{2}=36$ 条边，而 K_9 中每条哈密顿回路的长度为 9，那么没有公共边的哈密顿回路数至多有 $\frac{36}{9}=4$ 条，所以 9 人在一起共进晚餐最多 4 天。4 天中排座的情况是：

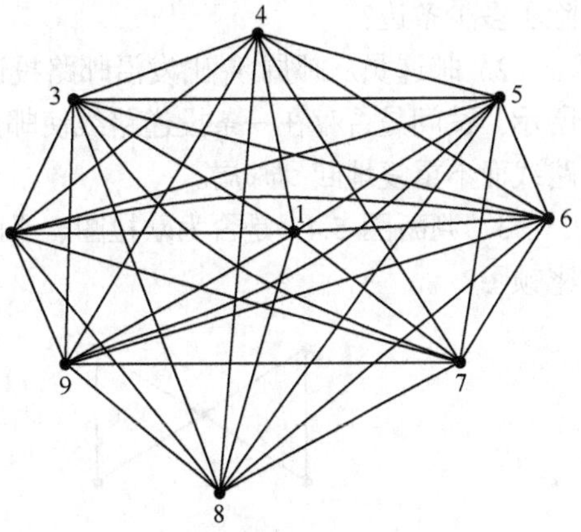

图 5.44

1	2	3	9	4	8	5	7	6	1	图 5.45（a）
1	3	4	2	5	9	6	8	7	1	图 5.45（b）
1	4	5	3	6	2	7	9	8	1	图 5.45（c）
1	5	6	4	7	3	8	2	9	1	图 5.45（d）

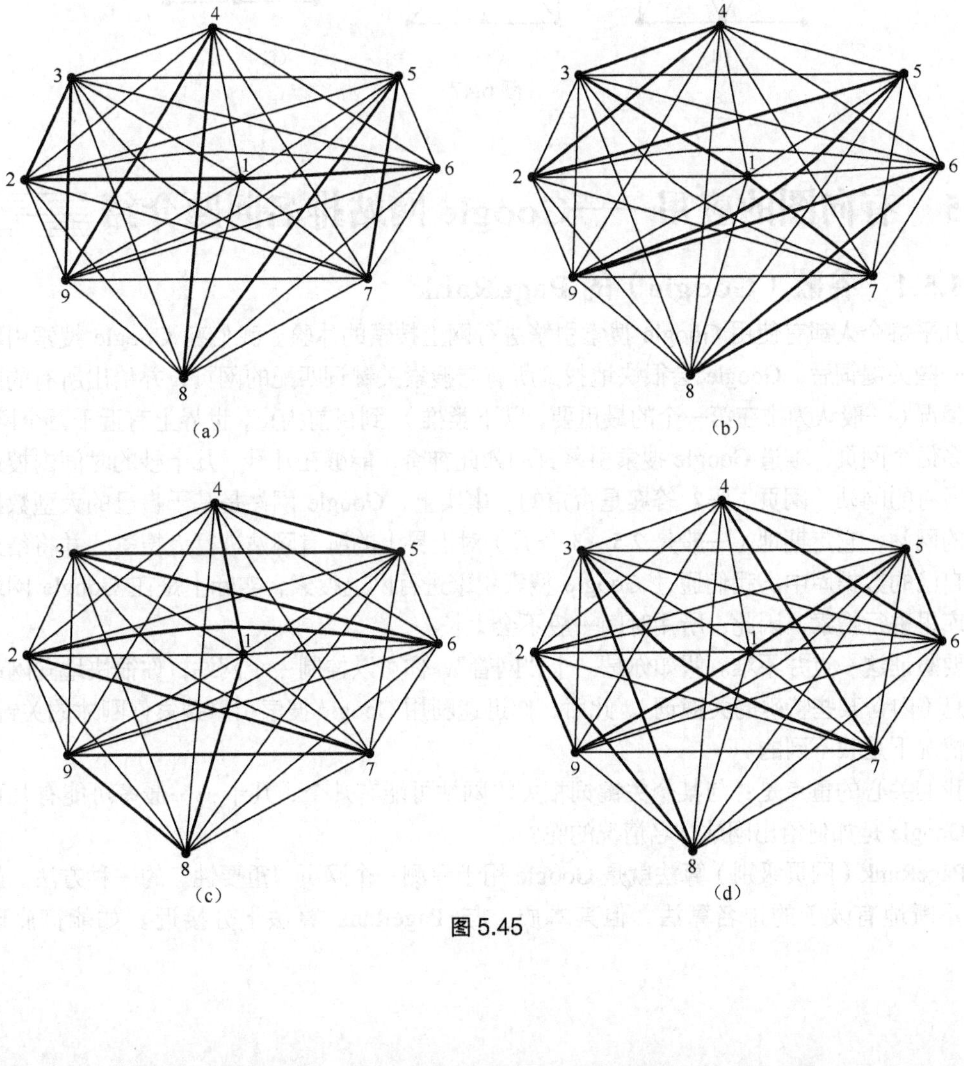

图 5.45

课堂练习 5.4

1. 在图 5.32 中，能否通过增加（删除）边，使“哥尼斯堡七桥”问题有解。需增加（删除）多少条边？

2. 邮递员从邮局 v_1 出发沿邮路投递信件，其邮路如图 5.46 所示。试问是否存在一条投递路线使邮递员从邮局出发经过所有路线而不重复地回到邮局。

3. 判断图 5.47 是否为欧拉图、半欧拉图，哈密顿图、半哈密顿图？

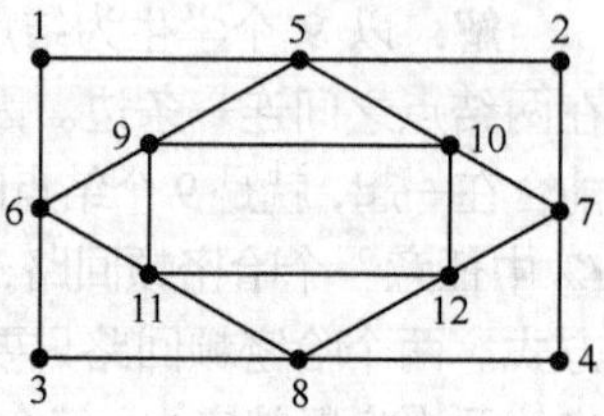

图 5.46

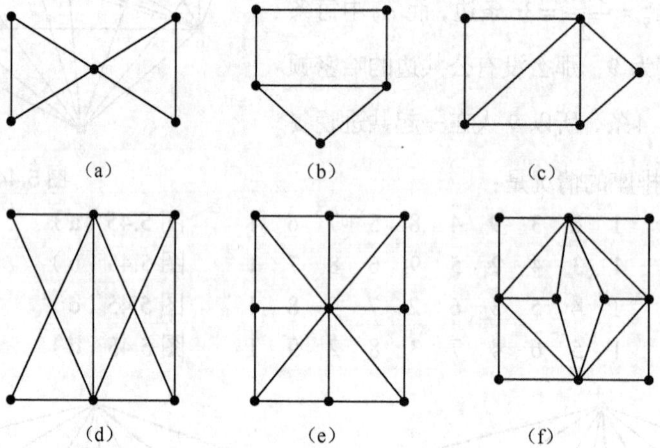

图 5.47

*5.5 有向图的应用——Google 网站排名问题介绍

5.5.1 谷歌（Google）的 PageRank

几乎每个人都有使用 Google 搜索引擎进行网上搜索的体验。我们在 Google 搜索引擎中输入一些关键词后，Google 会很快地找到所有与搜索关键词匹配的网页，并给出所有的网站排名情况（一般认为排在第一个的最重要，以下类推）。到目前为止，世界上有近千万个网站，几十多亿个网页，难道 Google 搜索引擎真的如此神奇，能够在几秒、几十秒的时间内搜遍世界上所有的网站（网页）吗？答案是否定的。事实上，Google 网站是基于自己的大型数据库系统的网站，它定期地（一般是 2.5～3 个月）对世界上的所有网站进行大搜索，并将结果保存在自己的数据库中。我们通过 Google 搜索引擎进行网上搜索，实际上是在 Google 网站的数据库里进行搜索，因此，所用时间一般不会太长。

要验证这一点并不难。假如你是一个“网管”，你可以控制一个网站，你很快地向网站发布信息（内含某些特殊的关键词）。此后，你迅速利用 Google 搜索引擎搜索你刚才的关键词，一般情况下是找不到的。

我们关心的重点是：与某个关键词相关的网站可能有几个、几十……最多可能有几百万个，Google 是如何给出网站排名情况的呢？

PageRank（网页级别）算法就是 Google 用于评测一个网页“重要性”的一种方法。虽然现在不断地有改善的排名算法，但其本质上与 PageRank 算法十分接近。如能彻底理解

PageRank 算法，对于理解、设计其他算法将是十分有益的。

下面我们先简要介绍一下什么是 PageRank 算法。

1. 什么是 PageRank

PageRank 是 Google 用于评测一个网页“重要性”的一种方法。在糅合了诸如 Title 标识和 Keywords 标识等所有其他因素之后，Google 通过 PageRank 来调整结果，使那些更具“重要性”的网页在搜索结果中令网站排名获得提升，从而提高搜索结果的相关性和质量。

简单说来，Google 通过下述几个步骤来实现网页在其搜索结果页（SERPS）中的排名。

（1）找到所有与搜索关键词匹配的网页；

（2）根据页面因素如标题、关键词密度等排列等级；

（3）计算导入链接的锚文本中的关键词；

（4）通过 PageRank 得分调整网站排名结果。

事实上，真正的网站排名过程并不是这么简单，读者可参见有关网站，获得更详细、深入的阐述。

2. PageRank 的决定因素

Google 的 PageRank 是基于这样一个理论：若 *B* 网页设置有连接 *A* 网页的链接（*B* 为 *A* 的导入链接），说明 *B* 认为 *A* 有链接价值，是一个“重要”的网页。当 *B* 网页级别（重要性）比较高时，则 *A* 网页可从 *B* 网页这个导入链接分得一定的级别（重要性），并平均分配给 A 网页上的导出链接。

导入链接，指链接到你网站的站点，也就是我们一般所说的“外部链接”。而当你链接到另外一个站点，那么这个站点就是你的“导出链接”，即你向其他网站提供的本站链接。

PageRank 反映了一个网页的导入链接的级别（重要性）。所以一般说来，PageRank 是由一个网站的导入链接（外部链接）的数量和这些链接的级别（重要性）所决定的。

3．如何知道一个网页的 PageRank 得分

可从 http://toolbar.google.com 上下载并安装 Google 的工具栏，这样就能显示所浏览网页的 PageRank 得分了。PageRank 得分从 0 到 10，PageRank 为 10 表现最佳，但非常少见。Google 把自己的网站的 PageRank 值定为 10，一般 PageRank 值达到 4，就算是一个不错的网站了。若不能显示 PageRank 得分，可检查所安装版本号，需将老版本完全卸载，重启机器后安装最新版本。

4．PageRank 的重要性

搜索引擎网站排名算法中的各排名因子的重要性均取决于它们所提供信息的质量。但如果排名因子具有易操纵性，则往往会被一些网站管理员利用来实现不良竞争。例如初引入的排名因子之一——关键词元标识（Meta Keywords），是由于理论上它可以很好地概括反映一个页面的内容，但后来却由于一些网站管理员的恶意操纵而不得不黯然退出。所以“加权值”——即我们对该因子提供信息的信任程度——是由排名因子的易操纵程度和操纵程度共同决定的。

PageRank 无疑是颇难被操纵的一个排名因子了。但在它最初推出时针对的只是链接的数量，所以被一些网站管理员钻了空子，利用链接工厂和访客簿等大量低劣外部链接轻而易举地达到了自己的目的。Google 意识到这个问题后，便在系统中整合了对链接的质量分析，并对发现的作弊网站进行封杀，从而不但有效地打击了这种做法，而且保证了结果的相关性和精准度。

5. Google 如是说

关于 PageRank，最权威的发言人自然还是 Google。虽然 Google 不会也不可能提供相关的技术信息，但我们亦可从中窥得一斑。

Chris：PageRank 的命名是基于“Page”，还是和某个创始人有关？

Google：PageRank 是以 Google 的联合创始人兼总裁 Larry Page（拉里·佩奇）的名字命名的。

Chris：Google 是否把 PageRank 视作显著区别于其他搜索引擎的一个特性？

Google：PageRank 是一种能够使 Google 在搜索速度和搜索结果的相关性上区别于其他搜索引擎的技术。不唯如此，Google 在排名公式中还使用了 100 种其他的算法。

Chris：Google 是否认为引入 PageRank 可以显著提高搜索结果的质量？以后是否仍将继续使用 PageRank？

Google：由于 PageRank 使用了量化方法来分析链接，所以它仍将是决定 Google 搜索什么是 PageRank 结果页排名的一个重要因素。

Chris：您认为 Google 工具栏上的 PageRank 的信息对普通用户、网站管理员、搜索引擎优化专家来说各有什么意义？

Google：Google 工具栏上所提供的 PageRank 信息仅作为一种网站评估信息。用户们会觉得它很有趣，网站管理员一般用它来衡量网站性能。不过，由于 PageRank 只是一个大体评估，所以对搜索引擎专家的价值并不大。

Chris：常有网站试图通过“链接工厂”和访客簿的手段达到提升 PageRank 的目的。对这样的网站 Google 有什么举措？

Google：Google 的工程师会经常更新 Google 的排名算法以防止对 Google 排名的恶意操纵。

拉里·佩奇（LarryPage）谈他当年和谢尔盖（Sergey）怎么想到网页排名算法时说：“当时我们觉得整个互联网就像一张大的图，每个网站就像一个结点，而每个网页的链接就像一个弧。我想，互联网可以用一个图或者矩阵描述了，我也许可以用这个发现做博士论文。”他和谢尔盖就这样发明了 PageRank 算法。

5.5.2 PageRank 算法

1. 简化的 PageRank 算法

我们知道，互联网用结点表示网页，并且用有向边表示链接。网络图中有向边<u, v>表示有从网页 u 指向网页 v 的链接。与 u 邻接的网页分为两类：

（1）u 邻接到的，即 u 为起点，有出度；

（2）邻接到 u 的，即 u 为终点，有入度。

由网页 u 指向网页 v 的链接解释为网页 u 对网页 v 所投的一票。这样，PageRank 会根据网页所收到的票数来评估该网页的重要性。所以，简单的考虑是：**按入度排名，看谁的入度最多！**

例 5.27 在图 5.48 所表示的小型网络中，6 个结点表示 6 个网页，9 条有向边表示 9 个超链接。图中所示的 6 个网页，哪个最重要？

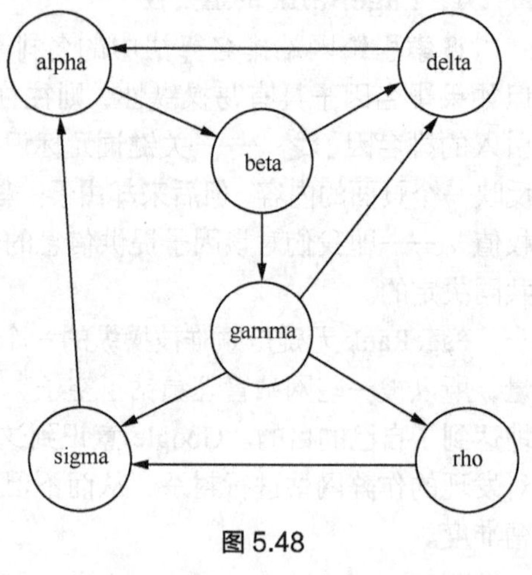

图 5.48

解：一个简单的回答可以这样考虑：看谁的入度（In-degree）最多，如表 5.1 所示。

表 5.1 按入度排名

序号（Index）	顶点（Node）	入度（In-degree）	排名（Rank）
1	alpha	2	1
2	beta	1	2
3	gamma	1	2
4	delta	2	1
5	rho	1	2
6	sigma	2	1

但这样的回答不能令人满意。按照入度排名的方法，你无法说出 alpha、delta、sigma 中哪一个最重要。

2. 改进的 PageRank 算法

一个网页的重要性可以从以下 2 个方面来考虑。

（1）看谁的入度多；

（2）本网页在网络中的排名靠前（排名向量的分量数值大）。

如果一个网页被很多其他网页所链接，说明它受到普遍的承认和信赖，那么它的排名就高。这就是 **PageRank** 的核心思想。PageRank 就是网页排名，记作 PR 值。如果网页 T 存在一个指向网页 A 的链接，表明 T 的所有者认为 A 比较重要，从而把 T 的一部分重要性得分给予 A。这个重要性分值为 $\dfrac{PR(T)}{n(T)}$。其中 $PR(T)$为 T 的 PageRank 值，$n(T)$为 T 的出链数（出度），则 A 的 PageRank 值为一系列类似于 T 的页面重要性得分值的累加。

用数学的语言可表达如下：

设 u 是某个网页，其排名为 $PR(u)=r(u)$，记 F_u 是 u 邻接到的那些网页（链出网页）的集合，$n_u=|F_u|$ 是 u 邻接到的那些网页的总数（即 u 的出度总数 $\deg^-(u)$），B_u 是邻接到 u 的那些网页（链入网页）的集合，$|B_u|$是邻接到 u 的网页总数（即 u 的入度总数 $|B_u|=\deg+(u)$）。

u 的排名可理解为 $r(u)$等于链入网页 B_u 中每个网页 v 赋予网页 u 的重要性得分值之和。v 赋予的重要性分值为 $\dfrac{r(v)}{n_v}$。则有：

$$r(u)=\sum_{v\in B_u}\frac{r(v)}{n_v} \tag{1}$$

为便于列式表达，不妨将邻接矩阵 G 的每一行元素之和为该行对应的点的**入度**，每列元素之和为该列对应的点的**出度**。图 5.48 的邻接矩阵如下：

$$\boldsymbol{G}=\begin{bmatrix} 0 & 0 & 0 & 1 & 0 & 1 \\ 1 & 0 & 0 & 0 & 0 & 0 \\ 0 & 1 & 0 & 0 & 0 & 0 \\ 0 & 1 & 1 & 0 & 0 & 0 \\ 0 & 0 & 1 & 0 & 0 & 0 \\ 0 & 0 & 1 & 0 & 1 & 0 \end{bmatrix}\begin{matrix} \deg+(\text{alpha}) \\ \deg+(\text{beta}) \\ \deg+(\text{gamma}) \\ \deg+(\text{delta}) \\ \deg+(\text{rho}) \\ \deg+(\text{sigma}) \end{matrix}$$

各网站的出度和入度如表 5.2 所示。

表 5.2 各网站的入度和出度

序号（Index）	顶点（Node）	入度（In-degree）	出度（Out-degree）
1	alpha	2	1
2	beta	1	2
3	gamma	1	3
4	delta	2	1
5	rho	1	1
6	sigma	2	1

$\boldsymbol{G}$ 的每列元素除以该列对应的点的出度 $\dfrac{g_{ij}}{v_j}$，得到矩阵 $\boldsymbol{G_n}$。

$$\boldsymbol{G_n} = \begin{bmatrix} 0 & 0 & 0 & 1 & 0 & 1 \\ 1 & 0 & 0 & 0 & 0 & 0 \\ 0 & \frac{1}{2} & 0 & 0 & 0 & 0 \\ 0 & \frac{1}{2} & \frac{1}{3} & 0 & 0 & 0 \\ 0 & 0 & \frac{1}{3} & 0 & 0 & 0 \\ 0 & 0 & \frac{1}{3} & 0 & 1 & 0 \end{bmatrix}$$

$\boldsymbol{G_n}$ 中元素 $\dfrac{g_{ij}}{n_j}$ 表示 i 网页从 j 网页获得的重要性分值的权重，j 网页赋予 i 网页的重要性分值为 $\dfrac{g_{ij}}{n_j}r_j$。那么，i 网页的 PR 值 r_i 等于链入 i 的网页中，每个网页赋予的重要性分值之和。即：

$$\sum_{j \in B_i} \frac{g_{ij}}{n_j} r_j$$

如图 5.48 中第 1 个网页 alpha 的 PR 值 r_1 等于链入 alpha 的网页 delta、sigma 赋予的重要性分值之和。

$$PR(\text{alpha}) = r_1 = 1 \times PR(\text{delta}) + 1 \times PR(\sin\text{ma}) = r_4 + r_6$$

为便于发现表达式的规律，将矩阵 $\boldsymbol{G_n}$ 中第 1 行元素都考虑进去，即：

$$\begin{aligned} PR(\text{alpha}) &= 0 \times PR(\text{alpha}) + 0 \times PR(\text{beta}) + 0 \times PR(\text{gamma}) + 1 \times PR(\text{delta}) + 0 \\ &\quad \times PR(\text{rho}) + 1 \times PR(\text{sigma}) \\ &= 0 \times r_1 + 0 \times r_2 + 0 \times r_3 + 1 \times r_4 + 0 \times r_5 + 1 \times r_6 = \sum_{B_1} g_{1j} r_j \end{aligned}$$

第二个网页 beta 的 PR 值等于链入 beta 的网页 alpha 赋予的重要性分值。

$$\begin{aligned} PR(\text{beta}) &= 1 \times PR(\text{alpha}) = r_1 \\ &= 1 \times r_1 + 0 \times r_2 + 0 \times r_3 + 0 \times r_4 + 0 \times r_5 + 0 \times r_6 = \sum_{B_2} g_{2j} r_j \end{aligned}$$

同理，$r_j = \sum_{B_i} g_{ij} r_j$（$i$=1, 2, 3, 4, 5, 6，表示六个网页）。

按此算法，我们得到图 5.48 中各网页的 PR 值。如表 5.3 所示。

表 5.3 各网页新的 *PR* 值

序号	顶点	链入网页	*PR* 值
1	alpha	delta，6sigma	r_4+r_6
2	beta	alpha	r_1
3	gamma	beta	$\frac{1}{2}r_2$
4	delta	beta，gamma	$\frac{1}{2}r_2+\frac{1}{3}r_3$
5	rho	gamma	$\frac{1}{3}r_3$
6	sigma	rho	$\frac{1}{3}r_3+r_5$

如果我们用向量 $\boldsymbol{r}=(r_i)$ 来表示各个网页的名次，$\boldsymbol{G}=\{g_{ij}\}$ 表示邻接矩阵，则公式（1）可写成：

$$r_i=\sum_j \frac{g_{ij}}{n_j}r_j \tag{2}$$

或：

$$\boldsymbol{r}=\boldsymbol{G}_n\boldsymbol{r} \tag{3}$$

其中 $\boldsymbol{G}_n=\{g_{ij}/n_j\}$。

将公式（3）写成 $\boldsymbol{G}_n\boldsymbol{r}=\boldsymbol{r}$，可以看出，网页的排名向量 $\boldsymbol{r}=(r_i)$ 其实为矩阵 $\boldsymbol{G}_n$ 的对应于特征值为 1 的特征向量。

问题是：矩阵 $\boldsymbol{G}_n$ 一定有特征根 1 吗？除此之外，公式（1）算法还有明显的问题。

例如，设 $\boldsymbol{G}=\begin{bmatrix}0&1\\1&0\end{bmatrix}$，此时 $\boldsymbol{G}_n=\begin{bmatrix}0&1\\1&0\end{bmatrix}$，$\boldsymbol{G}_n$ 的特征方程如下：

$$|\lambda E-\boldsymbol{G}_n|=\begin{vmatrix}\lambda&-1\\-1&\lambda\end{vmatrix}=\lambda^2-1=0$$

得 $\boldsymbol{G}_n$ 的特征值：$\lambda_1=1,\lambda_2=-1$。

当 $\lambda_1=1$ 时，对应的齐次方程组如下：

$$\begin{bmatrix}1&-1\\-1&1\end{bmatrix}\to\begin{bmatrix}1&-1\\0&0\end{bmatrix}$$

即 $r_1-r_2=0$。得到 $r_1=r_2$，无法排名。

为此，要对算法公式（1）进行改进。

3. 再改进的 PageRank 算法

Google 的 PageRank 系统不但考虑一个网站的外部链接质量，也会考虑其数量。因此，Google 在 u 网站的排名基础上，增加 u 的每一个外部链接网站 $v_i(v_i\in B_u)$ 依据 PageRank 系统赋予 u 网站增加的 *PR* 值。数学描述如下。

设 $\eta(u)$ 是网页 u **开始时**的名次，$x(u)$ 为**某时刻**的 PageRank 得分（名次），采用下面的加权算法：

$$x(u)=p\left(\frac{x(v_1)}{n_1}+\frac{x(v_2)}{n_2}+\frac{x(v_3)}{n_3}+\cdots\frac{x(v_n)}{n_n}\right)+\eta(u)$$

$$x(u)=p\sum_{v\in B_u}\frac{x(v)}{n_v}+\eta(u) \tag{4}$$

其中 p 称为**阻尼因素**（Damping Factor），一般取 0.85，表示一个网站的投票权值只有该网站 *PR* 分值的 85%。对一个有一定 *PR* 值的网站 *X* 来说，如果网站 *Y* 是 *X* 的唯一外部链接，那么 Google 就相信网站 *X* 将网站 *Y* 看作它最好的一个外部链接，从而会给网站 *Y* 更多的分值。但如果网站 *X* 上已经有 49 个外部链接，那么 Google 相信网站 *X* 只将网站 *Y* 看作它第 50 个好的网站。因而，网站 *X* 外部链接的站点上外部链接数越多，*X* 所能得到的 *PR* 值反而会越低，它们呈反比关系。

名次向量记为 $\boldsymbol{x}=(x_i), i=1,2,3...,n, \eta(u)=1-p=\sum\frac{1-p}{n}$，一般取 $p=0.85$，公式（4）中项对应的矩阵形式如下：

（1）$\eta(u)=\frac{1-p}{n}\begin{bmatrix}1\\1\\\vdots\\1\end{bmatrix}=\delta e$，其中 $\delta=\frac{1-p}{n}$，$e=\begin{bmatrix}1\\1\\\vdots\\1\end{bmatrix}$；

（2）网页 u 的每一个外部链接网页 x_i 的 *PR* 分值为 $x_i=\sum_j\frac{g_{ij}}{n_j}x_j$。

在前面分析公式（1）时，$r(u)=\sum_{v\in B^u}\frac{r(v)}{n_v}$ 可表示为 $\boldsymbol{r}=\boldsymbol{G}_n\boldsymbol{r}$。类似地 $p\sum_{v\in B^u}\frac{x(v)}{n_v}=p\boldsymbol{G}_n x$。

邻接矩阵 $\boldsymbol{G}=(g_{ij})$，$\boldsymbol{G}_n$ 为重要性分值的权重矩阵，$\boldsymbol{G}_n=\left(\frac{g_{ij}}{v_j}\right)$。

则有 $\boldsymbol{G}_n=\boldsymbol{G}\begin{bmatrix}\frac{1}{n_1}&0&\cdots&0\\0&\frac{1}{n_2}&\cdots&0\\\vdots&\vdots&\cdots&\vdots\\0&0&\cdots&\frac{1}{n_n}\end{bmatrix}$

$$p\sum_{v\in B_u}\frac{x(v)}{n_v}=p\boldsymbol{G}\begin{bmatrix}\frac{1}{n_1}&0&\cdots&0\\0&\frac{1}{n_2}&\cdots&0\\\vdots&\vdots&\cdots&\vdots\\0&0&\cdots&\frac{1}{n_n}\end{bmatrix}x=p\boldsymbol{GD}x,$$

其中 $\boldsymbol{D}$ 为对角矩阵，$\boldsymbol{D}=\begin{bmatrix}\frac{1}{n_1} & 0 & \cdots & 0\\ 0 & \frac{1}{n_2} & \cdots & 0\\ \vdots & \vdots & \cdots & \vdots\\ 0 & 0 & \cdots & \frac{1}{n_n}\end{bmatrix}$，向量 $\boldsymbol{x}=(x_i)$（$i=1,2,3...n$）。x 为网页的得分（名次），分值在 0~1。于是公式（4）可写成：

$$\boldsymbol{x}=p\boldsymbol{GD}\boldsymbol{x}+\delta e \tag{5}$$

若规定：某网络中全部网页某时刻的 PR 得分之和为 1，即：

$$\sum_{i=1}^{n} x_i = e^{\mathrm{T}}x=1,\ \ x_i>0 \tag{6}$$

则公式（5）可化为如下：

$$\begin{aligned}\boldsymbol{x}&=p\boldsymbol{GD}\boldsymbol{x}+\delta e\\ &=p\boldsymbol{GD}\boldsymbol{x}+\delta e\cdot 1\\ &=p\boldsymbol{GD}\boldsymbol{x}+\delta e\cdot e^{\mathrm{T}}x\\ &=(p\boldsymbol{GD}+\delta ee^{\mathrm{T}})x\\ &=\boldsymbol{A}x(\text{令}\boldsymbol{A}=p\boldsymbol{GD}+\delta ee^{\mathrm{T}})\end{aligned}$$

所以，

$$\boldsymbol{x}=\boldsymbol{A}\boldsymbol{x} \tag{7}$$

其中，矩阵

$$\boldsymbol{A}=p\boldsymbol{GD}+\delta ee^{\mathrm{T}}=\begin{bmatrix}p\frac{g_{11}}{n_1}+\delta & p\frac{g_{12}}{n_2}+\delta & \cdots & p\frac{g_{1n}}{n_n}+\delta\\ p\frac{g_{21}}{n_1}+\delta & p\frac{g_{22}}{n_2}+\delta & \cdots & p\frac{g_{2n}}{n_n}+\delta\\ \vdots & \vdots & \cdots & \vdots\\ p\frac{g_{n1}}{n_1}+\delta & p\frac{g_{n2}}{n_2}+\delta & \cdots & p\frac{g_{nn}}{n_n}+\delta\end{bmatrix} \tag{8}$$

注意

（1）如果存在 j，$g_{ij}=0$，那么对于任意的 i，会导致 $n_j=0$，此时则规定：$\frac{g_{ij}}{n_j}=\frac{1}{n}$；

（2）在约束条件（6）下求解问题（7），它具有唯一解 x，其依据是 Perron–Frobnius 定理。

如矩阵 A 是正的方阵，则：

（a）A 的谱半径 $\rho(A)>0$。这里的 $\rho(A)=\max_i|\lambda_i|$，$\lambda_i$ 是 A 的特征值；

（b）$\rho(A)$ 是 A 的特征值；

（c）存在唯一的 $x>0$，满足 $Ax=\rho(A)x$，$\sum_{i=1}^{n}x_i=1$；

（d）$\rho(A)$ 是 A 的单特征值；

（e）若特征根 $\lambda \neq \rho(A)$，则 $|\lambda| < \rho(A)$，即 $\rho(A)$ 是 A 的模最大的唯一的特征值。

例 5.28 对图 5.48 所示的小型网络，按照**再改进的 PageRank 算法**，计算 6 个网页的排名，其中的 $p = 0.85$。

解：MATLAB 程序参见 5.7 节“程序一”，结果如表 5.4 所示。

表 5.4 按 PageRank 得分排名

排名	PageRank 得分	顶点	原始序号
1	0.267 490	alpha	1
2	0.252 418	beta	2
3	0.169 769	delta	4
4	0.132 302	gamma	3
5	0.115 555	sigma	6
6	0.0624 67	rho	5

说明

（1）依据例 5.27 的按入度（In-degree）排名，alpha、delta、sigma 并列第 1，现在按 PageRank 得分排名，变成了第 1、3、5；而原来 beta、gamma、rho 并列第 2，现在变成了第 2、4、6。由此可见，简单、直观的想法往往是不准确的。事实上，由于 alpha 的重要性（排名第 1），从而提升了 beta 的名次。

（2）上述的 $p = 0.85$ 不是最要紧的，读者可以换为与之接近的别的数值，看看将发生怎样的变化。

到此为止，问题好像已经解决。但实际情况远没有结束。前面的例子中用的是 6 阶方阵 A，用 MATLAB 直接求解代数方程 $x = Ax$ 或求 A 的特征根与特征向量，都不是十分困难的事。但如果方阵 A 的阶数是 6 000、60 000，简单地使用 MATLAB 的求解命令是不可能的，也是不允许的，而必须寻求适当的算法。

4．PageRank 的计算方法——幂迭代方法（Power Iteration）

设满足 $x = Ax$ 方阵 A 具有 n 个线性无关的特征向量 $x, y_2 \ldots y_n$，相应的特征根为 $\lambda_1 = 1$，$\lambda_2 \ldots \lambda_n$，$|\lambda_i| < 1 = \lambda_1, \forall i \geqslant 2$。注意：$x = \{x_i\}$ 为 PageRank 名次向量，且满足 $\sum x_i = 1$。设 v 是任意一个向量，把 $x, y_2 \ldots y_n$ 看成一个基向量组，则 v 可以由 $x, y_2 \ldots y_n$ 线性表示，即：

$$v = a_1 x + a_2 y_2 + \ldots + a_n y_n$$

两边同乘以方阵 A，有：

$$Av = a_1 Ax + a_2 Ay_2 + \ldots + a_n Ay_n$$
$$Av = a_1 x + a_2 \lambda_2 y_2 + \ldots + a_n \lambda_n y_n$$

如此重复 $k-1$ 次，有：

$$A^k v = a_1 x + a_2 \lambda_2{}^k y_2 + \ldots + a_n \lambda_n{}^k y_n$$

由于 $|\lambda_i| < 1 = \lambda_1, \forall i \geqslant 2$，故当 k 充分大后，$\lim\limits_{x \to \infty} \lambda_i^k = 0$，从而 $a_i \lambda_i^k y_i \to 0$，那么 $A^k v \approx a_1 x$，则

有：

$$\mathrm{sum}(\boldsymbol{A}^k\boldsymbol{v}) \approx \mathrm{sum}(a_1\boldsymbol{x}) = a_1\mathrm{sum}(\boldsymbol{x}) = a_1$$

即：

$$\boldsymbol{x} \approx \boldsymbol{A}^k\boldsymbol{v} / a_1 \approx \boldsymbol{A}^k\boldsymbol{v} / sum(\boldsymbol{A}^k\boldsymbol{v})$$

故 PageRank 名次向量 $\boldsymbol{x} = \{x_i\}$ 可利用下式得到：

$$\boldsymbol{x} = \boldsymbol{A}^k\boldsymbol{v} / sum(\boldsymbol{A}^k\boldsymbol{v}) \text{（对充分大的 } k\text{）}$$

具体算法：

（1）输入矩阵 $\boldsymbol{A}$，初始向量 $\boldsymbol{v}_0$，并设 k=0，精度 $\varepsilon > 0$；

（2）计算向量：$\boldsymbol{v}_{k+1} = \boldsymbol{A}\boldsymbol{v}_k$；

（3）若 $|\boldsymbol{v}_{k+1} - \boldsymbol{v}_k| < \varepsilon$，则计算 PageRank 名次 $\boldsymbol{x} = \boldsymbol{A}^k\boldsymbol{v} / sum(\boldsymbol{A}^k\boldsymbol{v})$ 并停止计算；否则 $k = k+1$，并转到第（2）步。

例 5.29 对图 5.48 所示的小型网络，采用幂迭代方法（Power Iteration），计算 6 个网页的排名，其中的 p=0.85。

解：MATLAB 程序参见 5.7 节“程序二”。经过 18 步（即 k=18）迭代，所得的结果与例 5.28 完全相同，如表 5.4 所示，此处略。

5.6 最短路问题

生产实际中大量的优化问题，如管道铺设、线路安排、厂区选址和布局、设备更新、互联网的最短路由等，从数学角度考虑，等价于在图中找最短路的问题。

5.6.1 最短路径

● 赋权图和网络图。

每条边上都赋有数字的图称为**赋权图**，边上的数字称为该边的权，可表示实际问题中的距离、费用、时间、流量、成本等。赋权图也称为网络图。

定义 10 在一个赋权图 G 中，任给两点 u、v，从 u 到 v 可能有多条路，其中所带的权和最小的那条路称为图 G 中从 u 到 v 的**最短路径**。u 到 v 的最短路径上每条边所带的权和称为 u 到 v 的距离。在赋权图中求给定两个顶点之间最短路径的问题称为**最短路问题**。

5.6.2 求最短路的算法——迪克斯特拉（E.W.Dijkstra）算法

最短路问题一般归为两类：一类是求从某个顶点（源点）到其他顶点的最短路径；另一类是求图中每一对顶点之间的最短路径。关于最短路径的研究，目前已经有许多算法，但基本上以 Dijkstra 和 Floyd 两种算法为基础。

下面介绍给定一个赋权图 G 和起点 v，求 v 到 G 中其他每个顶点的最短路径的 Dijkstra 算法，是由荷兰著名计算机专家 E.W.Dijkstra 在 1959 年提出的。

● Dijkstra 算法的思想。

（1）设置两个顶点集合 S_1、S_2。S_1 存放已确定为最短路径的顶点，集合 S_2 存放尚未确定为最短路径的顶点，初始时，S_1 中只有起点 v；

（2）按最短路径递增的顺序逐个将集合 S_2 的顶点加入到 S_1 中，直到从 v 出发可以达到的所有顶点都加入到集合 S_1 中。这一过程称为顶点迭代。

● Dijkstra 算法的步骤

（1）首先对各顶点初始化。

考察起点 v 到其余各顶点的距离，若 v 与之邻接，v 与该点的距离等于边权，否则，记 v 与这点的距离为∞。从中找出与 v 距离最短的顶点，加入到 S_1 中。

（2）然后进行顶点迭代。

当某顶点 v_k 加入到集合 S_1 中后，起点 v 到 S_2 其余各顶点 v_i 的最短路径，要么是 v 到 v_i 的原路径，要么是 v 经过 v_k 到 v_i 的新路径。新路径可能比原路径短，也可能比原路径长。就需要比较这两条路径的长度。

v 到 v_i 的最短路径长度记为 $L(v_i)$，v_k 与 v_i 的边权记为 $\omega(v_k, v_i)$，因而 v 经过 v_k 到 v_i 的新路径长度为 $L(v_k)+\omega(v_k, v_i)$。比较 $L(v_i)$ 与 $L(v_k)+\omega(v_k, v_i)$，取其中更小的。对 T 中每个顶点都做这样的比较，选出一个其中到 v 最短的顶点，从集合 S_2 中删除加入到集合 S_1 中，就完成了顶点的一次迭代。如此重复，直到所有顶点都加入到集合 S_1 中。

例 5.30 求图 5.49 顶点 v_1 到 v_6 的最小距离和最短路径。

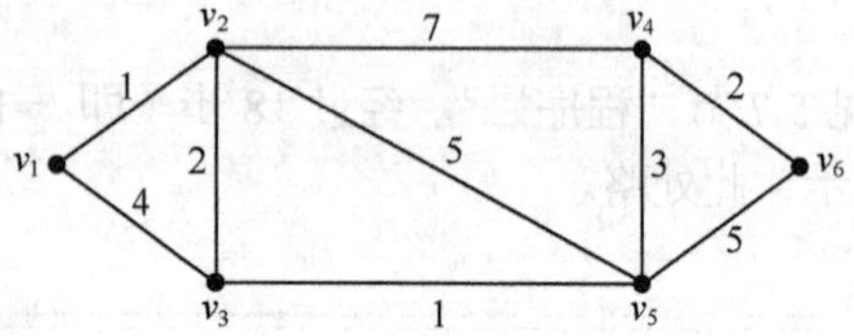

图 5.49

解：根据迪克斯特拉算法，首先我们把图中所有点分为两组：S_1={已经确定最短路径的顶点}，S_2={有待确定最短路径上的顶点}。最初 $S_1=\{v_1\}, S_2=\{v_2,v_3,v_4,v_5,v_6\}$，然后把 S_2 中的顶点按最短路径递增的顺序逐个加到 S_1 中，直至达到目标顶点 v_6。为叙述简洁，用表格表示寻找最短路过程，表格中“[数字]/顶点”表示从起点出发经过这个顶点到达此列最上端顶点最近的距离。标注最近顶点便于用回溯法确定最短路径。如表 5.5 所示。

表 5.5 寻找最短路径

v_i / 迭代次数	v_1	v_2	v_3	v_4	v_5	v_6
初始化	[0]	1	4	∞	∞	∞
1		[1]/v_1	3	8	6	∞
2			[3]/v_2	8	4	∞
3				7	[4]/v_3	9
4				[7]/v_5		9
5						[9]/v_4

初始化：$S_1=\{v_1\}$，$S_2=\{v_2,v_3,v_4,v_5,v_6\}$，标出起点 v_1 到其余各点的距离，不邻接两点的距离记为∞，找出 S_2 中与 v_1 最近的顶点，是 v_2，最小距离为 1，把 v_2 加入 S_1，此时最短路是（v_1，v_2）。

第 1 次迭代：$S_1=\{v_1,v_2\}$，$S_2=\{v_3,v_4,v_5,v_6\}$。把 v_2 加入 S_1 后，从 v_1 到结点 v_3、v_4、v_5、v_6 增加了一条绕过 v_2 的新路径，把 v_1 绕经 v_2 到 v_3、v_4、v_5、v_6 的路径与初始化步骤中 v_1 到 v_3、

v_4、v_5、v_6的路径比较，选取两者中更短的。如在初始化中，v_1、v_3的距离$W(v_1,v_3)=4$，在第1次迭代中，v_1绕经v_2到v_3的距离$W(v_1,v_2,v_3)=3$，所以从v_1到v_3选择$W(v_1,v_2,v_3)=3$。同理比较初始化和第1次迭代中v_1到顶点v_4、v_5、v_6的距离，选择其中更短的路径。比较可见，v_3、v_4、v_5、v_6中v_3距v_1最近，把v_3加入S_1，此时最短路是（v_1,v_2,v_3），$W(v_1,v_2,v_3)=3$。

第2次迭代：$S_1=\{v_1,v_2,v_3\}$，$S_2=\{v_4,v_5,v_6\}$。把v_3加入S_1后，从v_1到结点v_4,v_5,v_6增加了一条绕过v_3的新路径，将新路径与上一步中的路径的距离做比较，选择其中更短的路径，找出距v_1最近的是v_5。把v_5加入S_1，此时最短路是（v_1,v_2,v_3,v_5），$W(v_1,v_2,v_3,v_5)=4$。

第3次迭代：$S_1=\{v_1,v_2,v_3,v_5\}$，$S_2=\{v_4,v_6\}$。把v_5加入S_1后，从v_1到顶点v_4、v_6增加了一条绕过v_5的新路径，将新路径与上一步中的路径的距离做比较，选择其中更短的路径，并找出距v_1最近的是v_4。把v_4加入S_1，此时最短路是（v_1,v_2,v_3,v_5,v_4），$W(v_1,v_2,v_3,v_5,v_4)=7$。

第4次迭代：$S_1=\{v_1,v_2,v_3,v_5,v_4\}$，$S_2=\{v_6\}$。同理，做出比较，把$v_6$加入$S_1$。

第5次迭代：$S_1=\{v_1,v_2,v_3,v_5,v_4,v_6\}$，$S_2=\Phi$，已经找到图5.49结点$v_1$到$v_6$的最小距离和最短路径，$W(v_1,v_2,v_3,v_5,v_4,v_6)=9$。

在求解过程中，以上文字表述的步骤可以省略，直接在表格里进行比较和选择，最后用"回溯法"寻找最短路径，即v_6由v_4而来，v_4由v_5而来，v_5由v_3而来，v_3由v_2而来，v_2由v_1而来，所以，最短路径为（v_1,v_2,v_3,v_5,v_4,v_6）。

注意

以上过程不仅求得顶点v_1到v_6的最小距离和最短路径，从表格中也可写出v_1到其他各顶点的最小距离和最短路径。

例 5.31 中国数学家管梅谷先生在1962年提出与欧拉图密切相关所谓的"中国邮路问题"。邮递员从邮局出发，在其分辖的投递区域内走遍每一条街道，把信件送到收件人手里，最后又回到邮局，要走怎样的路线才能使全程最短？

中国邮路问题就是在赋权图中找到一个包含全部边且权和最小的回路。较为简单的情况是：

（1）若图G的结点度数均为偶数，则任何一条欧拉回路就是问题的解。

（2）若图G中只有两个度数为奇数的结点u、v，则先用迪克斯特拉算法求出u到v的最短路径，然后将最短路径上的各条边连其权重复一次，得到图G'。图G'结点的度数均为偶数，所以存在欧拉回路，这就是要求的回路。

在图5.50中，求中国邮路。

解：图5.50中，deg$B$=3，deg$E$=3，其余结点度数为偶数。先求B到E的最短路径，如表5.6所示。

表5.6 求B到E的最短路径

结点 迭代次数	B	A	F	C	D	E
初始化	[0]	3	8	5	∞	∞
1		[3]/B	7	5	∞	∞
2			7	[5]/B	10	15
3			[7]/A		10	13
4					[10]/C	13
5						[13]/F

回溯：B 到 E 的最短路径为（B，A，F，E），最短路的距离为 13。

将 B 到 E 的最短路径上各边连边上的权重复一次，如图 5.51 所示，则所有结点的度数均为偶数，图中存在欧拉回路。设 A 为邮局，一条从 A 出发回到 A 欧拉回路如下：

（A，B，C，D，E，FC，E，F，B，AF，A），路长=3×2+4×2+6×2+8+5+14+10+5+9=77

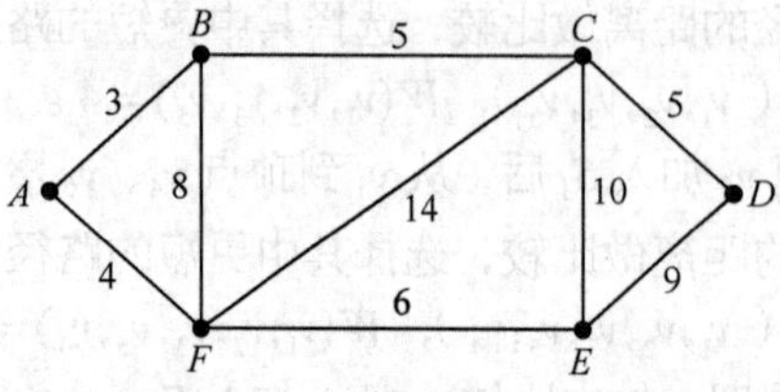

图 5.50

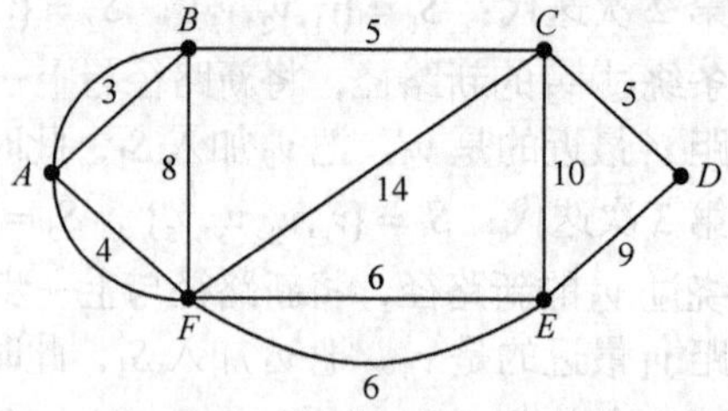

图 5.51

课堂练习 5.6

求图 5.52 中，a 到 g 的最短路径及路长。

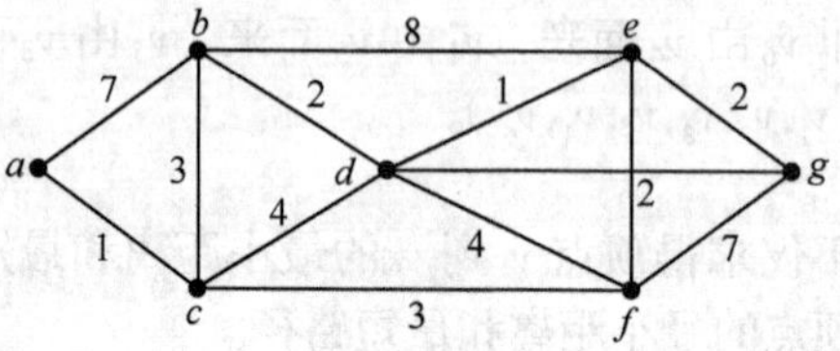

图 5.52

5.7 本章部分实例的 MATLAB 实现

程序一

例 5.28 中，对图 5.48 所示的小型网络，按照再改进的 **PageRank 算法**，MATLAB 程序如下。

```
clear
G=[   0  0  0  1  0  1;
      1  0  0  0  0  0;
      0  1  0  0  0  0;
      0  1  1  0  0  0;
      0  0  1  0  0  0;
0  0  1  0  1  0];
[n,n]=size(G);
sn=sum(G,1);      %G 的列和
% Power method
p=0.85;
delta=(1-p)/n;
D=zeros(n,1);
for j=1:n,
ifsn(j)==0,
```

```
D(j)=1/n;
G(:,j)=ones(n,1);
else
D(j)=1/sn(j);
end
end
D=diag(D);
A=p*G*D+delta*ones(n);
x=ones(n,1)/n;
z=zeros(n,1);
cnt=0;
while max(abs(x-z))>0.0001,
   z=x;
   x=A*x;
cnt=cnt+1;
end
[x1,index]=sort(x);
x1=flipud(x1);
index=flipud(index);
title={'排名(Rank)','PageRank 得分(x)','顶点(Node)','原始序号(Index)'};
sites={'alpha','beta','gamma','delta','rho','sigma'};
fprintf('                        按 PageRank 得分排名\n');
fprintf('------------------------------------------------------------\n');
fprintf('%-11s %-16s %-11s %s\n',title{1},title{2},title{3},title{4});
fprintf('------------------------------------------------------------\n');
fori=1:6
fprintf('%-11d %-16f %-11s %d\n',i,x1(i),sites{index(i)},index(i));
end
```

运行结果如下。

```
按 PageRank 得分排名
-----------------------------------------------------------------------
排名（Rank）    PageRank 得分（x）   顶点（Node）   原始序号（Index）
-----------------------------------------------------------------------
1              0.267490            alpha          1
2              0.252418            beta           2
3              0.169769            delta          4
4              0.132302            gamma          3
5              0.115555            sigma          6
6              0.062467            rho            5
```

程序二

例 5.29 中 PageRank 的计算方法——**幂迭代方法（Power Iteration）**MATLAB 程序如下。

```
G=[0 0 0 1 0 1;
```

```
    1 0 0 0 0 0;
    0 1 0 0 0 0;
    0 1 1 0 0 0;
    0 0 1 0 0 0;
    0 0 1 0 1 0]; % Link structrue
[n,n]=size(G);
p=0.85;
delta=(1-p)/n;
sn=sum(G,1); %按列求矩阵 G 各列的列和
D=diag(1./sn);
A=p*G*D + delta;
% 幂迭代法
x=ones(n,1)/n; %迭代初始向量
z=zeros(n,1);
cnt=0;  %用于记录迭步数
while max(abs(x-z)) > 0.0001
    z = x;
    x = A*x;
cnt=cnt+1;
end
[x1,index]=sort(x);
x1=flipud(x1);
index=flipud(index);
% 输出结果
out=[1:n; x1'; index'];
fprintf('迭代步数 = %d\n',cnt)
str1='排名'; str2='PageRank 得分';str3='序号';
fprintf('%-6s %-15s %-5s\n',str1,str2,str3);
fprintf('% -6d %-15f %-5d\n',out);
```

运行结果如下。

```
迭代步数=18
排名          PageRank 得分       序号
1              0.267490           1
2              0.252418           2
3              0.169769           4
4              0.132302           3
5              0.115555           6
6              0.062467           5
```

拓展阅读

莱昂哈德·欧拉

莱昂哈德·欧拉（Leonhard Euler，1707 年 4 月 15 日—1783 年 9 月 18 日），瑞士数学家、

自然科学家，出生于瑞士的巴塞尔，于俄国圣彼得堡去世。欧拉（见图 5.53）出生于牧师家庭，自幼受父亲的影响，13 岁时入读巴塞尔大学，15 岁大学毕业，16 岁获得硕士学位。欧拉是 18 世纪数学界最杰出的人物之一，他不但为数学界做出贡献，更把整个数学推至物理的领域。他是数学史上最多产的数学家，平均每年写出八百多页的论文，还写了大量的力学、分析学、几何学、变分法等的课本，《无穷小分析引论》《微分学原理》《积分学原理》等都成为数学界中的经典著作。欧拉对数学的研究如此之广泛，以至在许多数学的分支中也可经常见到以他的名字命名的重要常数、公式和定理。此外，欧拉还涉及建筑学、弹道学、航海学等领域。瑞士教育与研究国务秘书 Charles Kleiber 曾表示：“没有欧拉的众多科学发现，今天的我们将过着完全不一样的生活。”法国数学家拉普拉斯则认为：“读读欧拉，他是所有人的老师。”欧拉之墓如图 5.54 所示。

图 5.53

图 5.54

欧拉曾任彼得堡科学院教授，是柏林科学院的创始人之一。他是刚体力学和流体力学的奠基者，弹性系统稳定性理论的开创人。他认为质点动力学微分方程可以应用于液体（1750）。他曾用两种方法来描述流体的运动，即分别根据空间固定点（1755）和根据确定的流体质点（1759）描述流体速度场。前者称为欧拉法，后者称为拉格朗日法。欧拉奠定了理想流体的理论基础，给出了反映质量守恒的连续方程（1752）和反映动量变化规律的流体动力学方程（1755）。欧拉在固体力学方面的著述也很多，诸如弹性压杆失稳后的形状，上端悬挂重链的振动问题等。欧拉的专著和论文多达 800 多种。小行星欧拉（2002）就是为了纪念欧拉而命名的。

数学史上公认的 4 名最伟大的数学家分别是：阿基米德、牛顿、欧拉和高斯。阿基米德有“翘起地球”的豪言壮语，牛顿因为“苹果”闻名世界，欧拉没有戏剧性的故事给人留下深刻印象。第六版 10 元瑞士法朗正面的欧拉肖像如图 5.55 所示。

除了做学问，欧拉还很有管理天赋，他曾担任德国柏林科学院院长助理职务，并将工作做得卓有成效。李文林说：“有人认为科学家尤其数学家都是些怪人，其实只不过数学家会有不同的性格、阅历和命运罢了。牛顿、莱布尼茨都终身未婚，欧拉却不同。”欧拉喜欢音乐，生活丰富多彩，结过两次婚，生了 13 个孩子，存活 5 个，据说工作时往往儿孙绕膝。他去世的那天下午，还给孙女上数学课，跟朋友讨论天王星轨道的计算，突然说了一句“我要死了”，说完就倒下，停止了生命和计算。

欧拉解决了哥尼斯堡七桥问题，开创了图论，如图 5.56 所示。

图 5.55

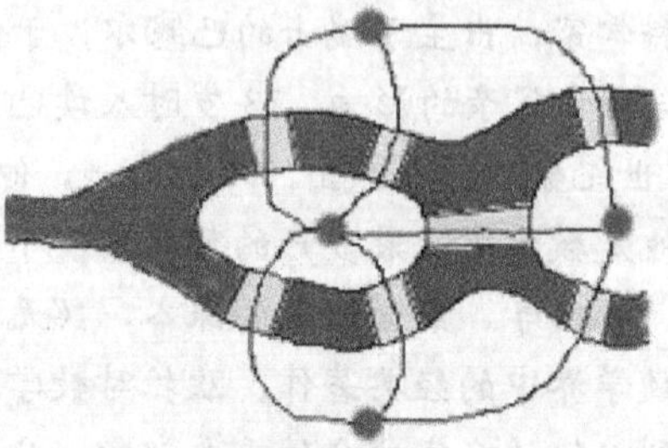

图 5.56

坐标几何方面，欧拉的主要贡献是第一次在相应的变换里应用欧拉角，彻底地研究了二次曲面的一般方程。

微分几何方面，欧拉于 1736 年首先引进了平面曲线的内在坐标概念，即以曲线弧长这一几何量作为曲线上点的坐标，从而开始了曲线的内在几何研究。1760 年，欧拉在《关于曲面上曲线的研究》中建立了曲面的理论。这本著作是欧拉对微分几何最重要的贡献，是微分几何发展史上的里程碑。

欧拉对拓扑学的研究也具有第一流的水平。1735 年，欧拉用简化（或理想化）的表示法解决了著名的哥尼斯堡七桥游戏问题，得到了具有拓扑意义的河 - 桥图的判断法则，即现今网络论中的欧拉定理。

PART 6 第六章 树

本章介绍树的基本概念、树的应用。

6.1 节介绍树的基本概念与树的类型：根树、二叉树、决策树。

6.2 节介绍最小连接算法。

6.3 节介绍数据挖掘中的决策树算法。

树是图论中应用最广泛、最重要的子类之一。1847 年，古斯塔夫·罗伯特·基尔霍夫（Gustav Robert Kirchhoff，1822—1887）研究电网络时发现了图论的新应用，在有关电网的著作中首次使用了树。后来亚瑟·凯雷（Arthur Cayley，1821—1895）在有机化学领域重新发展了树，用树去计数某些类型的化合物。现在，计算机科学广泛采用了树的概念。比如，在数据库系统中用树来组织信息，在编绎程序中用树表示源程序的语法结构，数据结构中的树的存储，数据挖掘中的决策树等，在最优化问题的求解中树也起着重要作用。

决策树的原理与构建——围绕一个实例展开

推荐阅读

1. 微信公众号“算法与数学之美”。
2. 《决策树的原理与构建——围绕一个实例展开》。

6.1 树的概念与类型

6.1.1 树的相关概念

● 树的定义。

连通无回路的无向图，称为无向树，简称**树**（Tree），用 T 表示。T 中度为 1 的结点称为**树叶**，度大于 1 的结点称为**分支点**或**内点**，每个连通分图都是树的非连通图称为**森林**。

例 6.1 图 6.1 中，图（a）、（b）是树，因为它们连通又不包含回路。图（c）、（d）均不是树，图（c）虽无回路，但不连通；而图（d）虽连通，但有回路。图（c）是森林。

一个连通有回路的图（见图 6.2）通过删边去掉回路，可以成为树，如图 6.3、图 6.4 所示。

● 树中结点数与边数的关系。

图 6.2 有 6 个顶点 8 条边，删去了 3 条边，得到它生成的树（见图 6.3、图 6.4），它们均

有 6 个顶点 5 条边，顶点数等于边数加 1。（n，m）图要成为树，是否必须满足 $n=m+1$ 呢？

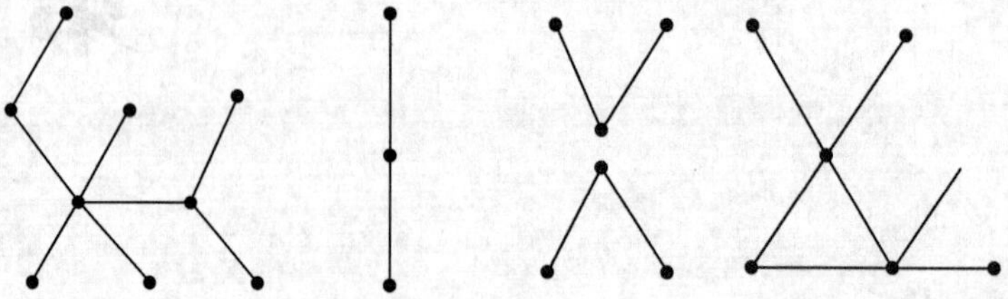

(a)　(b)　(c)　(d)

图 6.1

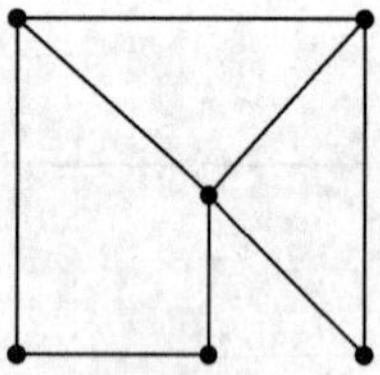

图 6.2

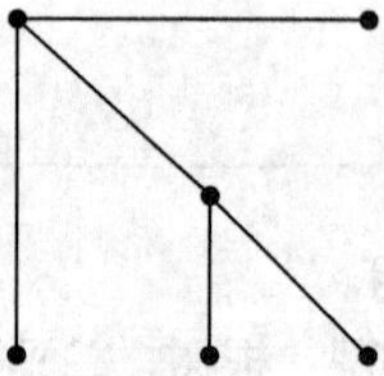

图 6.3

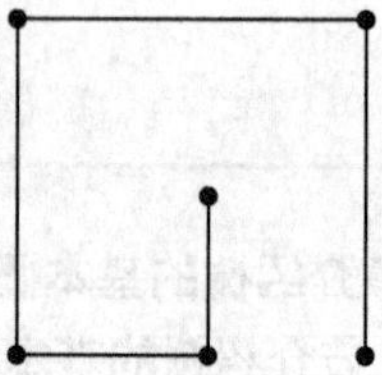

图 6.4

定理：在（n，m）树中必有 $n=m+1$。

试用数学归纳法对 n 进行归纳。

n=1 时，定理成立。设对所有 i（$i<n$）定理成立，需要证 n 时有 $n=m+1$.

设有一（n，m）树 T，因为 T 不包括任何回路，所以 T 中删去一边后就变成两个互不连通的子图，每个子图是连通的且无回路，所以每个子图均为树，设它们分别是（n_1，m_1）树及（n_2，m_2）树。由于 $n_1<n$、$n_2<n$，由归纳假设可得：

$$n_1 = m_1 + 1, n_2 = m_2 + 1$$

又因为 $n = n_1 + n_2, m = m_1 + m_2 + 1$。所以得到 $n=m+1$，命题得证。

例如，6 个点的树，边数为 6−1=5，8 个点的树，边数为 8−1=7。完全图 K_5，边数为 $C_5^2 = \frac{5\times 4}{2} = 10$，从 K_5 删去 6 条边且保持连通性可得到 K_5 的一棵树。

● 树的特性。

（1）一个无向图是树、当且仅当在它的每对结点之间存在唯一的通路；

（2）树是边数最多的无回路图，树是边数最少的连通图；

（3）带有 n 个结点的树（称为 n 阶树）含有 n−1 条边，且所有结点的度之和为 $2(n-1)$。

课堂练习 6.1.1

1. 设一棵树有两个结点度为 2，一个结点度为 3，三个结点度为 4，其余结点度 1，求它有几个结点度为 1?

2. 一棵树有 6 片树叶，3 个 2 度结点，其余结点度数为 4，求这棵树所含的边数。

6.1.2　根树

● 根树的定义。

指定一个结点作为根并且每条边的方向都离开根的树，即仅一个结点的入度为 0，其余结点的入度为 1 的有向图称为**根树**（root）。入度为 0 的结点称为**树根**，出度为 0 的结点称为**树叶**，出度不为 0 的结点称为**分支点**（内点）。

● 根树的模型。

（1）根树可表示组织机构：一个虚拟大学的行政结构如图 6.5 所示。

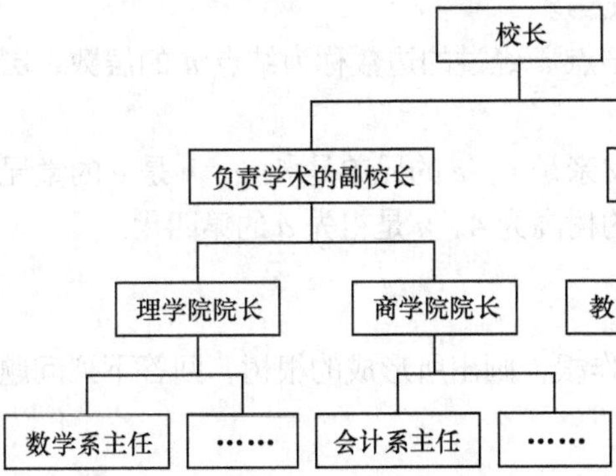

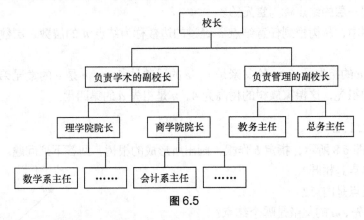

图 6.5

（2）根树可表示计算机的文件结构，如图 6.6 所示。

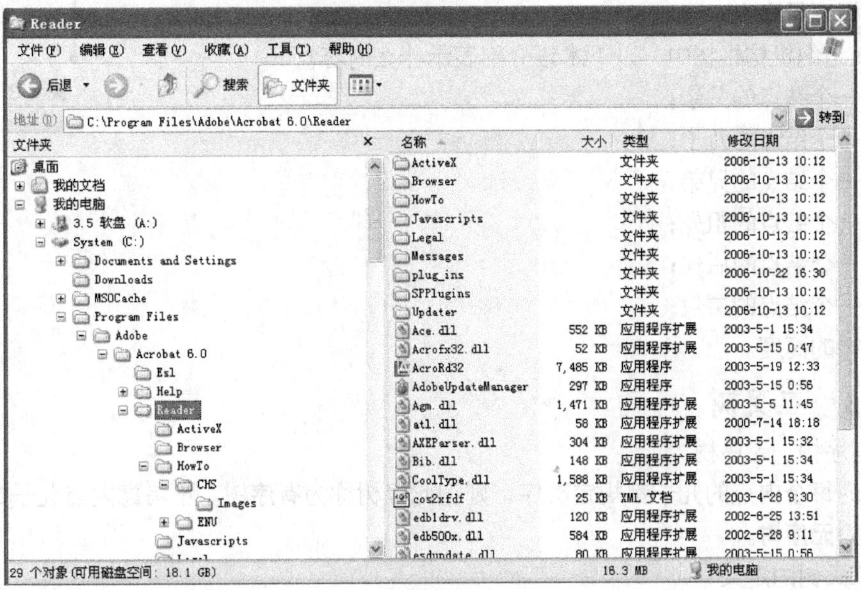

图 6.6

画根树时，把树根画在图的顶端，边的方向向下，形成一棵倒挂的树。

（3）根树可以表示家族树。

有一位生物学家在研究家族遗传问题时，采用了“树”形来描述家族成员的遗传关系。家族树用结点表示家族成员，用边表示亲子关系。如某家族祖宗 a，有三个儿子 b、c、d，b 生了两个儿子 e、f，d 生了两个儿子 g、h，e 有三个儿子，i、j、k，g 有两个儿子 l、m，j 生了一个儿子 n，这种家属关系用根树表示，如图 6.7 所示。

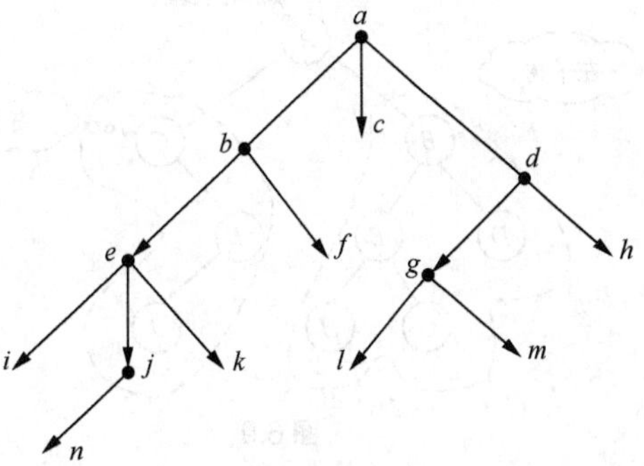

图 6.7

● 家属关系的相关术语被引用到根树中来表示结点之间的关系。

（1）在根树中，若 u 可达 v 且长度大于或等于 2，则称 u 是 v 的**祖先**，v 是 u 的**后代**；若 $\langle u, v\rangle$ 是根树中的一条有向边，则称 u 是 v 的**父亲**，v 是 u 的**儿子**；同一结点的儿子结点称为**兄弟**；父亲在同一层的结点称为**堂兄弟**。

（2）在根树中，从树根到任意结点 u 经过的边数称为结点 u 的**层数**，层数最大的结点的层数称为**树高**。

图 6.7 中，e 的祖先是 a，e 的父亲是 b，e 的兄弟是 f，g、h 是 e 的堂兄弟，e 是 i、j、k 的父亲，是 n 的祖先，这棵家族树的树高为 4，n 是祖先 a 的第四代。

课堂练习 6.1.2

1. 树 T 如图 6.8 所示，指定 b 作根，画出所形成的根树，回答下列问题。

（1）哪些结点是树叶？

（2）哪些结点是内点？

（3）a 的祖先、a 的父亲是哪个结点？

（4）e 有没有兄弟和儿子？

（5）树高是多少？

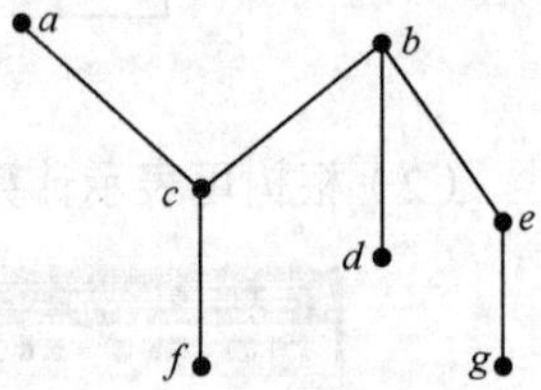

图 6.8

2. 在组织机构根树中，以下术语分别表示什么内容？

（1）一个结点的父亲；

（2）一个结点的儿子；

（3）一个结点的兄弟；

（4）一个结点的祖先；

（5）一个结点的后代；

（6）一个结点的层数；

（7）树的高度。

6.1.3 二叉树

- 有序树、无序树

根树的每个内点的儿子都规定次序，则把此根树称为**有序树**。不考虑内点儿子的次序，此根树称为**无序树**。

- 二叉树的定义

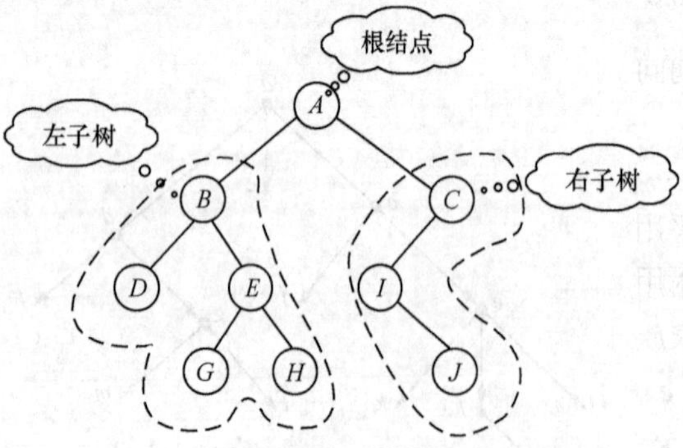

图 6.9

设 T 是一棵有序树，若 T 的每个内点至多有两个子结点（儿子），则称 T 为**二叉树**。二叉树的子树有左子树和右子树之分，其次序不能交换，如图 6.9 所示。

- 二叉树的基本特征。

（1）每个结点最多只有两棵子树（以**出度**作为树结点的度，则二叉树不存在出度大于 2 的结点）；

（2）左子树和右子树次序不能颠倒。图 6.10 所示是两棵不同的树。

- 正则二叉树

每个内点都恰有两个儿子的二叉树称为正则二叉树（或称满二叉树）。

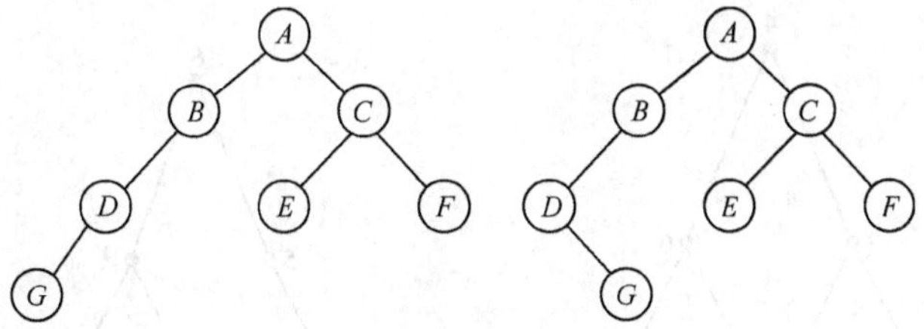

图 6.10

例 6.2 判断图 6.11 是否满二叉树?

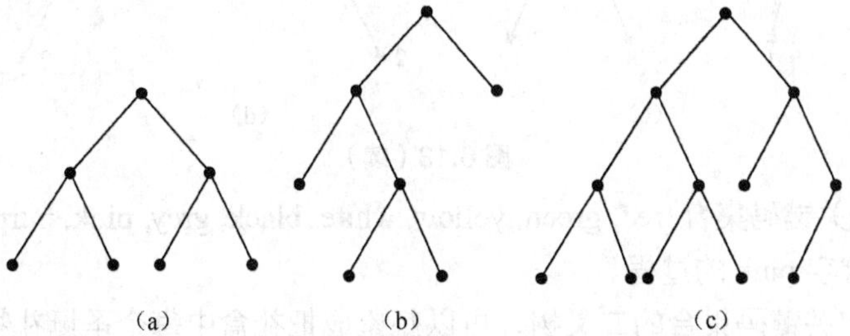

图 6.11

解：图 6.11（a）、（b）的内点都有两个儿子，它们是满二叉树。

图 6.11（c）的第二层最右侧的结点只有一个儿子，所以它不是满二叉树。

在编译程序中，处理算术表达式时常用到**代数树**，其中运算符处于分支点位置，运算对象（数值或字母）处于树叶位置。代数表达式 $\frac{a+b}{c}+d\left(e-\frac{f}{g}\right)$ 用二叉树表示，如图 6.12 所示。

- 二叉排序树。

各数据元素在二叉树中按一定次序排列，这样的二叉树称为**二叉排序树**。规定二叉排序树中的每个结点的左子树中所有结点的关键字值都小于该结点的关键字值，而右子树中所有结点的关键字值都大于该结点的关键字值。在计算机使用中，大部分二叉排序树用来排序和查找各种各样的信息，排序和查找是数据处理中常见的运算。

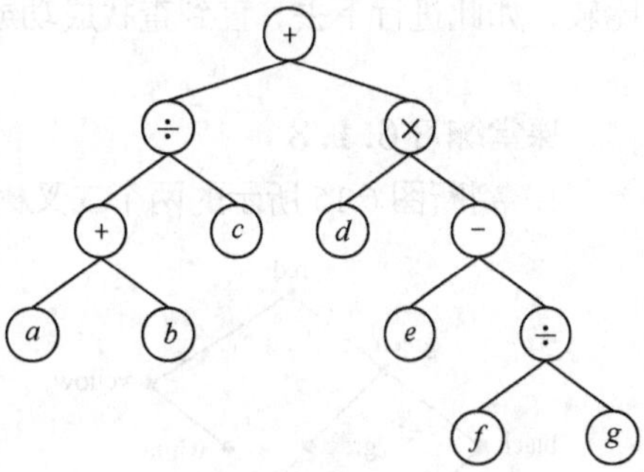

图 6.12

例 6.3 图 6.13 所示的二叉树中，哪些是二叉排序树?

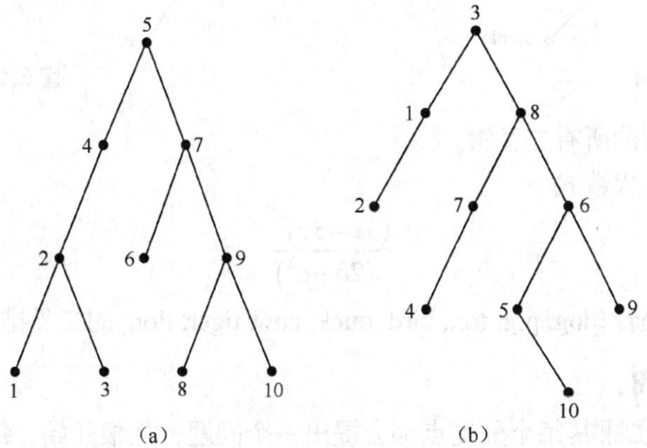

图 6.13

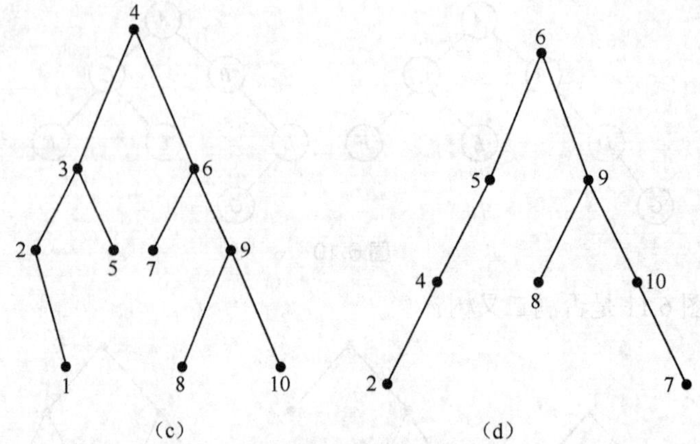

图 6.13（续）

例 6.4 构造关键码集合{red, green, yellow, white, black, grey, pink, purple, blue}二叉排序树，说出查找关键字 pink 的过程。

解：构造给定关键码集合的二叉树，可以想象成把礼盒中每个圣诞礼物按照二叉排序树排序规定挂在圣诞树上，如图 6.14 所示。

查找关键字 pink 的过程是：将 pink 的值与树根 red 比较，pink<red，进入 red 的左子树；再与 red 左子树根结点 green 比较，pink>green，进入 green 的右子树；与 green 右子树根结点 grey 比较，pink>grey，进入 grey 的右子树；与 grey 右子树根结点 pink 比较，相等，查找完成。

一般的，二叉排序树的查找过程是：将待查找的关键码值与树根的关键码值比较，若相等，查找结束；若小于，则进入左子树；若大于，则进入右子树。在子树里与子树的根结点比较，如此进行下去，直到查找成功或失败（找不到）。

课堂练习 6.1.3

1. 判断图 6.15 所示的两个二叉树是否相同。

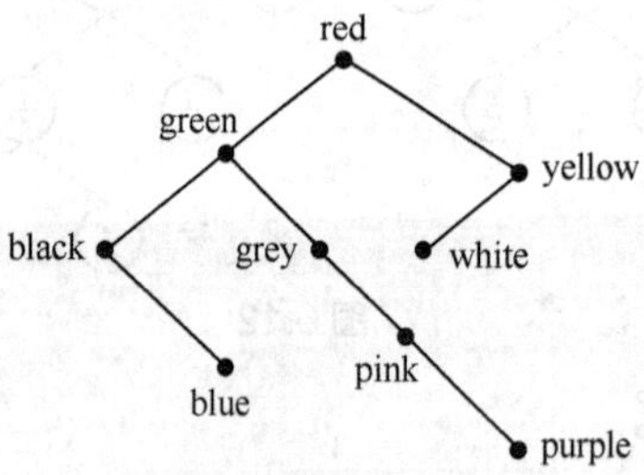

图 6.14

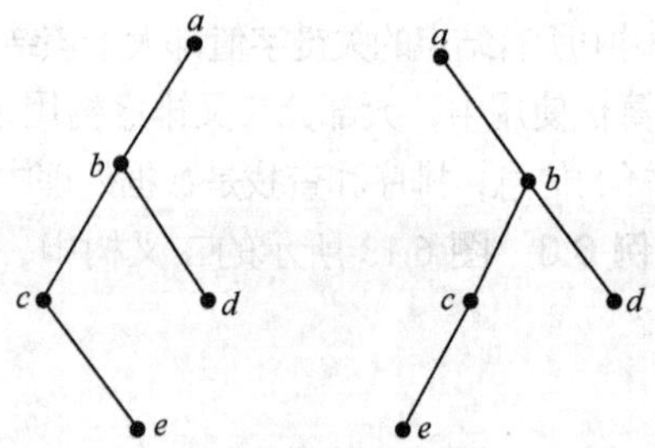

图 6.15

2. 画出三个结点的所有二叉树。
3. 用二叉树表示代数式

$$\frac{(3x-5y)^2}{a(2b-c^2)}$$

4. 构造关键码集合{dog, pig, fox, bird, duck, cow, tiger, lion}的二叉排序树。

6.1.4 决策树

设有一棵根树，如果其每个分支点都会提出一个问题，从根开始，每回答一个问题，走相应的边，最后到达一个叶结点，即获得一个决策，这样的根树称为**决策树**（Decision Tree）。

例 6.5 现有 5 枚外观一样的硬币 A、B、C、D、E，只有 1 枚硬币与其他的重量不同。如何使用一架天平来判别哪枚硬币是坏的，重还是轻？

解：

用天平来称 A 和 B 两枚硬币，只有 A < B、A = B、A > B 三种情形，因此可构造 3 元决策树来解决。如图 6.16 所示，L 表示轻，H 表示重。

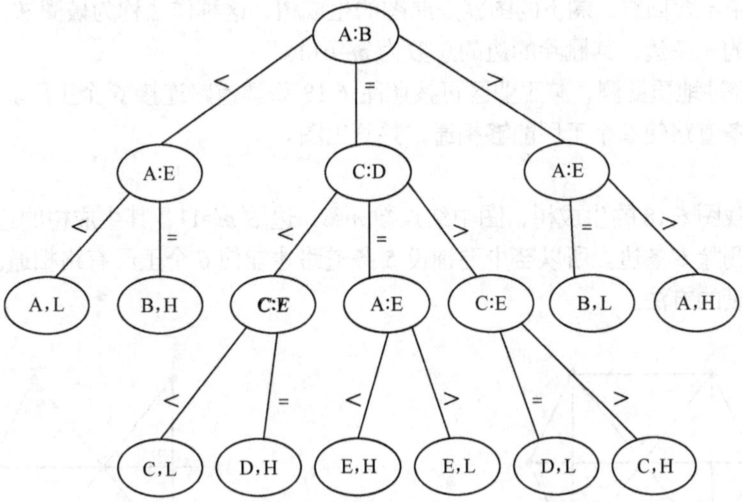

图 6.16

从根到叶就是一种求解过程，由于该树有 10 片叶子，因此最多有 10 种可能的解。又由于该树高为 3，因此最坏的情形下需要 3 次判别就能得到结论。

课堂练习 6.1.4

请用决策树表示对三个不同元素 a_1、a_2、a_3 进行排序的过程，排序有多少种可能结果？最多要排序几次？

6.2 最小连接问题

现实生活中常常需要设计一个费用最少的方案将一些物体或目标连接成网络。比如希望设计一个连接若干城市的铁路网络，使旅客乘火车能从一个城市到任意其他城市而总花费最小。建设公路网、电话网、互联网，物流网等也是类似问题。这类问题可以用图论中求最小树的方法来解决，称为**最小连接问题**。

6.2.1 生成树

如果无向图 G 的**生成子图 T**（T 与 G 的顶点相同）是一棵树，则称 T 是 G 的**生成树**。

例 6.6 判断图 6.17 中的图（b）（c）（d）（e）是否是图（a）的生成树。

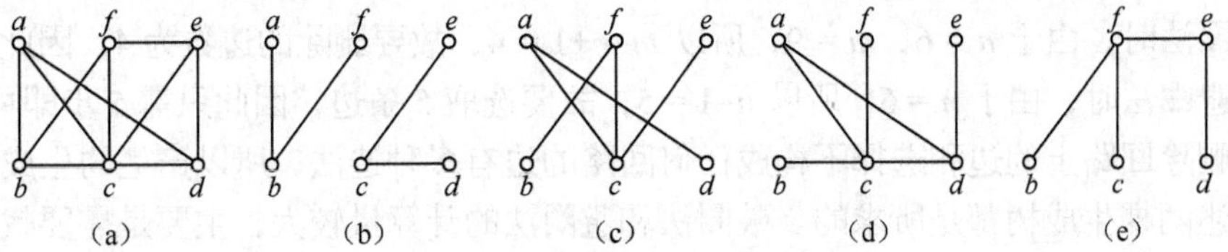

图 6.17

解：（c）是（a）的生成树，（b）不连通，（d）中有回路，（e）的结点与（a）中结点不相同，所以（b）（d）（e）都不是（a）的生成树。

- 求图 $G=<V, E>$生成树的方法——**破圈法和避圈法**。
- 破圈法。

若图 G 无回路，那么 G 的生成树是其本身。若 G 有回路，任取一条回路，去掉回路中的一边，直到图中不含回路，剩下的图就是原图的生成树，这种作法称为**破圈法**。（n, m）图每次删除回路中的一条边，其删除的边的总数为 $m-n+1$。

例 6.7 经过地质勘测，某工业区可按照图 6.18 修建道路连接 6 个工厂。为厉行节约，问至少铺设几条道路使 6 个工厂能够相通，并画出图。

解：

该问题即找图 6.18 的生成树，图中结点数 n=6，边数 m=11，其生成树的边数=6−1=5，用破圈法删除 6 条边。所以至少要铺设 5 条道路才能使 6 个工厂有路相通。图 6.19 是其中一种道路铺设的方法。

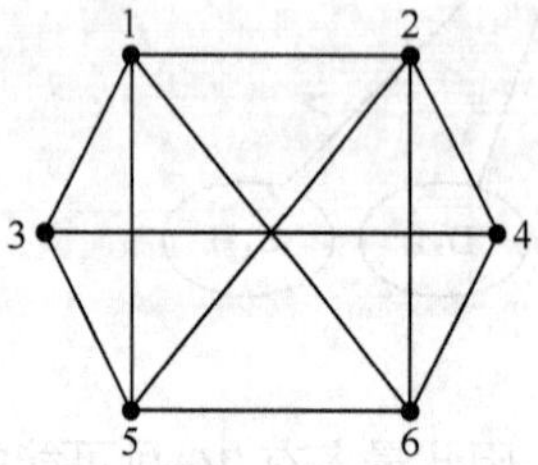

图 6.18

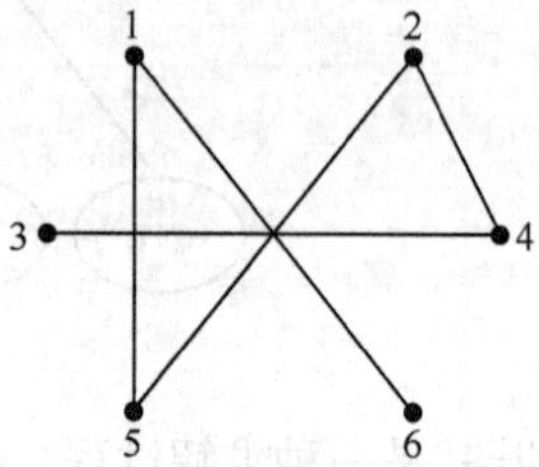

图 6.19

- 避圈法。

每次选取 G 中一条与已选取的边不构成回路的边，选取的边的总数为 $n-1$。

例 6.8 分别用破圈法和避圈法求图 6.20 所示的生成树。

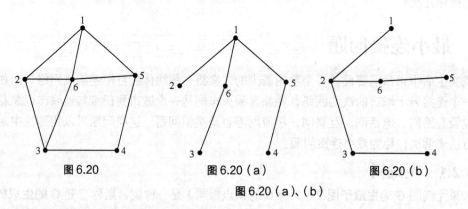

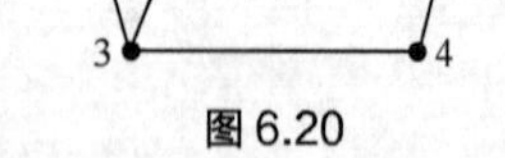

图 6.20

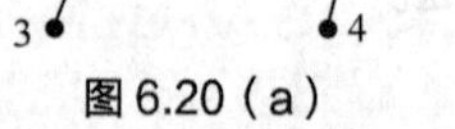

图 6.20（a）

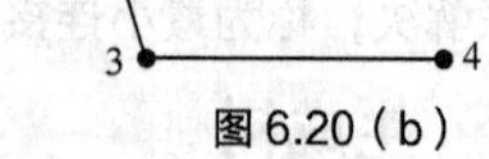

图 6.20（b）

图 6.20（a）、（b）

解：分别用破圈法和避圈法依次进行即可。

用破圈法时，由于 $n=6$，$m=9$，所以 $m-n+1=4$，故要删除的边数为 4，因此只需 4 步即可。用避圈法时，由于 $n=6$，所以 $n-1=5$，故要选取 5 条边，因此只需 5 步即可。

由于删除回路上的边和选择不构成任何回路的边有多种选法，所以产生的生成树不是唯一的，上述两棵生成树都是所求的。破圈法和避圈法的计算量较大，主要是需要找出回路或验证不存在回路。

6.2.2 最小生成树及其算法

- 最小生成树的定义。

设 G 是无向连通赋权图，在 G 的全部生成树中，如果生成树 T 所有边的权和最小，则称 T 是图 G 的**最小生成树**。

如在 n 个城市之间铺设光缆，要使这 n 个城市的任意两个之间都可以通信，同时使得铺设光缆的总费用最低。铺设光缆的费用很高，且各个城市之间铺设光缆的费用不同，这就需要找到带权的最小生成树。最小生成树问题就是赋权图的最优化问题，也称为最小连接问题。

利用破圈法，可找到一个赋权图的所有生成树，再比较每棵生成树的权和，而得到最小生成树。但从算法的快慢来衡量，它不是最好的算法。

- 最小生成树的算法——避圈法。

避圈法的主要思路是：首先选一条权最小的边，以后每一步，在未选的边中选择一条权最小且与已选的边不构成圈的边。每一步中，如果有两条或两条以上的边都是权值最小的边，则从中任选一条，此时最小生成树不唯一。

避圈法主要分为两种：Kruskal 算法和 Prim 算法。

（1）**Kruskal 算法**（1956 年克鲁斯卡尔提出）。

第 1 步：将给定赋权图 G 中所有边的权从小到大排序，设为 e_1、e_2、…、e_m；

第 2 步：选 $e_1 \in T$；

第 3 步：考虑 e_2，如果 e_2 加入 T 不会产生回路，则把 e_2 加入 T，否则放弃 e_2；再考虑 e_3，如果 e_3 加入 T 不会产生回路，则把 e_3 加入 T，否则放弃 e_3；如此反复下去，直到无边可选为止。这样选出的 T 就是赋权图 G 的最小生成树。

例 6.9 用 Kruskal 算法求赋权图 6.21 的最小生成树。

解：

首先将图中的边按权值从小到大排序：$(AB, AE, BE, BC, CE, DE, CD)=(1, 2, 3, 4, 5, 6, 7)$。

然后依次检查各边：选 AB、AE；选 BE 时有回路，放弃 BE；选 BC；选 CE 会形成回路，放弃 CE；选 DE；最后检查 CD，CD 加入会有回路，放弃 CD。过程如图（a）（b）（c）（d）所示，图（d）为图 6.21 的最小生成树，且是它唯一的最小生成树。

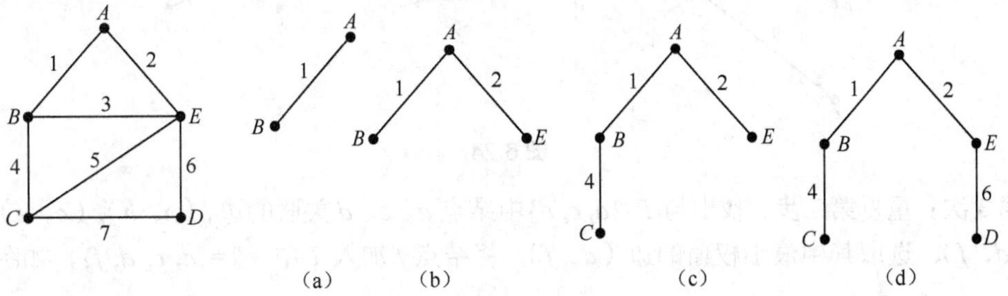

图 6.21

一般的，当赋权图各边的权值不相同时，其最小生成树是唯一的。

（2）**Prim（普里姆）算法**（1957 年罗伯特·普里姆提出）。

克鲁斯卡尔算法是按从小到大将边连通来构造最小生成树。普里姆算法则是按逐个将结点连通的方式来构造最小生成树。

假设 $G=(V, E)$是一个具有 n 个结点的带权无向连通图，$T=(V_T, E_T)$ 是 G 的最小生成树，

其中 V_T 是 T 的点集，E_T 是 T 的边集，普里姆算法构造 G 的最小生成树 T 的步骤如下。

① 初始化：在图 G 中任意选一个结点 v_i，此时 E_T 为空集，$V_T=\{v_i\}$；

② 在图 G 中找出与 V_T 中所有结点关联的边，选择其中权值最小的边，将这条边另一个属于 $(V-V_T)$ 的结点加入到 V_T。

重复执行步骤②$n-1$ 次，直到 $V_T=V$ 为止。

例 6.10 用 Prim 算法求赋权图 6.22 的最小生成树。

解：

第一步：初始化，任意选择初始结点，假设 a 为初始结点。

第二步：n=7，算法要执行 6 次。

第 1 次：把 a 加入到最小生成树 T 中。找出与 a 关联的边，(a，b)，(a，c)，(a，d)，选取其中最小权值的边（a，c），将结点 c 加入 T 中，T={a, c}，如图 6.23 所示。

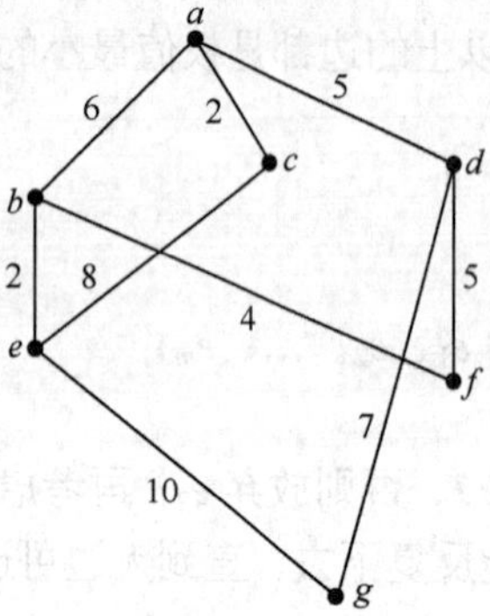

图 6.22

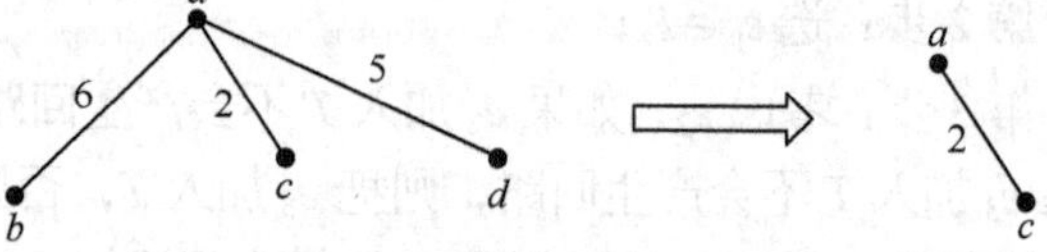

图 6.23

第 2 次：重复第二步，找出与 T={a, c}中结点 a、c 关联的边（已经选择过的边不要考虑，用虚线标记），(a，b)，(a，d)，(c，e)，选取其中最小权值的边（a，d），将结点 d 加入 T 中，T={a, c, d}，如图 6.24 所示。

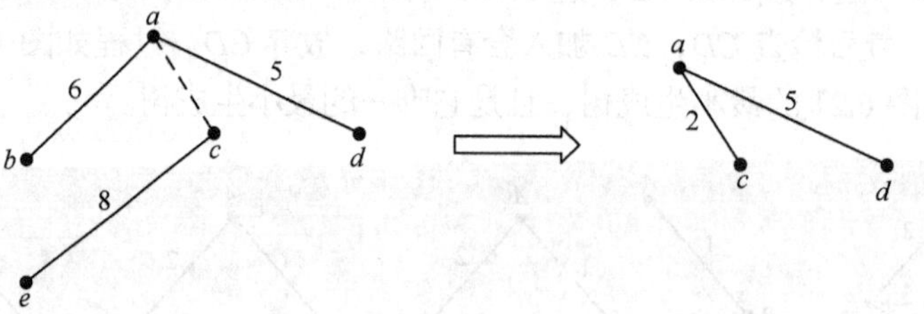

图 6.24

第 3 次：重复第二步，找出与 T={a, c, d}中结点 a、c、d 关联的边，(a，b)，(c，e)，(d，g)，(d，f)，选取其中最小权值的边（d，f），将结点 f 加入 T 中，T={a, c, d, f}，如图 6.25 所示。

第 4 次：重复第二步，找出与 T={a, c, d, f}中结点 a、c、d、f 关联的边，(a，b)，(c，e)，(d，g)，(f，b)，选取其中最小权值的边（f，b），将结点 b 加入 T 中，T={a, c, d, f, b}，如图 6.26 所示。

第 5 次：重复第二步，找出与 T={a, c, d, f, b}中结点 a、c、d、f、b 关联的边，(a，b)，(b，e)，(c，e)，(d，g)，选取其中最小权值的边（b，e），将结点 e 加入 T 中，T={a, c, d, f, b, e}，如图 6.27 所示。

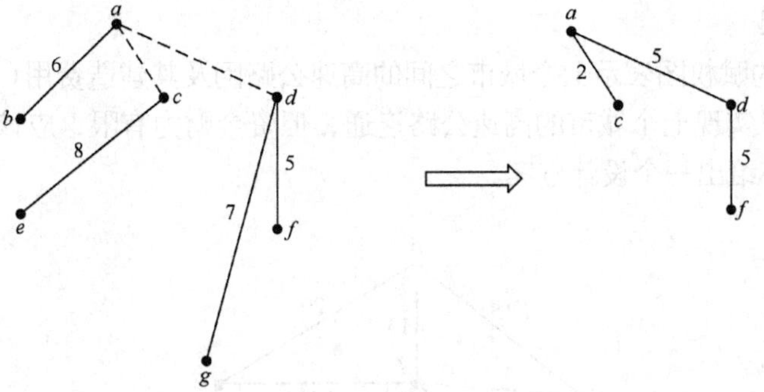

图 6.25

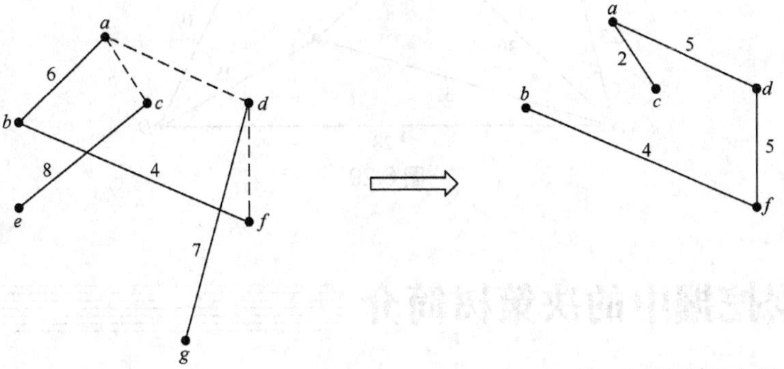

图 6.26

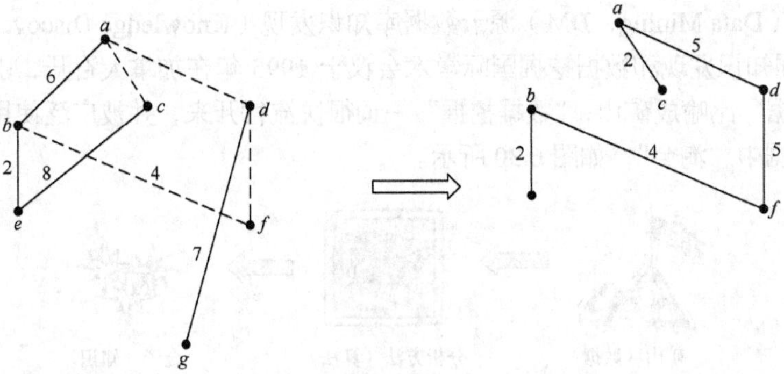

图 6.27

第 6 次：重复第二步，找出与 T={a, c, d, f, b, e} 中结点 a、c、d、f、b、e 关联的边，(a，b)，(c，e)，(d，g)，(e，g)，选取其中最小权值的边（a，b），但此时会形成回路，放弃（a，b），而选择边（d，g），将结点 g 加入 T 中，T={a, c, d, f, b, e, g}，此时 T=V，算法结束，如图 6.28 所示。

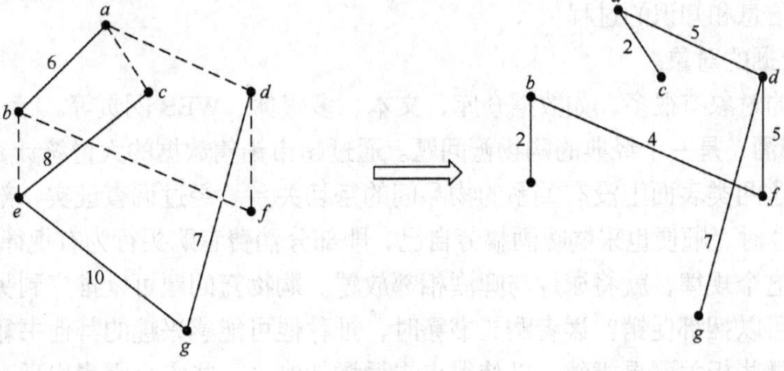

图 6.28

课堂练习 6.2

图 6.29 所示的赋权图表示七个城市之间的高速公路网及其建造费用（亿元），计划五年内建完。如果想尽早实现七个城市的高速公路连通，但资金财力有限，应该先修哪些公路，总费用是多少？请你给出一个设计方案。

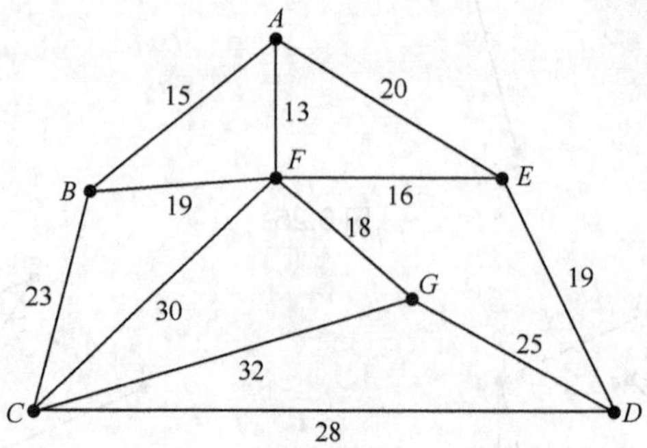

图 6.29

6.3 数据挖掘中的决策树简介

6.3.1 数据挖掘的基本认识

数据挖掘（Data Mining，DM）源于数据库知识发现（Knowledge Discovery in Database，KDD）。第一届知识发现和数据挖掘国际学术会议于 1995 年在加拿大召开，由于与会者把数据库中的"数据"比喻成矿山，"数据挖掘"一词很快流行开来，并被广泛使用。数据挖掘就是从海量的数据中"淘金"，如图 6.30 所示。

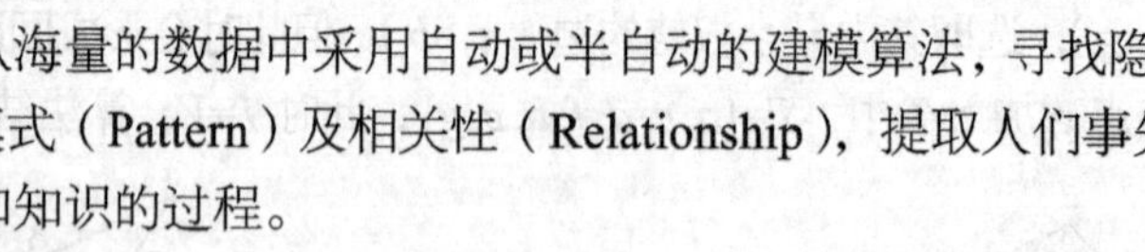

图 6.30

- 数据挖掘的定义。

数据挖掘就是从海量的数据中采用自动或半自动的建模算法，寻找隐藏在数据中的信息，如趋势（Trend）、模式（Pattern）及相关性（Relationship），提取人们事先不知道的、有价值的、可实用的信息和知识的过程。

- 数据挖掘的对象。

数据挖掘的对象有很多，如数据仓库、文本、多媒体、WEB 网页等。

"尿片→啤酒"是一个经典的购物篮问题。通过超市销售数据的大量统计，人们发现了发现尿片与啤酒这两类表面上没有关系的物品间的密切关系。经过调查证实，部分年轻的父亲在为孩子买尿片时，顺便也采购啤酒犒劳自己，即部分消费者购买行为有规律：尿片→啤酒。商家注意到了这个规律，就将尿片与啤酒相邻放置。购物篮问题可以推广到另外的问题应用上：哪些产品可以捆绑促销？读者购买书籍时，推荐他可能感兴趣的其他书籍？网页信息栏的设置应考虑哪些相关网页相邻，以使得点击量增加？当一些安全因素出现时，导致另一些因素或结果出现的可能性多大？

- 数据挖掘的过程。

数据挖掘的过程一般可分为 3 个阶段。

（1）数据预处理阶段：为后续阶段提供高质量的输入数据。本阶段包括数据清理、数据集成、数据转化、数据规约。

- 数据清理：清除数据中不正确、不完整、不一致或者不符合要求的数据；
- 数据集成：将多个数据源的数据进行同一存储；
- 数据转化：对数据进行转换，满足分析要求；
- 数据规约：消减数据量或降低数据维数，以提高数据挖掘的效率和质量。

（2）模式发现阶段：首要工作是确定挖掘任务，然后根据挖掘任务选择合适的挖掘算法。常用挖掘算法有关联规则算法、分类规则算法、聚类规则算法、时间序列分析。

（3）挖掘结果阶段：将第（2）阶段发现的规则和模式可视化，即挖掘结果以一种直观的、容易理解的方式呈现给用户。数据挖掘得到的结果可能不理想，不能满足用户需求的情况，这就需要对挖掘结果进行评估。剔除无关模式或模式的冗余，对不满足要求的模式，重新选择数据，再进行数据挖掘，直到符合用户需求。

数据挖掘的过程如图 6.31 所示。

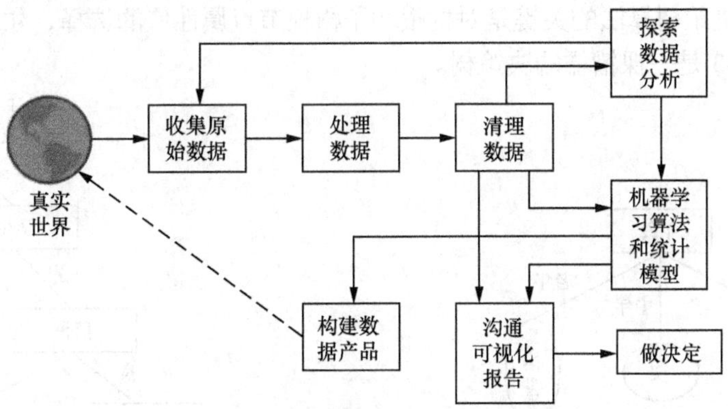

图 6.31

6.3.2 数据挖掘中决策树算法的基本概念

下面我们通过例子来说明决策树的生成过程，即决策树算法。生成决策树的一个著名算法是 J.Ross Quinlan 在 1986 年提出的 ID3 算法，并于 1993 年提出了改进版——C4.5 算法。

例 6.11 假设某公司调查顾客是否购买计算机，随机收集了表 6.1 中的数据（称为训练样本），那么对于任意给定的客人（称为测试样本），你能帮助该公司将这位客人归类吗？即你能预测这位客人是属于“购买”计算机的那一类，还是属于“不购买”计算机的那一类？你需要多少有关这位客人的信息才能回答这个问题？

表 6.1 训练样本（1）

计数	年龄	收入	学生	信誉	归类：购买、不购买
64	青	高	否	良	不买
64	青	高	否	优	不买
128	中	高	否	良	买

续表

计数	年龄	收入	学生	信誉	归类：购买、不购买
60	老	中	否	良	买
64	老	低	是	良	买
64	老	低	是	优	不买
64	中	低	是	优	买
128	青	中	否	良	不买
64	青	低	是	良	买
132	老	中	是	良	买
64	青	中	是	优	买
32	中	中	否	优	买
32	中	高	是	良	买
63	老	中	否	优	不买
1	老	中	否	优	买

自顶向下的决策树算法的关键是对树根和子树根节点属性值的选择，如图 6.32 是一棵好的决策树，图 6.33 是一棵糟糕的决策树。

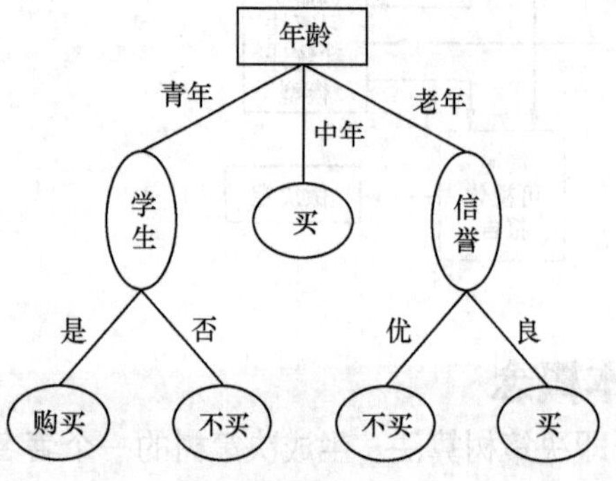

图 6.32

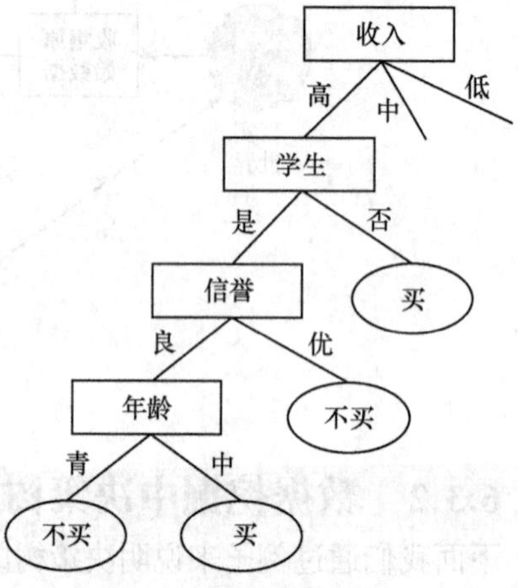

图 6.33

1. 决策树的构成

一棵决策树包含两种类型的节点：叶节点和决策节点。一个叶节点表示一个类，一个决策节点有一个分枝和子树。

本例试图通过分析训练样本，来构造决策树形式的分类模型，利用找到的分类模型，判断任一客人购买计算机或不购买计算机。“购买”或“不购买”为**类别属性**，是决策树的叶节点。{年龄、收入、学生、信誉}称为**决策属性**集。把决策属性集中最有分类标识能力的属性作为当前决策节点，根据当前决策节点属性取值的不同，产生分枝和子树。对子树，重复同样的做法，直到节点均为叶节点。

2. 随机事件信息量度量

我们要弄清楚一件非常不确定或者是一无所知的事情，就需要了解大量的信息。如果对某件事有了足够多的了解，就不需要太多信息就能把它搞清楚。从这个角度说，信息量就等于事件不确定性的多少。

若随机事件 a_i 发生的概率为 $p(a_i)$，随机事件 a_i 的信息量 $I(a_i)$ 可如下度量：

$$I(a_i)=p(a_i)\log_2\frac{1}{p(a_i)}$$

并规定，当 $p(a_i)=0$ 时，

$$I(a_i)=p(a_i)\log_2\frac{1}{p(a_i)}=0$$

假设有 n 个互不相容的事件 a_1，a_2，...，a_n，它们中有且仅有一个发生，则其平均的信息量（期望信息量）可如下度量：

$$I(a_1,a_1,...,a_n)=\sum_{i=1}^{n}I(a_i)=\sum_{i=1}^{n}p(a_i)\log_2\frac{1}{p(a_i)} \qquad \text{公式（1）}$$

公式（1）中对数底数可以为任何正数，通常取 2。

3. 信息熵

克劳德·艾尔伍德香农（Claude Elwood Shannon，1916—2001）1948 年在他著名的论文《通信的数学原理》中提出了“信息熵”的概念，这才解决了信息的度量问题。

吴军在《数学之美系列四——怎样度量信息？》中认为**信息熵的大小指的是了解一件事情所需要付出的信息量是多少**，这件事的不确定性越大，要搞清它所需要的信息量也就越大，也就是它的信息熵越大。公式（1）计算的结果为**信息熵（Entropy）**（单位为比特）。

（1）分类属性的信息熵（训练样本 S 分类的信息熵）。

在决策树分类中，设 S 是训练样本数据集，在 S 中定义了 n 个类 C_1、$C_2\cdots C_n$。S_i 为数据集 S 中属于类 C_i 的子集。任意样本属于 C_i 类的概率如下：

$$p_i=P(|S_i|)=\frac{|S_i|}{|S|}$$

其中$|S|$是训练样本数据集 S 包含的元素数量，$|S_i|$为子集 S_i 中元素数量。

那么，对集合 S 分类的期望信息量如下：

$$\text{Entropy}(S)=I(|S_1|,|S_2|...|S_n|)=\sum_{i=1}^{n}p_i\log_2\frac{1}{p_i}=-\sum_{i=1}^{n}p_i\log_2 p_i \qquad \text{公式（2）}$$

（2）条件信息熵

要消除随机事件的不确定性的唯一办法是引入信息。这些信息可以是直接针对我们要了解的随机事件，也可以是与随机事件相关的其他事件的信息。这就涉及一个新概念——条件熵。

在属性 A 条件下，对样本数据集 S 进行分类所需的信息量称为**条件熵**。

假设引入一个条件（属性）A 来帮助我们做决策。决策属性 A 共有 v 个不同的取值 $\{a_1,a_2,\cdots,a_v\}$，则通过属性 A 的取值可将数据集 S 划分成 v 个子集 S_{a1}，S_{a2}，...，S_{av}，其中 S_{aj} 表示数据集 S 中属性 A 取值为 a_j 的子集，j=1, 2, ..., v。那么在属性 A 的条件下，对集合 S 分类所需的信息可通过这些子集的熵加权和求得，即：

$$\text{Entropy}(S,A)=\sum\left(\frac{|S_{aj}|}{|S|}\right)\times\text{Entropy}(S_{aj}) \qquad \text{公式（3）}$$

4. 信息增益

ID3 算法和 C4.5 算法是利用信息论中的**信息增益**来确定具有最大信息量的属性。该属性就是构成决策树的一个当前节点，根据该属性的不同取值建立树的分枝，在分枝中又重复建立树的下一个节点和分枝的过程。

下面的量：

$$\text{Gain}(A) = \text{Entropy}(S) - \text{Entropy}(S, A) \qquad \text{公式（4）}$$

度量了按照属性 A 区分集合 S 所得到的信息，称为**信息增益**。

公式（4）表明信息增益等于集合 S 的信息熵减去在属性 A 的条件下，集合 S 的信息熵。在获得信息 A 的条件下，信息 S 的不确定性减少了 Gain(A)这么多，所以，信息增益越大，属性 A 对于区分数据的能力越强。这个属性作为决策树的根节点，能使得这棵树更简洁。

因此，计算训练样本集合的所有决策属性的信息增益时，选择其中增益最大的属性作为当前决策节点。

6.3.3 信息增益的计算步骤

信息增益的计算步骤有 6 步。

第 1 步：计算数据集 S 的分类熵 Entropy(S)。

数据集 S 可分为两类：C_1=购买，C_2=不购买。

S_1 为 S 中购买计算机的子集，购买人数$|S_1|$=641，S_2 为 S 中不买计算机的子集，不购买人数$|S_2|$=383，训练样本人数$|S=|S_1|+|S_2||$=641+338=1024（见表 6.2）。

p_1、p_2 分别表示任取一样本属于购买类和不购买类的概率。

$$p_1 = \frac{|S_1|}{|S|} = \frac{641}{1024} = 0.6260$$

$$p_2 = \frac{|S_2|}{|S|} = \frac{383}{1024} = 0.3740$$

由公式（2）可知，集合 S 中购买计算机和不买计算机的期望信息熵如下：

$$\begin{aligned} I(|s_1|,|s_2|) &= I(641,383) = -p_1 \log_2 p_1 - p_2 \log_2 p_2 = -(p_1 \log_2 p_1 + \log_2 p_2) \\ &= -(0.6260 \times \log_2 0.6260 + 0.3740 \times \log_2 0.3740) = 0.9537 \end{aligned}$$

表 6.2 训练样本（2）

计数	年龄	收入	学生	信誉	归类：购买、不购买
64	青	高	否	良	不买
64	青	高	否	优	不买
128	中	高	否	良	买
60	老	中	否	良	买
64	老	低	是	良	买
64	老	低	是	优	不买
64	中	低	是	优	买
128	青	中	否	良	不买

续表

计数	年龄	收入	学生	信誉	归类：购买、不购买
64	青	低	是	良	买
132	老	中	是	良	买
64	青	中	是	优	买
32	中	中	否	优	买
32	中	高	是	良	买
63	老	中	否	优	不买
1	老	中	否	优	买
购买总人数：641，不购买总人数：383					

第 2 步：计算在决策属性条件下，区分数据集 S 的熵（条件熵）。

决策属性共有 4 个：年龄、收入、学生、信誉。

令 A=年龄，B=收入，C=学生，D=信誉，分别计算不同属性的的条件熵，然后计算各属性的信息增益。

（1）计算年龄条件熵 Entropy(S, A)。

年龄共分三个组：青年、中年、老年。令 a_1=青年，a_2=中年，a_3=老年。

$$\text{Entropy}(S,A)=\sum_{aj=1}^{3}\left(\frac{|S_{aj}|}{|S|}\right)\times\text{Entropy}(S_{aj})$$

- 样本中青年购买计算机的人数：$|S_{a1}(\text{买})|=128$，不购买的人数：$|S_{a1}(\text{不买})|=256$，青年总人数为 128+256=384（见表 6.3），任一青年样本购买计算机的概率 p_1，不购买计算机的概率 p_2 如下：

$$p_1=\frac{|S_{a1}(\text{买})|}{|S|}=\frac{128}{384}=0.3333$$

$$p_1=\frac{|S_{a1}(\text{不买})|}{|S|}=\frac{256}{384}=0.6667$$

根据公式（2），青年中购买计算机购买和不买计算机的期望信息熵如下：

$$\begin{aligned}\text{Entropy}(S_{a1})&=-p_1\log_2 p_1-p_2\log_2 p_2=-(p_1\log_2 p_1+\log_2 p_2)\\&=-(0.3333\times\log_2 0.3333+0.6667\times\log_2 0.667)=0.9183\end{aligned}$$

表 6.3 青年人购买计算机的人数

计数	年龄	收入	学生	信誉	归类：购买、不购买
64	青	高	否	良	不买
64	青	高	否	优	不买
128	青	中	否	良	不买
64	青	低	是	良	买
64	青	中	是	优	买
青年中购买人数：128，不买人数：256，总人数 384					

- 中年人样本中购买计算机的人数：$|S_{a2}(买)|$=256，不买的人数：$|S_{a2}(不买)|$=0，样本中年人总数为 256（见表 6.4），任一中年样本购买计算机的概率 p_1，不购买计算机的概率 p_2 如下：

$$p_1=\frac{|S_{a2}(买)|}{|S|}=\frac{256}{256}=1$$

$$p_2=\frac{|S_{a2}(不买)|}{|S|}=\frac{0}{256}=0$$

根据公式（2），中年人购买计算机和不买计算机的期望信息熵如下：

$$I(S_{a2})=-p_1\log_2 p_1-p_2\log_2 p_2=0$$

表 6.4　中年人购买计算机的人数

计数	年龄	收入	学生	信誉	归类：购买、不购买
128	中	高	否	良	买
64	中	低	是	优	买
32	中	中	否	优	买
32	中	高	是	良	买
中年中购买人数为 256，不买人数为 0，总人数 256					

- 老年样本中购买计算机人数 $|S_{a3}(买)|$=257，不买人数 $|S_{a3}(不买)|$=127，样本老年人总数：257+127=384（见表 6.5），任一老年样本购买计算机的概率为 p_1，不购买计算机的概率为 p_2：

$$p_1=\frac{|S_{a3}(买)|}{|S|}=\frac{257}{384}=0.6693$$

$$p_1=\frac{|S_{a3}(不买)|}{|S|}=\frac{127}{384}=0.3307$$

根据公式（2），老年人购买计算机和不买计算机的期望信息熵如下：

$$\begin{aligned}I(S_{a3})&=-p_1\log_2 p_1-p_2\log_2 p_2=-(p_1\log_2 p_1+\log_2 p_2)\\&=-(0.4960\times\log_2 0.4960+0.5040\times\log_2 0.5040)=0.9156\end{aligned}$$

表 6.5　老年人购买计算机的人数

计数	年龄	收入	学生	信誉	归类：买计算机?
60	老	中	否	良	买
64	老	低	是	良	买
64	老	低	是	优	不买
132	老	中	是	良	买
63	老	中	否	优	不买
1	老	中	否	优	买
老年中购买人数为 257，不买人数为 127，总人数：384					

青年、中年、老年人数占数据集 S 的比例如下：

青年组 $\frac{384}{1024}=0.375$，中年组 $\frac{256}{1024}=0.25$，老年组 $\frac{384}{1024}=0.375$

根据公式（3），在年龄条件下，数据集 S 分类的期望信息量如下：

$$\text{Entropy}(S, A)=0.375\times0.9183+0.25\times0+0.375\times0.9156=0.6877$$

（2）计算年龄的信息增益。

根据公式（4），计算年龄决策属性的信息增益如下：

$$\text{Gain}(A)=\text{Entropy}(S)-\text{Entropy}(S, A)=0.9537-0.6877=0.2660 \quad (1)$$

第 3 步：计算收入的条件熵、信息增益。

收入共分三个组：高、中、低。按照计算年龄熵的方法，同理求得收入的条件熵与信息增益。

$$\text{Entropy}(S, B)=0.9361$$

$$\text{Gain}(B)=\text{Entropy}(S)-\text{Entropy}(S, B)0.9537-0.9361=0.0176 \quad (2)$$

第 4 步：计算学生的条件熵、信息增益。

学生共分两个组：学生、非学生。按照计算年龄熵的方法，同理求得学生的条件熵与信息增益。

$$\text{Entropy}(S, C)=0.7811$$

$$\text{Gain}(C)=\text{Entropy}(S)-\text{Entropy}(S, C)=0.9537-0.7811=0.1726 \quad (3)$$

第 5 步：计算信誉的条件熵、信息增益。

信誉分两个组：良好，优秀。按照计算年龄熵的方法，同理求得信誉的条件熵与信息增益。

$$\text{Entropy}(S, D)=0.9048$$

$$\text{Gain}(D)=\text{Entropy}(S)-\text{Entropy}(S, D)=0.9537-0.9048=0.0453 \quad (4)$$

第 6 步：计算选择节点。

比较年龄、收入、学生、信誉四个决策属性的信息增益，年龄信息增益=0.2660，收入信息增益=0.0176，学生信息增益=0.1726，信誉信息增益=0.0453。年龄属性具有最大增益 0.2660，所以选择年龄作为当前决策节点，产生初始决策树，有 3 个分枝。包含子节点中相应样本子集的决策树，如图 6.34 所示。

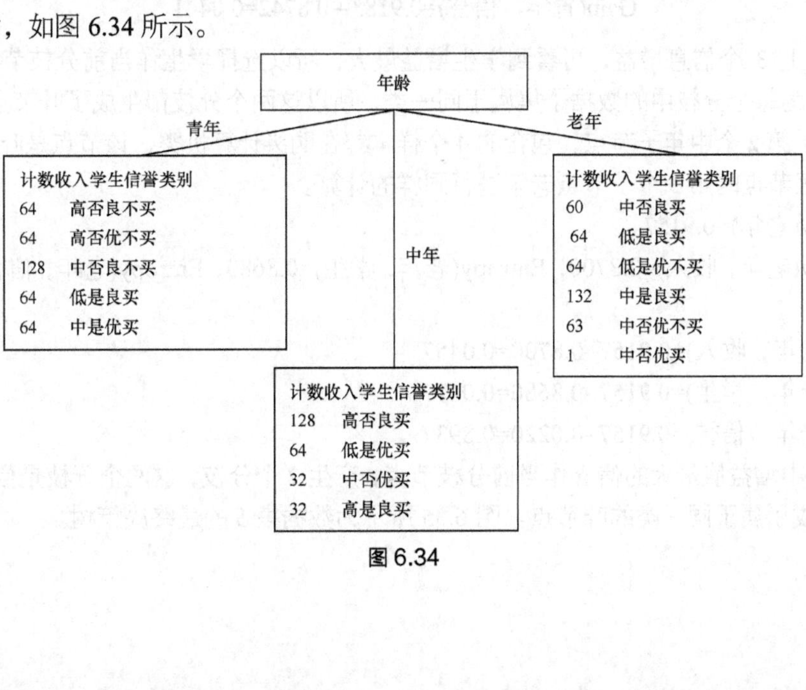

图 6.34

初始分区后，每个子节点包含数据集的几个样本。对**每个子节点**都重复上面的步骤。

- 计算第 1 个子节点——青年。

（1）重复第 1 步，计算青年集合的分类熵。

青年总人数为 384，其中购买与不买的人数比例为 128/256，根据公式（2）：

$$\text{Entropy}(\text{青年}) = -\frac{128}{384}\log_2\frac{128}{384} - \frac{256}{384}\log_2\frac{256}{384} = 0.9183$$

在青年子集中有 5 个样本，对剩下的属性：收入、学生、信誉做决策检验。

（2）重复第 2 步，计算条件熵、信息增益。

- 计算收入条件熵与信息增益。

高收入人数=128，中收入人数=192，低收入人数=64，青年总人数=384（见表 6.3）。根据公式（3）。

$$\begin{aligned}&\text{Entropy}(\text{青年，收入})\\&=\frac{128}{384}\left(-\frac{128}{128}\log_2\frac{128}{128}-\frac{0}{128}\log_2\frac{0}{128}\right)\\&+\frac{192}{384}\left(-\frac{64}{192}\log_2\frac{64}{192}-\frac{128}{192}\log_2\frac{128}{192}\right)+\frac{64}{384}\left(-\frac{64}{64}\log_2\frac{64}{64}-\frac{0}{64}\log_2\frac{0}{64}\right)\\&=0.4592\end{aligned}$$

所以，

$$\text{Gain}(\text{青年，收入})=\text{Entropy}(\text{青年})-\text{Entropy}(\text{青年，收入})=0.9183-0.4592=0.4591$$

- 计算学生条件熵与信息增益。

$$\text{Entropy}(\text{青年，学生})=0$$

$$\text{Gain}(\text{青年，学生})=0.9183-0=0.9183$$

- 计算信誉条件熵与信息增益。

$$\text{Entropy}(\text{青年，信誉})=0.8742$$

$$\text{Gain}(\text{青年，信誉})=0.9183-0.8742=0.0441$$

比较以上 3 个信息增益，可看到学生增益最大，所以选择学生作当前分枝节点，产生 2 个分枝。因为每个分枝中的数据子集属于同一类，所以这两个分枝都生成了叶节点。

- 对于第 2 个中年子节点，包含的 4 个样本都在购买计算机类，该节点是叶节点。
- 对根节点的第 3 个子节点老年进行同样的计算。

Entropy(老年)=0.9157。

Entropy(老年，收入)=0.8700，Entropy(老年，学生)=0.8680，Entropy(老年，信誉)=0.0220，那么：

Gain(老年，收入)=0.9157−0.8700=0.0457

Gain(老年，学生)=0.9157−0.8680=0.0477

Gain(老年，信誉)=0.9157−0.0220=0.8937

选择其中增益值最大的信誉作当前分枝节点，产生 2 个分枝，这两个分枝是信誉=优和信誉=良，生成了属于同一类的叶节点。图 6.35 所示为数据集 *S* 的最终决策树。

以上就是 ID3 决策树算法的计算过程。决策树可以用来对一个新样本进行分类，这种分类从该树的根节点开始，然后移动样本直到叶节点。在每个非叶决策点处，确定该节点的属性检验结果，把注意力移动到所选择子树的根节点上。例如，有一个新样本为青年、收入低、非学生、信誉高。我们利用图 6.35 所示的决策树分类模型，生成一条“年龄→学生→不买（叶节点）”的路径，可将这个样本归到“不买”一类。

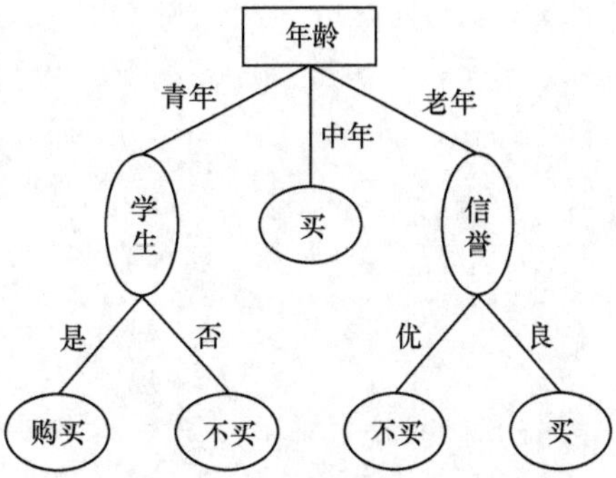

图 6.35

注意

符合以下条件之一的，生成叶节点。

① 子集中所有元素都属于同一类，这个节点就是树叶，在树叶上标出所属的类；

② 子集是遍历了所有决策属性后得到的，选取子集所含元素按照少数服从多数的原则做类别标识，在树叶上标出所属类别；

③ 如果数据集中没有其他属性可以考虑，则节点也是树叶，按照少数服从多数的原则在树叶上标出所属类别。

ID3 算法只适用于处理离散型属性，对于取值为连续值或区间值的属性 A 来说，就需要改进 ID3 算法，选取一个合适的值 v，使其产生两个分枝，分别对应 $A \leqslant v$，$A>v$。1993 年 J.Ross Quinlan 对 ID3 算法做了改进，提出了 C4.5 算法。

课堂练习 6.3

给出一个训练数据集 X，如表 6.6 所示。

表 6.6 训练数字集

X	属性 1	属性 2	类
	T	1	C_2
	T	2	C_1
	F	1	C_2
	F	2	C_2
	T	2	C_1

用 ID3 算法中的计算步骤建立一个决策树。

PART A

附录 A MATLAB 入门

A.1 MATLAB 操作环境

A.1.1 MATLAB 的发展历史

MATLAB 是矩阵（Matrix）和实验室（Laboratory）两个英文单词的前三个字母组合而成的，由美国新墨西哥大学计算机系主任 Cleve Moler 博士首创，由美国 MathWorks 公司于 1982 年推出的一套高性能的集数值计算、符号运算和图形处理于一体的科学计算软件。

20 世纪 70 年代，Cleve Moler 博士在讲授线性代数课时，发现用其他高级语言编程极不方便，为减轻学生负担，便构思用 FORTRAN 语言开发了 MATLAB 的第一代版本。1983 年 Cleve Moler 博士与工程师 John Litlle、Steve Banger 一起合作开发了 MATLAB 第二代版本。该版本全部用 C 语言编写，使 MATLAB 不仅具有数值计算功能，而且具有数据可视化功能。1984 年，Cleve Moler 博士和一批数学家、软件专家成立了 MathWorks 公司，专门从事 MATLAB 的开发，并把 MATLAB 推向市场。从 20 世纪 70 年代最初的版本，他们分别推出基于 Dos 平台的第一代商业版本，基于 Windows 3.x 平台的 MATLAB4.x 版本，基于 Windows 95、Windows 98 操作系统的 MATLAB 5.x 版本，基于 Windows 98/2000/XP 平台的 MATLAB6.x 版本、MATLAB 7.x 版本。MathWorks 公司每半年就推出 MATLAB 新版本，版本号冠以年份，如 R2010b，为 2010 年下半年推出的版本，可见 MATLAB 更新速度非常之快。

MATLAB 历经几十年的完善和扩展，不仅是线性代数、概率论及数理统计、自动控制理论、数字信号处理、动态系统仿真、数学建模、时间序列分析等课程的基本教学工具，而且走出学校，在工业生产、科学研究领域成为国际公认的具有高可靠性的高级计算机编程语言。MATLAB 被广泛应用于信号与图像处理、控制系统设计与仿真、通讯系统设计与仿真、测量测试与数据采集、金融数理分析以及生物科学等领域。

A.1.2 MATLAB 的主要特点

目前较为流行的数学软件有 MATLAB、Mathematica、Maple、MathCAD。MATLAB 自问世以来，一直以数值计算和可视化功能称雄，Mathematica 和 Maple 在符号运算方面功能突出，MathCAD 因其可同时提供计算平台和写作平台而拥有很多用户。

MATLAB 的主要特点是：

（1）用 MATLAB 编写程序与人进行科学计算的思路和表达方式一致，编程过程犹如在演算纸上排列出公式与求解问题，易学易懂。MATLAB 中最基本、最主要的成分是数组和函数，输入表达式或函数命令后，系统会立即进行处理，然后返回结果，极为快捷。中间过程在计算机内部运行，用户看不见也不必关心中间的计算过程。

（2）MATLAB 的程序调试方便。在命令窗口直接输入 MATLAB 语句命令或调用 M 文件的语句，每输入一条语句，就立即进行处理。如果有错，计算机屏幕上就会立刻给出详细的出错信息，但每次运行只显示第一个错误，用户可以边修改边执行，直到正确为止。

（3）MATLAB 的绘图功能强大。利用 MATLAB 能十分方便地绘出离散的点、二维图形、三维图形甚至四维图形，并可以对图形做修饰、注释、坐标控制，以及着色、光照处理、改变视角、消隐等高级处理，图形非常精美。

（4）MATLAB 的源程序开放。除内部函数外，MATLAB 的核心文件和工具箱文件都是可读可改的源文件，用户可以修改或者加入自己的函数文件来构成新的工具箱。所谓工具箱是对 MATLAB 进行扩展应用的一系列 MATLAB 函数（或称 M 文件），用于求解各类学科的问题。

A.1.3 MATLAB 的操作界面（以 R2010b 版本为例介绍）

MATLAB 的操作界面（Desktop）默认设置下有 MATLAB 主窗口（包括菜单栏和工具栏）、命令窗口（Command Window）、工作区窗口（Workspace）、历史命令窗口（Command History）、当前目录窗口（Current Folder），如图 A.1 所示。

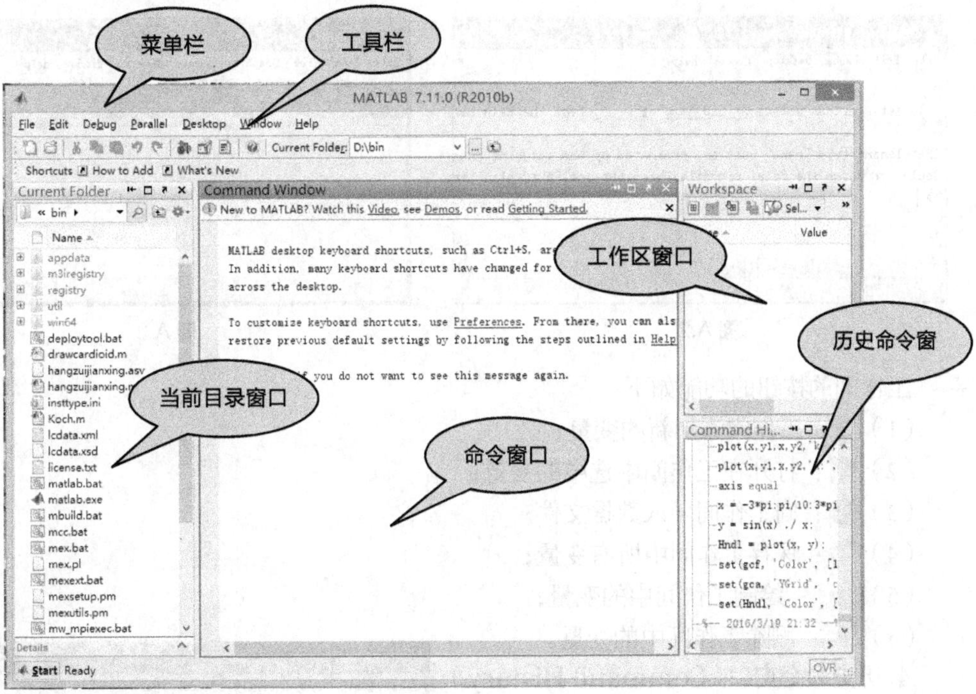

图 A.1

1. MATLAB 主窗口

该窗口位于 MATLAB 操作桌面上方第一栏和第二栏，包括菜单栏和工具栏，与 Word 的窗口相似。其中部分按钮的功能如下。

（1）Simulink：用于打开 Simulink，Simulink 是一个用来对动态系统进行建模、仿真和分析的软件包，它支持连续、离散及两者混合的线性和非线性系统，也支持具有多种采样频率的系统。

（2）Guide：用于快速启动 Guide，Guide 全称为 Graphical User Interface Development Environment，用于辅助设计图形用户接口，使用该工具可以简化 GUI 编程。

（3）Profiler：用于快速启动 Profiler，Profiler 工具能够分析出程序运行时间消耗情况，用于帮助分析、改进 M 文件。

（4）Help：用于打开 MATLAB 帮助系统。

（5）Current Folder: D:\bin Current Folder：用于设置当前目录。

2. 命令窗口（Command Window）

该窗口位于 MATLAB 桌面的中间，是人机交互的主要场所。

单击该窗口右上角的键，可以弹出单独的命令窗口，包括标题栏、菜单栏、命令编辑区三部分。若要让独立的命令窗口放回桌面，则只要单击该窗口菜单栏最右侧的即可。编辑区内的“〉〉”为提示符，表示 MATLAB 正处于准备状态，当在提示符后面输入一段运算式并按回车键后，MATLAB 会立即给出答案并再次进入准备状态。如图 A.2 所示。

3. 工作区窗口（Workspace）

该窗口位于 MATLAB 桌面的右侧上方，是 MATLAB 存储各种变量的内存空间。在这里显示了变量的变量名、数学结构、字节数以及数据类型等信息，不同的变量类型对应不同的变量名图标。当关闭 MATLAB 后，系统会自动清空 Workspace 中存储的变量，如图 A.3 所示。

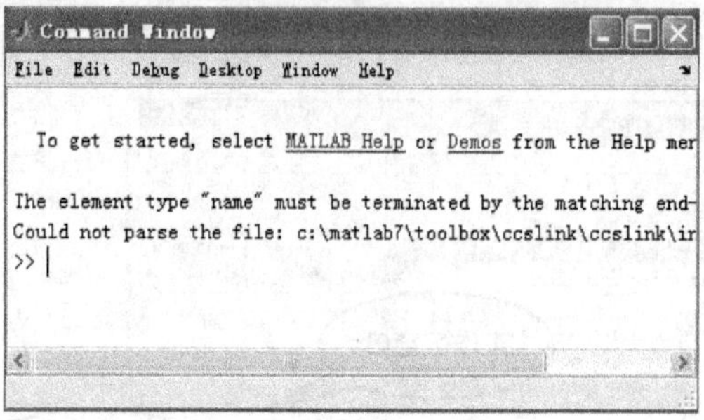

图 A.2

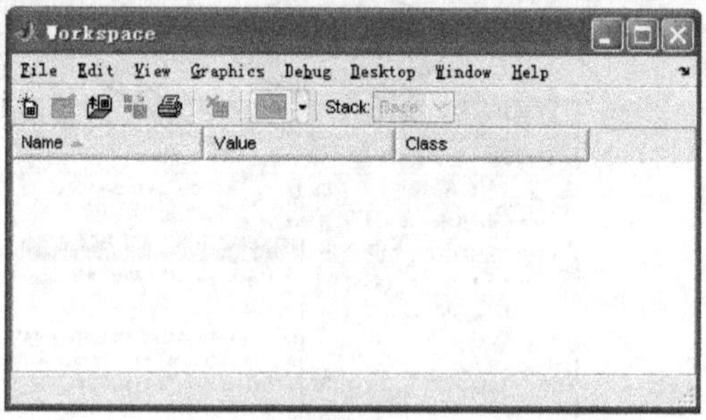

图 A.3

工作间的按钮的功能如下：

（1）：工作间添加新的变量；

（2）：打开在工作间中选中的变量；

（3）：向工作间导入数据文件；

（4）：保存工作间中所有变量；

（5）：绘制工作间中的变量；

（6）：删除工作间中的变量。

4. 历史命令窗口（Command History）

该窗口位于 MATLAB 桌面的右侧下方，历史窗口不但保留自安装 MATLAB 后所有命令的历史记录，并标明时间，而且所有记录都能复制或送到命令窗口再运行。用户双击某行命令，该命令即在命令窗口运行，如图 A.4 所示。选中某行命令单击鼠标右键，可选择如下命令分别进行操作。

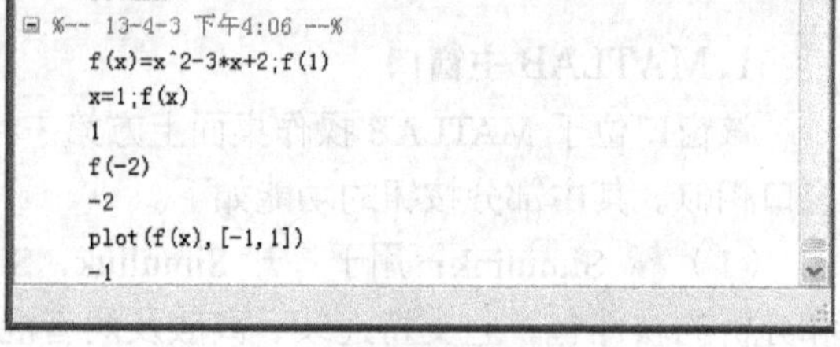

图 A.4

（1）Copy（复制）：将选定的内容复制到剪贴板中。

（2）Evaluate Selection（执行所选命令）：直接将命令送到命令窗口执行。

（3）Greate M-File（建立 M 文件）：打开一个新 M 文件，并将选定内容复制过去。

（4）Delete Selection（删除所选命令）：从历史窗口删除所选的命令。

（5）Delete to Selection（删除到所选命令）：删除所选前的所有命令。

（6）Delete Entire History（删除全部历史记录）。

5. 当前目录窗口（Current Folder）

该窗口位于 MATLAB 桌面的左侧，用于显示及设置当前工作目录，同时显示当前工作目录下的文件名、文件类型及修改时间等信息，并提供搜索功能，如图 A.5 所示。当前目录指的是当前 MATLAB 工作的目录，对于 MATLAB 运行指令需要打开或者保存的文件，都首先在目录中查找或保存。MATLAB 默认的路径是 C:\MATLABR2010b\work，搜索路径则是 MATLAB 工作时，需查找相应的文件、函数或变量所在的相关文件夹所在的路径。当前目录窗口工具栏中各按钮的功能如下。

（1）：进入所显示的目录的上一级目录；

（2）：在当前目录中创建一个子目录；

（3）：在当前目录中查找一个文件；

（4）：选中该按钮后，当前目录中的文件即以类的形式显示；

（5）：单击该按钮后即可生成一个当前目录中的 M-文件。

路径设置除 MATLAB 默认的搜索路径 C:\MATLAB2010b\work 外，用户还可以设置搜索路径。设置方法为：选择 MATLAB 窗口中的 File | Set Path 命令，进入路径搜索对话框，如图 A.6 所示。

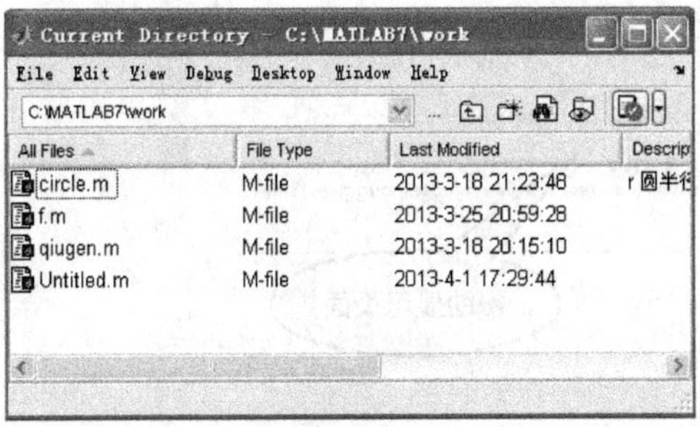

图 A.5

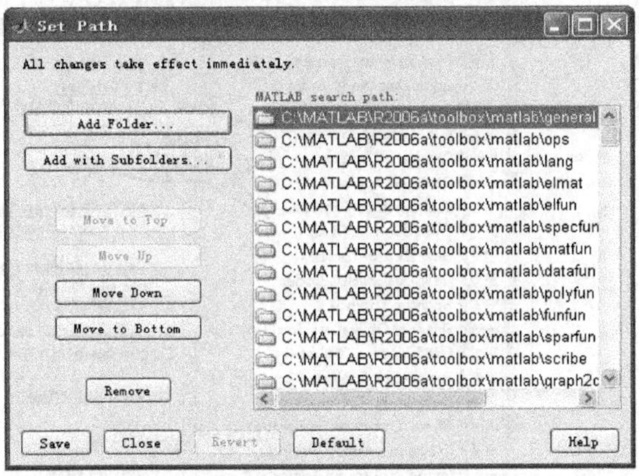

图 A.6

该对话框右侧列出的目录是 MATLAB 的所有搜索目录。左侧按钮的功能如下。

（1）Add Folder：添加新的目录路径。

（2）Add with Subfolders：在搜索路径上添加子目录。

（3）Move to Top：将选中的目录移到搜索路径顶端。

（4）Move Up：将选中的目录在搜索路径中上移一位。

（5）Move Down：将选中的目录在搜索路径中下移一位。

（6）Move to Bottom：将选中的目录移到搜索路径底端。

（7）Remove：将选中的目录移出搜索路径。

（8）Default：恢复到原始的 MATLAB 默认路径。

（9）Revert：恢复上次改变搜索路径前的设置。

MATLAB 当前目录 Current Folder 和搜索路径有什么作用呢？这与 MATLAB 的运作次序有关，假如用户从指令窗口送入一个名为 how 的指令，MATLAB 按以下次序运作：

（1）在 MATLAB 内存中检查 how 是不是变量，如果不是，进行下一步；

（2）检查 how 是不是系统内部函数，如果不是进行下一步；

（3）在当前目录下，检查是否有名为 how 的 M 文件存在，如果不是，进行下一步；

（4）在 MATLAB 搜索路径的其他目录下，检查是否有名为 how 的 M 文件存在。

如果以上步骤都不成立，那么系统给出找不到此变量的出错提示。

A.1.4 帮助系统

MATLAB 提供了强大的帮助系统。在碰到 MATLAB 使用的各种相关问题时，查阅 MATLAB 帮助系统往往可以找到相应的解决办法和答案。对于初学者，尤其需要重视帮助系统的使用。MATLAB 的帮助系统可分为三大类：帮助浏览器、命令窗口查询和联机演示。

1. 帮助浏览器

进入帮助浏览器常用的方法是：在主窗口菜单栏单击 Help 下拉菜单。帮助浏览器操作界面的左侧窗口为向导页面，右侧窗口为帮助显示页面。帮助向导栏中有一个工具栏，在这里可选择显示所有主题还是只显示指定帮助主题，如图 A.7 所示。

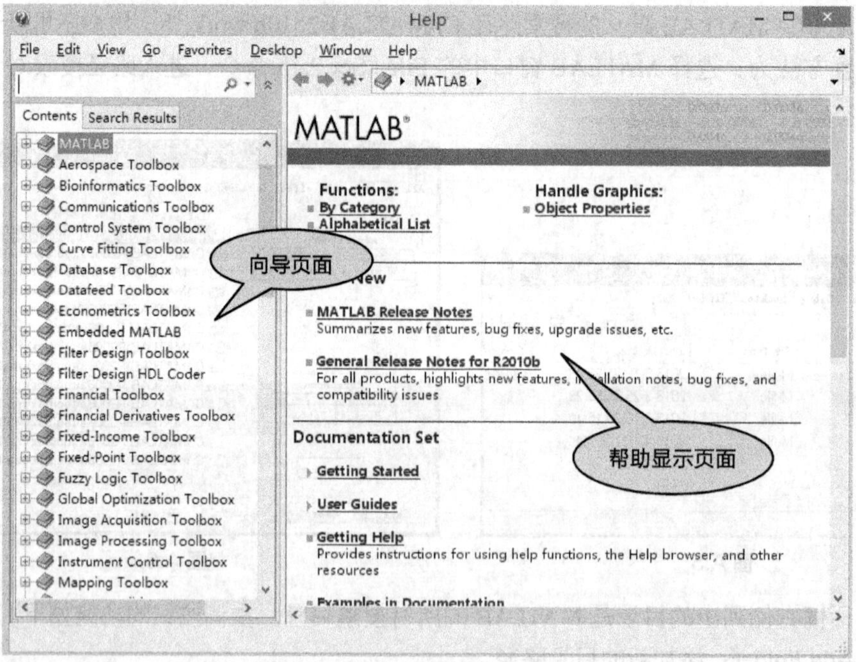

图 A.7

2. 命令窗口查询

在命令窗口（Command Window)输入 help、helpwin、helpdesk、lookfor、which、who、whos 等命令，查询结果就会直接显示在命令窗口。

（1）help 命令

help 系列命令的主要用法如下。

help：显示当前的帮助系统中所包含的所有项目，即搜索路径中所有的目录名。

help 函数（类）名：以最简形式显示函数的用法与格式。

如：

```
>> help sqrt
SQRT   Square root.
SQRT(X) is the square root of the elements of X. Complex
results are produced if X is not positive.
```

（2）lookfor 命令

当用户知道函数名而不知其用法时，用 help 命令查询。如果用户要查找一个不知其确切拼写的函数时，就需要使用 lookfor 命令了。

如：

>> lookfor ppt：对搜索路径内的 M 文件进行包含 ppt 关键字搜索，但只对 M-文件的第一行进行搜索。

>> lookfor ppt -all（-all 前要加空格)：对搜索路径上包含关键字 ppt 的 M-文件的全文进行搜索。

（3）which 命令

which 用于查询指定函数和文件的目录，主要用法如下。

which fun：显示指定 fun 的全部路径和文件名。其中 fun 可以是工作间窗口中的变量、系统函数、Java 类的方法或已经加载的 Simnulink 模型。

which file -all：显示所有名为 fun 的函数路径。

Which file.ext：显示指定文件的全部路径名称。

（4）who 和 whos 命令

who 命令是列出当前工作间窗口中的变量，whos 命令是列出当前工作间变量的详细信息，包含每个变量的名称（Name）、大小（Size）、字节（Bytes）、类型（Class）。

注意

MATLAB 区分字母的大小写，所有的命令和函数都必须用小写。

3. 联机演示

MATLAB 主包和各工具包都有设计得很好的演示程序，对初学者来说，对照显示屏上的显示，仔细研究实现演示的程序十分有帮助。进入演示系统的主要方法有：

（1）在命令窗口输入命令：demo。

（2）单击 MATLAB 主窗口菜单的 help__demo。

演示界面分为三个部分：右侧是可选择来演示的具体项目，左侧上方是对选中项目的文字说明，左侧下方是选中项目的子项目明细表，如图 A.8 所示。

上机实践一

1. 在 MATLAB 中，人机交互的窗口是从操作桌面弹出单独的该窗口，再把它放回桌面。

2. MATLAB 中的变量保存在窗口。

3. MATLAB 中 Current Directory 窗口显示的是，在当前目录中创建一个以你的姓名字母命名的子目录。

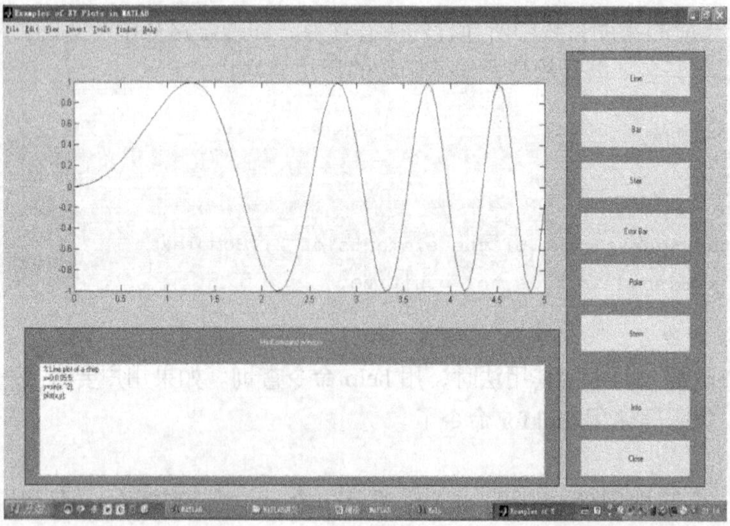

图 A.8

4. 路径设置：

（1）在 E 盘新建一个文件夹并把其加入搜索路径；

（2）在 E 盘新建一个文件夹并把其设置为当前目录。

5. 利用“help”命令查看 sin 函数、gcd 函数（求最大公约数）的用法，并求：

（1）$\sin\dfrac{\pi}{3}$，$\sin\dfrac{2\pi}{5}$；

（2）3276 与 128、54028 与 284 的最大公约数。

6. 在命令窗口中输入 sin，用鼠标选中它，单击右键，弹出菜单，选中“help on selection”，你发现了什么？注：此方法也是查询函数的有效方法。

7. 通过网络了解 MATLAB 在国内的应用和 MATLAB 论坛。

A.2 MATLAB 的数据类型

MATLAB 的数据类型主要包括：数值型数组（Double Array）、字符串（Char Array）、符号型变量（Sym）、单元型数组（Cell Array）、结构型数组（Struct Array）。在工作间窗口显示了所存储的数据信息（名称、大小、类型），如图 A.9 所示。

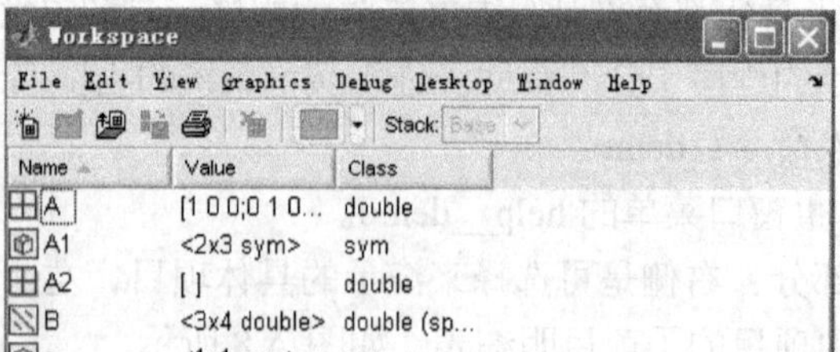

图 A.9

A.2.1 数值型数据

数值运算是 MATLAB 的强大功能，大部分 MATLAB 函数的数据对象为数值型数据。为保证计算精度，MATLAB 最常用的数值量为双精度浮点数（Double Array)。在命令窗口直接输入数值表达式，就可以进行数学运算，其操作与普通运算器类似，好像在纸上书写。

A.2.2 字符串数组

字符串型数组（Char Array）虽没有数值型数值重要，但在数据可视化、图形用户界面（GUI）设计是必不可少的。其创建方法是：在命令窗口（Command Window）输入字符，用单引号括起来。但注意，**单引号必须在英文状态下输入**。

A.2.3 符号型变量

MATLAB 定义了符号型变量，用于公式推导和数学问题的解析解法。进行解析运算（如 MATLAB 中微积分运算）前，必须用命令 sym 或 syms 声明变量为符号变量。

A.2.4 单元型数组和结构型数组

一般情况下，数组的每个元素必须是相同的数据类型。但在实际应用中，有时需要将不同的类型的数据放在一起构成数组。如同银行的保险库，由一个个保险箱柜组成，保险箱柜内可以存放任何东西，每个保险箱柜编号区分。MATLAB 提供了单元型数组（Cell Array）和结构型数组（Struct Array，或称类与对象），就好像银行的保险库，单元型数组和结构型数组都能存放任何类型、任何大小的数据，结构型数组比单元型数组组织数据的能力更强，变化更多。创建单元型数组最简单的方法是输入数组的每个元素，用大括号括起来。

A.3 MATLAB 的基本操作

A.3.1 MATLAB 变量

1. MATLAB 变量命名规则

正如宿舍楼的每间宿舍有一个房号，计算机一个或若干个内存单元也有一个变量对应，读取访问内存单元时，首先要给与之对应的变量命名，其命名规则如下：

（1）变量名区分大小写；

（2）变量名的第一个字符必须为英文字母，可以包含字母、数字、下划线，但不能包含空格、标点；

（3）变量名最多不超过 63 个字符；

（4）MATLAB 中已使用的关键字（又称保留字，如 for、end、if、while 等）不能用作 MATLAB 变量名。

2. MATLAB 的预定义变量

每次启动 MATLAB，系统就会自动产生表 A.1 所示的预先定义的变量，建议用户不要使用 MATLAB 预先定义的变量名称。

3. 变量的查询与清除

变量的查询与清除命令如表 A.2 所示。

表 A.1　MATLAB 预定义变量

预定义变量名称	说明
ans	计算结果的默认变量名
pi	圆周率
inf	无穷大∞
NaN 或 nan	无法定义的数，如 0/0 或∞/∞
i 或 j	虚数单位 $i=j=\sqrt{-1}$
realmax	最大正实数
realmin	最小正实数
nargin	函数输入参数个数
nargout	函数输出参数个数

表 A.2　变量的查询与清除、命令

命令名称	说明
who	列出工作区窗口中的变量名
whos	列出工作区窗口中变量的详细内容
clear	清除命令窗口所有变量，释放内存空间
clear 变量名	清除指定的变量
clc	清除命令窗口所有屏显内容，但保留工作区窗口内容
clf	清除图形窗

4. 变量赋值

MATLAB 变量赋值有两种形式。

（1）赋值表达式：变量=表达式。

（2）直接输入表达式。这种形式下，表达式的值赋给 MATLAB 预定义变量 ans 了。

MATLAB 中**表达式**是由运算符、数值、变量、数学函数等连接的式子。

A.3.2　MATLAB 的基本运算符、标点符号

MATLAB 的算术运算符如表 A.3 所示。

表 A.3　MATLAB 的算术运算符

算术运算符	功能	运算式
+	加法	a+b
-	减法	a-b
*	乘法	a*b
/	左除	a/b（即 a÷b）
\	右除	a\b（即 b÷a）
^	乘方	a^b

续表

算术运算符	功能	运算式
.*	数组乘法	点运算符，表示数组中对应元素的运算，在作图、编写函数时经常使用
./	数组左除	
.\	数组右除	
.^	数组乘方	

MATLAB 的关系运算符如表 A.4 所示。

表 A.4　MATLAB 的关系运算符

关系运算符	功能
<	小于
<=	小于等于
>	大于
>=	大于等于
= =	等于
~=	不等于

MATLAB 的逻辑运算符如表 A.5 所示。

表 A.5　MATLAB 的逻辑运算符

逻辑运算符	功能
&	逻辑与　A&B
|	逻辑或　A|B
~	逻辑非　~A
xor	逻辑异或　xor（A, B）

MATLAB 的标点符号如表 A.6 所示。

表 A.6　MATLAB 的标点符号

标点符号	功能
,	逗号，元素之间的分隔符，区分列及函数参数分隔符
;	分号，表达式后跟分号，使运算结果不显示。在矩阵中区分行
.	小数点，对象域访问
…	续行符，若命令很长一行写不下，可用“…”表示续行，但续行符前面不能是数字，否则出错，可采用再加一个点或一个空格，再用续行符
‘ ’	单引号，用于生成字符串
!	求阶乘
:	冒号，冒号表达式生成一个等差数组，若用于矩阵中则有多种用法
%	注释语句，%后面是注释语句，不被执行

续表

标点符号	功能
( )	小括号，用于决定计算顺序
[ ]	中括号，用于生成数组或矩阵
{ }	大括号，用于构造单元数组
=	赋值语句

跟我学 1 理解运算符、标点符号的用法。

1. 计算：$V=\frac{4}{3}\pi r^3$，其中 $r=2$

输入程序：

```
>> r=2;                    %表达式后面跟分号，变量 r 的值将不显示
v=4/3*pi*r^3,              %表达式后面跟逗号或不加任何符号，显示变量 v 的值
v =
   33.5103
```

2. 写出等差数列$\left\{2n-\frac{1}{4}\right\}$的前十项

输入程序：

```
>> n=1:10;
>>an=2*n-1/4
an =
  Columns 1 through 5
    1.7500    3.7500    5.7500    7.7500    9.7500
  Columns 6 through 10
   11.7500   13.7500   15.7500   17.7500   19.7500
```

3. 输入矩阵 $\boldsymbol{A}=\begin{bmatrix}1 & 2 & 3\\ 4 & 5 & 6\\ 7 & 8 & 9\end{bmatrix}$

输入程序：

```
>> A=[1,2 3;4,5 6;7,8,9]
A =
     1     2     3
     4     5     6
     7     8     9
```

4. 输入字符串 matlab

输入程序：

```
>> 'matlab'
ans =
matlab
```

A.3.3 MATLAB 的数值运算

1. MATLAB 用十进制表示一个常数，有两种表示法：第一种是惯用的记数法（如 1325）；第二种是科学记数法，如 1325 记作 1.325e+3，–0.0257 记作–2.57e–2。数字运算按一般手写习惯输入，加、减、乘、除、乘方运算分别用+、–、*、/、^ 表示，运算顺序与数学中的规则相同。

例如：计算 $u=\frac{u_0}{1+at+bt^2}$，其中 $u_0=1.785\times10^{-3}$，a=0.03368，b=0.000221，t=20。

```
>> u0=1.785e-3;a=0.03368;b=0.000221;t=20; % 先赋值，赋值语句后分号，表示不显示此变量的值
>> u=u0/(1+a*t+b*t^2)                      % 输入表达式
u =
   0.0010
```

2. 数值输出格式

MATLAB 中数值有多种显示形式，在默认情况下，数据全部为整数时，则以整型显示；若其中有实数，则结果保留小数点后 4 位。

数值输出格式由命令 format 控制（但只影响在屏幕上的显示结果，不影响其内部储存和运算），用帮助命令 help format，可查询 format 命令的用法，如表 A.7 所示。

表 A.7 数据显示格式的控制命令

命令	数据显示（以 pi 为例）	说明
format short	3.1416	短型，显示 5 位
format short e	3.1416e+000	短型科学记数法，显示 5 位和指数
format long	3.141592653589793	长型，显示 15 位
format long e	3.141592653589793e+000	长型科学记数法，显示 15 位和指数
format hex	400921fb54442d18	十六进制
format bank	3.14	银行货币格式，小数点后 2 位
format rat	355/113	分数形式

跟我学 2 理解分数形式的输出。

```
>> a=1.33+0.25
a =
   1.5800
>>format rat
>>a
a =
   79/50
```

3. MATLAB 中的基本数学函数

MATLAB 中的基本数学函数如表 A.8 所示。

表 A.8　MATLAB 中的基本数学函数

函数格式	含义	函数格式	含义
sin(x)	正弦	asin(x)	反正弦
cos(x)	余弦	acos(x)	反余弦
tan(x)	正切	atan(x)	反正切
cot(x)	余切	acot(x)	反余切
sec(x)	正割	asec(x)	反正割
csc(x)	余割	acsc(x)	反余割
exp(x)	以 e 为底的指数函数 e^x	log(x)	自然对数
log2(x)	以 2 为底的对数 $\log_2 x$	log10(x)	以 10 为底的对数
abs(x)	$\lvert x \rvert$	sqrt(x)	$\sqrt{x}$
rem(a, b)	求整数 a，b 的余数	mod(X, Y)	求模，mod(X, Y)，X 可以为整数或数组、矩阵，当 X 为整数时，mod(X, Y)等同于 rem(X, Y)
fix（x）	x 向 0 方向取整	round(x)	朝最近的方向取整
floor(x)	朝负无穷大方向取整	ceil(x)	朝正无穷大方向取整
max(x)	求数组 x 的最大值	min(x)	求数组 x 的最小值

注意　MATLAB 只有自然对数、以 10 为底的对数、以 2 为底的对数函数，其他对数都无定义，而且以 10 为底的对数、以 2 为底的对数函数只能做数值计算，不能做符号运算。

上机实践二

1. 下列变量名有效的是（　　）。

（A）pi　　（B）abs　　（C）mystudy_11　　（D）3a

2. 利用冒号表达式，写出等差数列{3*n*+2}的前 15 项。

3. $x=-0.3$ 时，求代数式 x^4-2x^2+3x+6 的值，结果显示为有理式形式。

4. 计算下列数值。

（1）$\cos\frac{\pi}{5}$　　（2）e^{-3}　　（3）$\sqrt{2}+\log_2 3+\arcsin\frac{1}{2}+(-4)^{\frac{1}{3}}$

5. 当 $a=6.4$，使用取整函数得出 6，则该取整函数是（　　）。

（A）fix　　（B）floor　　（C）round　　（D）ceil

6. 运行下列程序，理解结果的含义。

（1）rem(2576, 26)

（2）max([6.3 8.5 7.4 6.7 4.5 2.4 5.8 7.6 4.9])

A.4　MATLAB 数值数组

数学上由 *n* 个数组成的一个有序数组，称为一个 *n* 维向量，记作：$\alpha=(\alpha_1,\alpha_2,...,\alpha_n)$ 或

$\alpha=\begin{pmatrix}\alpha_1\\ \alpha_2\\ \vdots\\ \alpha_n\end{pmatrix}$，前者称为行向量，后者称为列向量，在 MATLAB 中，称为一维数组。MATLAB 最常用的是数值数组（Double Array）和字符串（Char Array）。

A.4.1 数值数组的生成

1. 一维数组的生成

一维数组的生成方法有 3 种。

方法一：生成一维数组的最直接方式是把数组元素逐个从键盘上直接输入，用[ ]括起来，元素之间可以用逗号、空格、分号分隔。**注意这些符号不同的是，用空格和逗号分隔生成行向量，用分号分隔生成列向量。**

特殊的一维数组，如等差数列、等比数列，用命令生成。

方法二：利用冒号表达式生成。

格式：*a*:*d*:*b*，*d* 为“步长”即公差，生成首项=*a*、末项≤*b*、公差为 *d* 的等差数列。

方法三：利用线性等分命令 linspace 生成，先设定数组的维数，再生成等间隔的数组。

格式：x=linspace(a, b)　　　%生成 100 维的行向量，使得首项=a，末项=b

　　　x=linspace(a, b, n),　　%生成 n 维行向量，使得首项=a，末项=b

跟我学 3　理解一维数组的生成。

```
>> x=[1,2,5,8,10]
    x =
        1    2    5    8   10
>> y=1:2:10
    y =
        1    3    5    7    9
>> z=linspace(1,10,5)
    z =
        1.0000    3.2500    5.5000    7.7500   10.0000
```

2. 二维数组（矩阵）的生成

二维数组在形式上和数据结构上与数学中的矩阵相同，一个矩形阵列在 MATLAB 中是二维数组还是矩阵取决于所使用的运算符号。

（1）直接输入法：把数组（矩阵）中的元素从键盘逐一输入，放置在[ ]内，同行元素之间用逗号或空格分隔，行与行之间用分号分隔；

（2）特殊数值矩阵的生成：利用 MATLAB 内部的语句和函数命令（见表 A.9）可快速产生特殊矩阵。如单位矩阵、零矩阵、全 1 阵、随机矩阵、空矩阵。

表 A.9　MATLAB 内部的语句和函数命令

命令格式	说明
[　]	生成空矩阵
eye(n) eye(m, n) eye(size(A))	生成 *n* 阶单位矩阵 生成 *m* 行 *n* 列单位矩阵 生成与矩阵 *A* 同阶的单位矩阵

续表

命令格式	说明
zeros(n) zeros(m, n) zeros(size(A))	生成 *n* 阶零矩阵 生成 *m* 行 *n* 列零矩阵 生成与矩阵 *A* 同阶的零矩阵
ones(n) ones(m, n) ones(size(A))	生成 *n* 阶全 1 矩阵 生成 *m* 行 *n* 列全 1 矩阵 生成与矩阵 *A* 同阶的全 1 矩阵
diag(X)	若 *X* 是矩阵，则 diag(*X*)为 *X* 的主对角线向量 若 *X* 是向量，diag(*X*)产生以 *X* 为主对角线的对角矩阵
tril(A)	提取一个矩阵的下三角部分
triu(A)	提取一个矩阵的上三角部分
rand(n) rand(m, n) rand(size(A))	生成 *n* 阶随机矩阵 生成 *m* 行 *n* 列随机矩阵 生成与矩阵 *A* 同阶的随机矩阵
randn(m, n)	生成 *m* 行 *n* 列的标准正态随机矩阵

跟我学 4 理解二维矩阵的生成。

```
>> A=eye(3)
   A =
        1     0     0
        0     1     0
        0     0     1
>> B=ones(2, 3)
   B =
        1     1     1
        1     1     1
>> C=rand(size(A))
   C =
      0.9501    0.4860    0.4565
      0.2311    0.8913    0.0185
      0.6068    0.7621    0.8214
>> diag(A)        %提取矩阵 A 的对角线元素
ans =
     1
     1
     1
>> A=magic(3)    %生成 3 阶魔方阵
A =
     8     1     6
     3     5     7
     4     9     2
```

```
>> tril(A)          %提取 A 的下三角矩阵
ans =
     8     0     0
     3     5     0
     4     9     2
>> triu(A)          %提取 A 的上三角矩阵
ans =
     8     1     6
     0     5     7
     0     0     2
```

A.4.2 数组（矩阵）元素的操作

1. 数组元素的操作

数组中的元素可以提取、赋值、删除、查找、排序、构成新数组等，操作方法如下。

跟我学 5 假设 *x* 是长度为 5 的一维数组：*x*=[2 3 5 8 0]。

（1）x(3)：提取 x 中位置标号为 3 的元素。

（2）x([1 2 5])：提取 x 中位置标号为 1、2、5 的三个元素。

（3）x(1:3)：提取 x 中位置标号为 1、2、3 的三个元素（冒号表达式 1:3=1，2，3）。

（4）x(3:end)：提取 x 中位置标号从 3 至最后的元素。

（5）x(3:−1:1)：提取 x 中位置标号从 3 倒数至 1 的元素。

（6）x(find(x>1.5))：在 x 中查找大于 1.5 的元素。

（7）x([1 2 3 4 4 3 2 1]) ：用 x 中下标为 1、2、3、4、4、3、2、1 的元素组成一个新的一维数组。

运行结果：

```
>> x=[2 3 5 8 0];
>>x(3)
ans =
     5
>>x([1 3 5])
ans =
     2     5     0
>>x(1:3)
ans =
     2     3     5
>>x(3:end)
ans =
     5     8     0
>>x(3:-1:1)
ans =
     5     3     2
>>x(find(x>1.5))
ans =
     2     3     5     8
```

```
>>x([1 2 3 4 4 3 2 1])
ans =
    2    3    5    8    8    5    3    2
```

2. 矩阵元素的操作

MATLAB 可以对矩阵元素做如下操作：提取、赋值、删除、增加元素，从矩阵中提取小矩阵，由小矩阵合并成大矩阵，操作命令如表 A.10 所示。

表 A.10　MATLAB 的矩阵元素操作命令

命令格式	说明
A（i）	单下标访问，把 A 的元素按列从左到右连接成一个列向量，提取 A 的第 i 个元素
A(i, j)	双下标访问，提取元素 a_{ij}
A(i ,:)	提取矩阵 A 的第 i 行
A(: ,j)	提取矩阵 A 的第 j 列
A([m, n], [s, t])	提取矩阵 A 的第 m、n 行和第 s、t 列交叉处元素
A(k:m)	提取矩阵 A 的位置标号为 k 至 m 的元素
A(:, [k, m])	提取矩阵 A 的第 k 列至第 m 列元素
A(i, j)=a	给元素 a_{ij} 重新赋值为 a
A(i, j)=[ ]	删除元素 a_{ij}

跟我学 6　理解矩阵元素的操作。

```
>> A=zeros(2, 4)                %生成 2 行 4 列的零矩阵
A =
    0    0    0    0
    0    0    0    0
>>A(1, 3)
ans =
    0
>> A(:,[2,3])=ones(2)          %把 A 的第 2、3 列元素的值变为 1
A =
    0    1    1    0
    0    1    1    0
>> A(2,:)%提取矩阵 A 的第 2 行
ans =
    0    1    1    0
>> A(:,2:4)                     %提取矩阵 A 的第 2、3、4 列
ans =
    1    1    0
    1    1    0
>> A(1,:)=3*A(2,:)+A(1,:)  %进行初等行变换：A 第 2 行元素乘 3，加到第 1 行 3r2+r1
A =
```

```
    0    4    4    0
    0    1    1    0

>> A(:,2)=-2*A(:,3)+A(:,2) %进行初等列变换：A 第 3 列元素乘 3，加到第 2 列

A =
    0   -4    4    0
    0   -1    1    0
```

3. 查看矩阵的大小

矩阵大小是指矩阵的行数、列数信息，查看矩阵大小的命令有：

size(A)：显示矩阵 ***A*** 的行数和列数；

length(A)：显示矩阵 ***A*** 行数或列数中更大的，length(A)=max(size(A))；如果 ***A*** 为向量，显示向量的长度，即向量中元素个数。

上机实践三

1. 生成一个 4 随机矩阵 ***A***，提取 ***A*** 的对角线元素，矩阵 ***A*** 的上三角矩阵和下三角矩阵。

2. 设矩阵 $B=\begin{bmatrix}1 & 2 & 3\\4 & 5 & 6\\7 & 8 & 9\end{bmatrix}$，输入下列程序并解释语句的功能。

（1）B(3, 3)=0。

（2）B(2, 6)=1。

> 注意
>
> 因为 ***B*** 没有 6 列，矩阵 ***B*** 的维数会根据需要增加，并且在其他没有赋值的位置填上 0，以便使数组保持为一个矩形矩阵。

（3）B(:,4)=4。

（4）B(3:-1:1,1:3)。

（5）B(1:2,2:3)。

（6）A1=B([1,2],[3,4])。

A2=B([2,3],[1,2])。

A=[A1,A2]。

A.4.3　数组运算与矩阵运算

MATLAB 中数组运算与矩阵运算的规定是不同的，MATLAB 矩阵运算按照数学上矩阵运算规则进行，MATLAB 数组运算则规定运算是针对数组中的**每个元素**平等地实施同样的操作，比如数组的乘法运算是两个数组对应元素相乘，数组乘方就是数组中每个元素的乘方。数组运算包括加、减、乘、除、乘方等，除加、减法外，数组之间进行乘、除、乘方都必须使用点运算符，即在普通运算符号前加“.”，否则视为矩阵运算。此外，数组运算还包括转置、关系运算和逻辑运算；对数组施加函数，以函数形式进行数组运算。

1. 数组基本运算

数组运算的命令格式如表 A.11 所示。

表 A.11　数组运算的命令

命令格式	说明
a+b　a-b　a.*b　a./b	数组加、减、乘、除法是两个数组中相应元素相加、减、乘、除，**加、减、乘、除的数组必须同维数**
a.^b	数组乘方，数组乘方运算有三种形式： （1）底 *a* 为数组，指数 *b* 为标量时，结果是将数组的每个元素进行指数相同的乘方，返回与底维数相同的数组； （2）底 *a* 为标量，指数 *b* 为数组时，该形式返回的结果为数组，维数与指数数组相同，结果是将指数数组 *b* 的每个元素乘 *a* 次方，返回与指数 *b* 同维的数组； （3）底 *a* 和指数 *b* 都是数组时。此时两个数组需要有相同的维数，结果是将底 *a* 的每个元素对应指数 *b* 指数的每个元素的乘方
a.b 向量点积（数量积）	dot(*a*, *b*)
向量的长度（范数）	norm(*a*)

跟我学 7　已知数组 ***a***=(7, 2, 0, –8), ***b***=(2, 1, –4, 3)。

求：（1）3*a*+7*b*（2）*a*.**b*（3）*a*./*b*（4）*a*.^*b*（5）*a*.^3（6）3.^*a*（7）*a* 与 *b* 的数量积（8）向量 *b* 的长度（9）$\alpha=\frac{\pi}{6}$，$\frac{\pi}{5}$，$\frac{\pi}{4}$，$\frac{\pi}{3}$，$\frac{\pi}{2}$ 时 sin*α*的值

输入程序：

```
>>clear
>> a=[7 2 0 -8];b=[2 1 -4 3];
x1=3*a+7*b
x2=a. *b
x3=a./b
x4=a.^b
x5=a.^3
x6=3.^a
x7=dot(a, b)
x8=norm(b)
```

运行结果：

```
x1 =
   35    13   -28    -3
x2 =
   14     2     0   -24
x3 =
   3.5000    2.0000         0   -2.6667
x4 =
   49     2   Inf  -512              % Inf 为系统预设变量，表示无穷大，定义为（1/0），
                                     %这里对应的是计算 0^-4 = 1/0^4 的结果
x5 =
```

```
   343     8     0  -512
x6 =
  1.0e+003 *
    2.1870    0.0090    0.0010    0.0000             % 数组 a 的每一个元素 3 次方，结果
                                                     % 是科学计数法形式
>>format rat
>>x6
x6 =
   2187       9       1       1/6561                 % 将 x6 输出转化成分数形式
x7 =
    -8
x8 =
    5.4772
>> x9=[pi/6, pi/5, pi/4, pi/3, pi/2];
>> sin(x9)
ans =
    0.5000    0.5878    0.7071    0.8660    1.0000
```

2. 矩阵的基本数学运算

矩阵运算命令格式如表 A.12 所示。

表 A.12　矩阵运算命令

矩阵运算	命令格式	说明
加法	A+B	A 和 B 必须是行列数分别相等的同型矩阵
减法	A–B	
数乘	k*A	
乘法	A*B	按数学上矩阵乘法规则进行，要求矩阵 A 的列数与矩阵 B 的行数相同
除法 右除（/） 左除（\）	A/B B\A	A/B 相当于 $\boldsymbol{BA}^{-1}$，B\A 相当于 $\boldsymbol{A}^{-1}\boldsymbol{B}$ $\boldsymbol{AX}=\boldsymbol{B} \Leftrightarrow \boldsymbol{X}=\boldsymbol{A}\backslash\boldsymbol{B}$ $\boldsymbol{XA}=\boldsymbol{B} \Leftrightarrow \boldsymbol{X}=\boldsymbol{A}/\boldsymbol{B}$
矩阵的行列式|A|	det(A)	A 必须是方阵
逆矩阵 $\boldsymbol{A}^{-1}$	inv(A)	A 必须是方阵且可逆
矩阵的秩 R(A)	rank(A)	
矩阵的转置	A'	
将矩阵 A 化为行最简形阶梯形	rref(A)	
矩阵的特征值、特征向量	X=eig(A) [X, Y]=eig(A)	只求 A 的特征值 X 为 A 的特征值，Y 为 A 的特征向量

跟我学 8

1．求矩阵 $\boldsymbol{A}=\begin{bmatrix}2 & 3 & -1\\1 & 2 & 0\\-1 & 2 & -2\end{bmatrix}$ 的逆矩阵。

输入程序：

```
>> A=[2 3 -1;1 2 0;-1 2 -2]
A =
     2     3    -1
     1     2     0
    -1     2    -2
>>inv(A)
ans =
    0.6667   -0.6667   -0.3333
   -0.3333    0.8333    0.1667
   -0.6667    1.1667   -0.1667
>> format rat          %指定数值输出为分数形式
>>ans
ans =
     2/3          -2/3          -1/3
    -1/3           5/6           1/6
    -2/3           7/6          -1/6
```

2．解矩阵方程：$\boldsymbol{X}\begin{bmatrix}1 & 2 & -3\\3 & 2 & -4\\2 & -1 & 0\end{bmatrix}=\begin{bmatrix}1 & -3 & 0\\10 & 2 & 7\\10 & 7 & 8\end{bmatrix}$。

矩阵方程有三种形式，其解的形式如下：

$$\boldsymbol{AX}=\boldsymbol{B}\Rightarrow\boldsymbol{X}=\boldsymbol{A}^{-1}\boldsymbol{B}\text{，}\quad\boldsymbol{XA}=\boldsymbol{B}\Rightarrow\boldsymbol{X}=\boldsymbol{BA}^{-1}\text{，}\quad\boldsymbol{AXB}=\boldsymbol{C}\Rightarrow\boldsymbol{X}=\boldsymbol{A}^{-1}\boldsymbol{CB}^{-1}$$

输入程序：

```
>> X=[1 -3 0;10 2 7;10 7 8] *inv([1 2 -3;3 2 -4;2 -1 0])
X =
     20           -15            13
   -105            77           -58
   -152           112           -87
```

上机实践四

1．分别输入下列二式，观察结果，理解数组运算符.*与矩阵运算符*的不同。

（1）[1，2；3，4]*[1，1/2；2，3]　　（2）[1，2；3，4].*[1，1/2；2，3]

2．运行执行下列数组运算指令，观察运算结果，理解其意义。

（1）abs([1 2 3 4] –pi)

（2）[20 10;9 6] .\ [4 2;3 2]

（3）[1 2;3 4].^2

（4）log([1 100 1000])

（5）[−1 2; −3 4]>=[4 0;2 1]

（6）find([1 0 0 −1 3 4])

（7）[a, b]= find([10 20;30 40]>=[40 30;20 10])

3. 利用冒号表达式生成−3 至 7 之间公差为 1.5 的数组 x，比较两种命令：x(find(x>0))与find(x>0)的差别。

4. 生成自变量 $x\in[-2,1]$ 上的 10 个数值，并根据函数 $y=x^2\cos x$，求对应 y 的函数值。

5. $\boldsymbol{A}=\begin{bmatrix}1 & 3\\ 2 & -1\end{bmatrix}$，$\boldsymbol{B}=\begin{bmatrix}3 & 0\\ 1 & 2\end{bmatrix}$，求：$2\boldsymbol{A}-3\boldsymbol{B}^{\mathrm{T}}$、$\boldsymbol{A}^2+\boldsymbol{B}^2$、$\boldsymbol{AB}$、$\boldsymbol{BA}$。

6. 解矩阵方程：$\begin{pmatrix}1 & 4\\ -1 & 2\end{pmatrix}\boldsymbol{X}\begin{pmatrix}2 & 1\\ -1 & 1\end{pmatrix}=\begin{pmatrix}3 & 1\\ 0 & -1\end{pmatrix}$。

7. 判断矩阵是否可逆（**注：矩阵 A 可逆当且仅当 A 的行列式不等于 0**）。

$$\begin{pmatrix}2 & 2 & -1\\ 1 & -2 & 4\\ 5 & 8 & 2\end{pmatrix}\begin{pmatrix}1 & 2 & 3 & 4\\ 2 & 3 & 1 & 2\\ 1 & 1 & 1 & -1\\ 1 & 0 & -2 & -6\end{pmatrix}$$

A.5 MATLAB 符号运算

A.5.1 符号变量、符号表达式的建立

1. MATLAB 中的规定

在进行数值表达式计算时，式中的变量必须先赋值，或者先定义函数，否则该表达式不能计算。如计算 $y=a^2+2ab+b^2$ 的值，a、b 必须先赋予数值才能求 y 的值。在进行符号表达式运算时，首先要定义（或者称声明）基本的符号对象（可以是常数、变量、表达式），然后用这些基本的符号对象去构成新的表达式，再进行所需的符号运算。如化简 $\sin^2 x+\cos^2 x$，首先要声明基本变量 x，MATLAB 才能构造表达式 $\sin^2 x+\cos^2 x$。

在 2、a=2、x、$y=x^2+3x$ 中，2 是数值；在 a=2 中 a 是数值变量；x 是符号变；$y=x^2+3x$ 是符号表达式。

2. 符号变量、符号表达式的建立

定义符号变量的指令有 sym 和 syms。

格式：　sym(‘变量名’) 或 sym(‘表达式’)

　　　　syms　变量名 1　变量名 2　变量名 3……

注意

sym 指令与 syms 指令的区别：

（1）sym 创建单个变量，syms 可创建多个变量，变量之间用**空格**隔开，不能用逗号分隔。

（2）sym 指令中，表达式可以是数值、数值表达式、字符（串）、符号表达式、符号方程。syms 指令不能用来建立符号方程。

跟我学 9　建立下列各式。

（1）sin$x$cos$x$　（2）$\dfrac{2xy}{x+y}$　（3）$y=\ln x+\sqrt{x+3}$　（4）$x^2+2x+3=0$。

输入程序。

```
(1)
>>syms x y
>>sin(x)*cos(x)
ans =
sin(x)*cos(x)

(2)
>> 2*x*y/(x+y)
ans =
 2*x*y/(x+y)
(3)
>> y=log(x)+sqrt(x+3)
 y =
log(x)+(x+3)^(1/2)

(4)
>>x^2+2*x+3=0
??? x^2+2*x+3=0
Error: Missing operator, comma, or semicolon.     % 错误：漏了操作符、逗号或分号。说明
                                                  % 这种方式不能建立方程。
>>sym(' x^2+2*x+3=0')
ans =
x^2+2*x+3=0
```

注意

符号表达式计算中的运算符与基本函数和数值计算中的运算符与基本函数完全相同。

A.5.2 MATLAB 化简符号表达式的函数命令

MATLAB 符号工具箱提供了进行普通数学通分、约分、合并同类项、分解因式、多项式展开、函数复合、求反函数、数列求和等运算的函数命令，如表 A.13 所示。

表 A.13 符号表达式化简函数

函数格式	含义
factor(s)	对符号表达式 s 作因式分解
expand(s)	展开符号表达式 s
collect(s, x) collect(s, v)	对符号表达式 s 中的每一个函数按 x 的次数合并系数 按指定变量 v 的次数合并系数
[n, d]=numden(s)	符号表达式 s 的通分，返回分子 n，分母 d
simple(s)	显示多种方法化简，最后给出符号表达式 s 的最简型
simplify(s)	用一般化简法化简符号表达式 s

续表

函数格式	含义
radsimp(s)	对根式符号表达式 *s* 化简
horner(s)	符号表达式 *s* 的嵌套形式
finverse(f, v) finverse(f)	求 *f* 关于指定变量 *v* 的反函数 求 *f* 关于默认变量的反函数
compose(f, g) compose(f, g, z)	生成函数 $f(g(x))$ 生成复合函数 $f(g(z))$，复合函数以 *z* 为自变量
symsum(s_k, k, k_0, k_n)	已知通项的级数求和，即 $\sum_{k=k_0}^{k_n} s_k$

跟我学 10 阅读下列程序。

```
>>syms x
>> factor(x^3-1)               % 对 x³-1 分解因式
ans =
 (x-1) * (x^2+x+1)

>>syms x y
>> expand(cos(3*x))            % 展开函数 cos3x
ans =
 4*cos(x)^3-3*cos(x)

>> expand((x+2)^5)            % 展开(x+2)⁵
 ans =
 x^5+10*x^4+40*x^3+80*x^2+80*x+32

>>syms x y
>> collect(x^2*y+y*x-x^2-2*x)           % 多项式 x²y+xy-x²-2x 合并（按 x 的降幂）
ans =
 (y-1)*x^2+(y-2)*x

>>syms x y
>> simplify(cos(2*x)+2*sin(x)^2)        % 化简 cos2x+2sin²x
ans =
 1

>> f=x^4+2*x^3+4*x^2+x+1;
>> g=horner(f)
g =
1+(1+(4+(2+x)*x)*x)*x                   % f 的嵌套形式
```

计算函数 $f = x^2 + 2t$ 的反函数。

```
>>syms x t; f=x^2+2*t;
>> g1=finverse(f, x), g2=finverse(f, t)
```

```
Warning: finverse(x^2+2*t) is not unique.       %提醒的反函数不是唯一的
> In sym.finverse at 43
 g1 =
(-2*t+x)^(1/2)
 g2 =
-1/2*x^2+1/2*t
```

跟我学 11 生成符号矩阵。

生成符号矩阵的方法有两种。

方法一：sym('[ ]')。

方法二：先用 syms 命令创建符号变量，再用创建数值型矩阵的方法输入。

1. 输入矩阵 $\boldsymbol{A}=\begin{bmatrix} a & b \\ c & d \end{bmatrix}$，$\boldsymbol{B}=\begin{bmatrix} \cos x & \sin x \\ -x & x^2+1 \end{bmatrix}$

输入程序：

```
>> A=sym('[a b ;c d]')
     A =
     [ a, b]
     [ c, d]
>>syms x
>> B=([cos(x), sin(x);-x, x^2+1])
     B =
     [ cos(x), sin(x)]
     [     -x,  x^2+1]
```

注意

符号型矩阵输出时的特征是每行都用“[ ]”括起来。

2. 求矩阵 $\begin{bmatrix} \sin x & \cos x & 1 \\ \cos x & 1 & \sin x \\ 1 & \sin x & \cos x \end{bmatrix}$ 的行列式。

输入程序：

```
>>syms x
>>det([sin(x) cos(x) 1;cos(x) 1 sin(x);1 sin(x) cos(x)])
ans =3*cos(x)*sin(x)-sin(x)^3-cos(x)^3-1
```

A.5.3 符号微积分运算

MATLAB 微积分运算的对象是符号表达式，进行微积分运算首先要建立符号表达式，然后才可以调用 MATLAB 符号数学工具箱中的函数进行运算。

1. 利用 MATLAB 求极限

MATLAB 计算极限的命令是 limit，有多种格式，如表 A.14 所示。

表 A.14 MATLAB 计算极限的命令格式

命令格式	数学式
limit(F, x)	$\lim\limits_{x\to\infty} F(x)$，$x\to 0$时极限
limit(F, x, a)	$\lim\limits_{x\to a} F(x)$，$x\to a$的极限
limit(F, x, a,'right')	$\lim\limits_{x\to a^+} F(x)$，$x\to a$的右极限
limit(F, x, a,'left')	$\lim\limits_{x\to a^-} F(x)$，$x\to a$的左极限

注意

如果符号表达式 F 中只有一个变量 x，x 可以省略，当 a=0 时 0 也可以省略。

跟我学 12 求下列函数的极限。

（1）$\lim\limits_{x\to 0} x^2e^x$ （2）$\lim\limits_{x\to 0^-} e^{-\frac{1}{x}}$ （3）$\lim\limits_{n\to\infty}\left(1+\frac{2}{n}\right)^{3n}$

输入程序：

```
>>syms x n
>> limit(x^2*exp(x))
ans =
 0
>>limit(exp(-1/x), x, 0, 'left')
ans =
inf
>>limit((1+2/n)^(3*n), n, inf)
ans =
exp(6)
```

2. 利用 MATLAB 求导数与偏导数

MATLAB 中计算符号表达式的导数和微分的命令是 diff，有多种格式，如表 A.15 所示。

表 A.15 MATLAB 中计算导数和微分的命令格式

命令格式	数学式
diff(F)	$F'(x)$，只有一个符号变量 x，可以省略
diff(F, n)	$F^{(n)}(x)$
diff(f(x, y), x)	$\frac{\partial f}{\partial x}$，函数 $f(x, y)$对 x 的偏导数
diff(f(x, y), x, n)	$\frac{\partial^n f}{\partial x^n}$，函数 $f(x, y)$对 x 的 n 阶偏导数
diff(diff(f(x, y), x), y)	$\frac{\partial^2 f}{\partial x\partial y}$，先对 x 求偏导数，再对 y 求偏导数

跟我学 13 阅读并理解下列程序。

1. 求一元函数的导数

（1）$y = \cos 3x \sin 2x$　（2）$y = x\sqrt{1-x^2} + \arcsin x$

输入程序：

```
(1)
>>syms x
>>diff(cos(3*x) *sin(2*x))
ans =
 -3*sin(3*x) *sin(2*x)+2*cos(3*x) *cos(2*x)

(2)
>>diff(x*sqrt(1-x^2)+asin(x))
ans =
 (1-x^2)^(1/2)-x^2/(1-x^2)^(1/2)+1/(1-x^2)^(1/2)
```

2. 参数方程确定的函数的导数

设参数方程确定的函数为$\begin{cases} x = x(t) \\ y = y(t) \end{cases}$，则 y 的导数 $\dfrac{dy}{dx} = \dfrac{y'(t)}{x'(t)}$。

跟我学 14　设$\begin{cases} x = a(t + \sin t) \\ y = a(1 + \cos t) \end{cases}$，求$\dfrac{dy}{dx}$。

输入程序：

```
>>syms a t
>> dx_dt=diff(a*(t-sin(t)));dy_dt=diff(a*(1-cos(t)));    % dx_dt 是给求导结果取的变量名
>> dy_dx=dy_dt/dx_dt
 dy_dx =
sin(t)/(1-cos(t))
```

3. 多元函数的偏导数

跟我学 15　设 $u = \sqrt{x^2 + y^2 + z^2}$，求$\dfrac{\partial u}{\partial x}$。

输入程序：

```
>>syms x y z
>>diff((x^2+y^2+z^2)^(1/2), x)
ans =
 1/(x^2+y^2+z^2)^(1/2) *x
```

4. 高阶导数或高阶偏导数

跟我学 16

（1）求 $y = \arctan x$ 的二阶导数。（2）设 $z = x\ln(xy)$，求所有二阶偏导数。

输入程序：

①

```
>>diff(atan(x), 2)
```

```
ans =
 -2/(1+x^2)^2*x
```

②

```
>>diff(x*log(x*y), x, 2)
ans =
 1/x
>>  diff(x*log(x*y), y, 2)
ans =
 -x/y^2
>>diff(diff(x*log(x*y), x), y)
ans =
 1/y
```

5．利用 MATLAB 求不定积分与定积分

MATLAB 计算积分的命令为 int，计算不定积分与定积分的命令相同，格式不同，如表 A.16 所示。

表 A.16　MATLAB 计算积分的命令格式

命令格式	数学式
int(f)	$\int f(x)\mathrm{d}x$，默认自变量为 x
int(f, v)	$\int f(v)\mathrm{d}v$，v 为积分变量
int(f, a, b)	$\int_a^b f(x)\mathrm{d}x$
int(f, v, a, b)	$\int_a^b f(v)\mathrm{d}v$
int(int(f(x, y), y, y1(x), y2(x)), x, a, b)	二重积分 $\int_a^b \mathrm{d}x \int_{y1(x)}^{y2(x)} f(x, y)\mathrm{d}y$

跟我学 17　阅读理解下列程序。

1. 求定积分

（1）$\int_0^{\frac{\pi}{4}} \sec^2 x\mathrm{d}x$　（2）$K = \int_0^{+\infty} \mathrm{e}^{-x^2}\mathrm{d}x$

输入程序：

```
>>syms x
>>int(x*(sec(x))^2, 0, pi/4)
ans =
 1/4*pi-1/2*log(2)

>> K=int(exp(-x^2), x, 0, inf)
K =
1/2*pi^(1/2)
```

2. 求不定积分

（1）$\int x^n \mathrm{d}x$　（2）$\int \mathrm{e}^{x^2}\mathrm{d}x$　（3）$\int \sin(\sin x)\mathrm{d}x$

（1）

```
>>syms x n
>>int(x^n)
ans =
x^(n+1)/(n+1)
```

（2）

```
>>syms x
>>int(exp(x^2), x)
ans =
-1/2*i*pi^(1/2)*erf(i*x)          %结果里出现一个奇怪的符号 erf(i*x)
```

（3）

```
>>int(sin(sin(x)))
Warning: Explicit integral could not be found.
> In sym.int at 58
ans =
int(sin(sin(x)), x)              % 结果返回原式
```

注意

积分运算需要求被积函数的原函数，初等函数的原函数不一定全都是初等函数形式，当被积函数的原函数不是初等函数形式时，说明该积分“积不出”，程序结果出现一个“特殊”的符号 erf 或返回原式。对于不可积的函数来说，MATLAB 也无能为力，此时只能利用数值积分方法求近似值，MATLAB 使用 vpa 命令。

```
>>vpa(int(exp(x^2), x, -1, 1), 6)
ans =
2.92530
>>vpa(int(sin(sin(x)), x, 0, 1))
Warning: Explicit integral could not be found.
> In sym.int at 58
ans =
.43060610312069060491237735524847
```

A.5.4 符号方程求解

1. 代数方程

MATLAB 代数方程指不含微积分运算的方程。符号表达式或符号串表示的代数方程求解可由函数 solve 实现，返回精确的符号解。但对于 5 次或 5 次以上的普通代数方程或超越方程没有公式解，只能求近似解，可由函数 solve、fsolve、fzero 实现，如表 A.17 所示。

表 A.17　MATLAB 中代数方程求解函数格式

函数格式	说明
solve(s)	求解符号表达式 s=0 的代数方程，自变量为默认自变量
solve(s, x)	求解符号表达式 s=0 的代数方程，自变量为指定的 x

续表

函数格式	说明
solve(s1, s2…sn, x1, x2…xn)	求解方程组 s_1=0，s_2=0…s_n=0
fsolve('s=0', x0)	求方程 s=0 在 x_0 附近的近似解
fzero('s=0', x0)	求方程 s=0 在 x_0 附近的近似解

跟我学 18　求解代数方程 $ax^2+bx+c=0$。

输入程序：

```
>>syms a b c x;
>> s=a*x^2+b*x+c;
>> solve(s)
ans =
-(b + (b^2 - 4*a*c)^(1/2))/(2*a)
-(b - (b^2 - 4*a*c)^(1/2))/(2*a)
```

跟我学 19　解方程组 $\begin{cases} x+y=1 \\ x-y=1 \end{cases}$。

输入程序：

```
>> [x, y]=solve('x+y=1', 'x-y=1')
x =
1
y =
0
```

跟我学 20　求非线性方程组 $\begin{cases} x^2-xy+y=3 \\ x^2-4x+3=0 \end{cases}$ 的解。

输入程序：

```
>> [x, y]=solve('x^2+x*y+y=3', 'x^2-4*x+3=0')
 x =
  1
 3
 y =
    1
 -3/2
>>solution=[x, y]
solution =
[ 1, 1]
[ 3, -3/2]
```

跟我学 21　解方程 $\sin x \times e^{2x} - \cos x = 0$。

输入程序：

```
>>solve('sin(x) *exp(2*x)-cos(x)')
ans =
```

```
 .41280383453558092578497301663909             %超越方程只能求方程的近似解
>>vpa(solve('sin(x) *exp(2*x)-cos(x)'), 6)
ans =
.412804
>>fsolve('sin(x) *exp(2*x)-cos(x)', 0)
Optimization terminated: first-order optimality is less than options.TolFun.
ans =
   0.4128
```

注意

fsolve、fzreo 命令格式中 x0 一般可通过作出函数图形观察、估计。

2. 符号微分方程

在 MATLAB 中，用大写字母 D 来表示微分，如 Dy 表示 $\frac{dy}{dt}$，D2y 表示 $\frac{d^2y}{dt^2}$，D3y 表示 $\frac{d^3y}{dt^3}$，以此类推，D2y+Dy+x−10=0 表示微分方程 $y''+y'+x-10=0$，Dy(0)=3 表示 $y'(0)=3$。在符号数学工具箱中，求解微分方程的符号解由函数 dsolve 实现，函数 dsolve 把 D 后面的字母当作因变量，默认对 t 求导，如表 A.18 所示。

表 A.18　MATLAB 中微分方程求解函数

命令格式	说明
r=dsolve('eq', 'cond', 'var')	求解微分方程的特解。eq 代表常微分方程，cond 代表常微分方程的初始条件，var 代表自变量，默认是按系统默认原则处理
r=dsolve('eq1','eq2'...'eqN', 'cond1','cond2'...'condN','var1', 'vae2'...'varN')	求解由 eql，eq2…指定的常微分方程组在条件 condl、cond2…下的符号解，若不给出初始条件，则求方程组的通解。var1…varN 为自变量，如果不指定，将为默认自变量

跟我学 22　求微分方程 $\frac{dy}{dt}=\frac{t^2+y^2}{2t^2}$ 的通解。

输入程序：

```
>>syms t y;
>> y=dsolve('Dy=(t^2+y^2)/t^2/2', 't')
 y =
t
 -t*(1/(C4 + log(t)/2) - 1)
```

跟我学 23　求微分方程 $\frac{dy}{dx}=2xy^2$ 的通解和当 $y(0)=1$ 时的特解。

输入程序：

```
>>syms x y
y=dsolve('Dy=2*x*y^2', 'x')
```

```
y=dsolve('Dy=2*x*y^2', 'y(0)=1', 'x')
 y =
            0
 -1/(x^2 + C8)
 y =
 -1/(x^2 - 1)
```

跟我学 24 求微分方程 $xy'+y=\mathrm{e}^x$ 的通解及满足初值条件 $y(1)=\mathrm{e}$ 的特解。

输入程序：

```
>>clear x y
>>syms x
>>dsolve('x*Dy+y=exp(x)', 'x')
ans =
(exp(x)+C1)/x
>>dsolve('x*Dy+y=exp(x)', 'y(1)=exp(1)', 'x')
ans =
exp(x)/x
```

上机实践五

1. 输入下列数学表达式

（1）$\sin x\cos x$ （2）$y=\mathrm{e}^{2x}\arctan x$ （3）$\sqrt[3]{1+\cos x}$

2. 化简

（1）求 $\left(2x+\frac{2}{3}\right)^6$ 展开式中系数最大的项。

（2）求证：$\cos 4a+4\cos 2a+3=8\sin^4 a$

（用 simple 或 simplify 命令把左边的符号表达式化简）。

（3）因式分解：① $x^3-6x^2+11x-6$ ② 243794

（4）试用两次 simple 命令化简 $f=\sqrt[3]{\frac{1}{x^3}+\frac{6}{x^2}+\frac{12}{x}+8}$。

（5）设函数 $f=\tan^2 x, g=3x$，求复合函数 $f(g(x)), g(f(x)), f(g(z))$。

（6）求反函数：① $y=\arcsin\frac{x}{2}$ ② $y=\ln(1+\sqrt{1+x^2})$

3. 求下列极限

（1）$\lim\limits_{x\to 0}\frac{1-\cos^2 x}{x\sin x}$ （2）$\lim\limits_{x\to 0}\frac{\mathrm{e}^x-\mathrm{e}^{\sin x}}{x-\sin x}$ （3）$\lim\limits_{x\to\frac{\pi}{2}^+}(\sec x-\tan x)$ （4）$\lim\limits_{x\to\infty}\left(\frac{3-2x}{2-2x}\right)^x$

4. 求下列导数或偏导数

（1）$y=3\mathrm{x}-\frac{\mathrm{e}^x}{2}+1$ （2）$y=(1-x^2)\tan x\ln x$ （3）$y=\cot\sqrt[3]{1+x^2}$，求 $y'|_{x=0}$

（4）$y=x^3\ln x$，求 $y^{(4)}$；（5）$z=x^2\sin(xy)$ （6）$\begin{cases}x=\arctan x\\ y=\ln(1+t^2)\end{cases}$

5. 求下列积分

（1）$\int_{-1}^{2}(3-2x)^3\mathrm{d}x$ （2）$\int_0^{\frac{\pi}{2}}\frac{\mathrm{d}x}{1+\sin x}$ （3）$\int\cos^2\sqrt{x}\mathrm{d}x$ （4）$\int x^2\sqrt{25-x^2}\mathrm{d}x$

6. 求解代数方程组

（1）$(x-3)^2-(x+3)^3=9x(1-2x)$

（2）$\begin{cases}5x+6y+7z=16\\4x-5y+z=7\\x+y+2z=2\end{cases}$

7．求下列微分方程的通解和满足初始条件的特解

（1）$y'-3y=8$，$y\big|_{x=0}=2$

（2）$y''-10y'+9y=\mathrm{e}^{2x}$，$y\big|_{x=0}=1, y'\big|_{x=0}=0$

参考文献

[1] Peter D.Lax. 线性代数及其应用. 傅莺莺，沈复兴，译. 2 版. 北京：人民邮电出版社，2009.

[2] Kenneth H.Rosen.离散数学及其应用. 袁崇义，译. 6 版. 北京：机械工业出版，2011.

[3] Mehmed Kantardzic. 数据挖掘：概念、模型、方法和算法. 闪四清，译. 北京：清华大学出版社，2003.

[4] Fletcher Dunn，Ian Parberry. 3D 数学基础：图形与游戏开发. 史银雪，陈洪，王荣静，译. 北京：清华大学出版社，2014.

[5] 郝志峰，谢国瑞，等. 线性代数（修订版）.北京：高等教育出版社，2008.

[6] 吴赣昌. 线性代数（理工类• 高职高专）. 2 版. 北京：中国人民大学出版社，2009.

[7] 刘树利，孙云龙，等. 计算机数学基础. 北京：高等教育出版社，2003.

[8] 王信峰. 计算机数学基础. 北京：高等教育出版社，2011.

[9] Zhigang Xiang ，Roy A.Plastock. 计算机图形学学习指导与习题解答. 龚亚萍，译. 2 版. 北京：清华大学出版社，2011.

[10] 万福勇. 数学实验教程（Matlab 版）. 北京：科学出版社，2011.

[11] 王小妮. 数据挖掘技术. 北京：北京航空航天大学出版社，2014.